软件工程专业职教师资培养系列教材

中等职业学校软件类专业教学论

郭庆军　戴仁俊　郭　丹　李翠珍　主编

科学出版社

北　京

内 容 简 介

《中等职业学校软件类专业教学论》是一门以职业教育学和现代教育技术、软件工程与技术专业理论和技能为基础的教育教学专业课，是软件工程（职教师资）本科专业培养学生教学能力的必修课，目的是使学生掌握好面向中职生的软件类知识和技能传授的教学方法。

本书共8章，依次介绍了软件类专业教学论的基本问题、软件类职业分析的方法、中职软件类专业培养目标、中职软件类专业的教学标准、软件类专业教学法、软件类专业的教学设计、软件类课程的教学实施、软件类专业课程教学评价等内容。

本书是职教师资培养基地软件工程专业的专业教学法或教学论的教材，也可作为各级职业学校教师的参考书。

图书在版编目（CIP）数据

中等职业学校软件类专业教学论 / 郭庆军等主编. —北京：科学出版社，2017.3

软件工程专业职教师资培养系列教材

ISBN 978-7-03-052312-9

Ⅰ. ①中… Ⅱ. ①郭… Ⅲ. ①软件－教学研究－中等专业学校 Ⅳ. ①TP31-4

中国版本图书馆CIP数据核字(2017)第052758号

责任编辑：邹 杰 / 责任校对：郭瑞芝

责任印制：张 伟 / 封面设计：迷底书装

科学出版社 出版

北京东黄城根北街16号

邮政编码：100717

http://www.sciencep.com

北京建宏印刷有限公司 印刷

科学出版社发行 各地新华书店经销

*

2017年3月第 一 版 开本：787×1092 1/16

2017年3月第一次印刷 印张：16

字数：404 000

定价：49.00元

（如有印装质量问题，我社负责调换）

《教育部财政部职业院校教师素质提高计划成果系列丛书》

《软件工程专业职教师资培养系列教材》

项目牵头单位：江苏理工学院

项目负责人：叶飞跃

项目专家指导委员会

丛 书 序

《国家中长期教育改革和发展规划纲要（2010－2020年）》颁布实施以来，我国职业教育进入加快构建现代职业教育体系、全面提高技能型人才培养质量的新阶段。加快发展现代职业教育，实现职业教育改革发展新跨越，对职业学校“双师型”教师队伍建设提出了更高的要求。为此，教育部明确提出，要以推动教师专业化为引领，以加强“双师型”教师队伍建设为重点，以创新制度和机制为动力，以完善培养培训体系为保障，以实施素质提高计划为抓手，统筹规划，突出重点，改革创新，狠抓落实，切实提升职业院校教师队伍整体素质和建设水平，加快建成一支师德高尚、素质优良、技艺精湛、结构合理、专兼结合的高素质专业化的“双师型”教师队伍，为建设具有中国特色、世界水平的现代职业教育体系提供强有力的师资保障。

目前，我国共有60余所高校正在开展职教师资培养，但由于教师培养标准的缺失和培养课程资源的匮乏，制约了“双师型”教师培养质量的提高。为完善教师培养标准和课程体系，教育部、财政部在“职业院校教师素质提高计划”框架内专门设置了职教师资培养资源开发项目，中央财政划拨1.5亿元，系统开发用于本科专业职教师资培养标准、培养方案、核心课程和特色教材等系列资源，其中包括88个专业项目、12个资格考试制度开发等公共项目。该项目由42家开设职业技术师范专业的高等学校牵头，组织近千家科研院所、职业学校、行业企业共同研发，一大批专家学者、优秀校长、一线教师、企业工程技术人员参与其中。

经过三年的努力，培养资源开发项目取得了丰硕成果：一是开发了中等职业学校88个专业（类）职教师资本科培养资源项目，内容包括专业教师标准、专业教师培养标准、评价方案，以及一系列专业课程大纲、主干课程教材及数字化资源；二是取得了6项公共基础研究成果，内容包括职教师资培养模式、国际职教师资培养、教育理论课程、质量保障体系、教学资源中心建设和学习平台开发等；三是完成了18个专业大类职教师资资格标准及认证考试标准开发。伴随着上述成果，编写了共计800多本正式出版物。总体来说，培养资源开发项目实现了高效益：形成了一大批资源，填补了相关标准和资源的空白；凝聚了一支研发队伍，强化了教师培养的“校-企-校”协同；引领了一批高校的教学改革，带动了“双师型”教师的专业化培养。职教师资培养资源开发项目是支撑专业化培养的一项系统化、基础性工程，是加强职教教师培养培训一体化建设的关键环节，也是对职教师资培养培训基地教师专业化培养实践、教师教育研究能力的系统检阅。

自2013年项目立项开题以来，各项目承担单位、项目负责人及全体开发人员做了大量深入细致的工作，结合职教教师培养实践，研发出很多填补空白、体现科学性和前瞻性的成果，有力推进了“双师型”教师专门化培养向更深层次发展。同时，专家指导委员会的各位专家以及项目管理办公室的各位同志，克服了许多困难，按照两部对项目开发工作的总体要求，为实施项目管理、研发、检查等投入了大量时间和心血，也为各个项目提供了专业的咨询和指导，有力地保障了项目实施和质量成果。在此，我们一并表示衷心的感谢。

编写委员会

2016年3月

丛 书 序

前　言

《国家中长期教育改革和发展规划纲要（2010—2020年）》发布之后，我国职业教育进入加快建设现代职业教育体系、全面提高技能型人才培养质量的新阶段。实现职业教育科学发展，进一步保证规模、调整结构、加强管理、提高质量，对中等职业学校教师队伍建设提出了更高的要求。为此，教育部明确提出，要以推动教师专业化为引领，以加强“双师型”教师队伍建设为重点，以创新制度和机制为动力，以完善培养培训体系为保障，以实施素质提高计划为抓手，统筹规划，突出重点，改革创新，狠抓落实，努力开创职业教育教师工作的新局面（参见《教育部关于“十二五”期间加强中等职业学校教师队伍建设的意见》教职成[2011]17号）。

正是在这一背景下，教育部、财政部在“职业学校教师素质提高计划”框架内专门设置了培养资源开发项目，系统开发用于职教师资本科培养专业的培养标准、培养方案、核心课程和特色教材等资源。职教师资培养资源开发项目是支撑职教教师专业化的一项基础性工程，是加强培养培训能力建设的一个关键环节，也是对培养培训基地和职业技术教育研究的一次系统检阅。项目实施中培养标准、核心课程和特色教材建设各个子项目的研发一环扣一环，逻辑性非常强，系统开发的课程体系需要配套的教材才能发挥作用，因此，专业教学论作为提升职教师范生教学素养的核心教材之一，需突破原有的思路，按照职业教育教学规律、专业技能培养特点编写专业教学论，将专业技能与教学技能同步传递给学生，提高师范生的教学能力。

在内容选取方面，综合考虑了当代流行的职业技术教育教学理论、现代教学设计理论、本科职教师资软件工程专业在校生的知识基础等多种因素，力争在内容的职业性、科学性、先进性与实用性等方面有所创新。全书共8章，可以分为4部分。第1章为第1部分，是软件类专业教学论概述，主要介绍软件类专业论的概念、内容、理论基础与学习方法；第2～4章为第2部分，主要在对软件职业进行科学分析的基础上，讨论软件职业的工作岗位任务与能力，从而提出中职软件类专业的培养目标，然后对典型的软件类专业教学标准进行了分析，最后以案例的方式说明了中职软件类专业培养方案的制定方法；第5～7章为第3部分，主要介绍适合于中职软件类专业的教学法的概念、特点与教学设计、实施的方法，此部分为本书的核心。考虑到学生在学习专业教学论之前已经学习过职业教育学、职业心理学、现代教育技术等先修课程的因素，对于通用的职业教育教学法、职业教育学习理论、现代教育技术等领域的相关概念、原理与方法，仅作简要的概括性、复习性陈述。需要详细学习与研究这些理论的读者，可以阅读书后所附的相关参考资料。此部分首先简要介绍中职软件类课程教学中不可或缺的经典教学法（讲授法、实验法、演示法等）的基本概念与要求，并举例说明这些方法在中职软件类专业课教学实践的应用；然后重点介绍目前职教领域普遍得到重视的“行动导向类教学法”，而且以中职软件类课程教学的典型教学案例示范了这些教学法（任务驱动、案例教学、项目教学等）的应用，重点以案例的方式介绍了任务驱动、案例教学、项目教学等适合于中职软件类专业教学的行动导向教学法及其综合应用。第 8 章为第 4 部分，介绍了中职软件类专业的教学评价技术与工具。

目前，适合职业教育的教学法有很多，而且不同的教学法对于同样的教学内容和教学目标，可以取得同样的教学效果，同一个教学法、不同教师运用在不同的学生、不同的学习情景也会产生不同的效果，因此，在教学法选取上强调设计教法，不拘定法，灵活运用，追求得法，着重选用行动导向教学法，如项目教学法、任务驱动教学法、案例教学法等。在教学案例选择上以采用行动导向教学理念的案例为主，系统分析典型工作任务，在不同工作任务中能力培养侧重点不同，有的侧重技能培养，有的侧重理论知识的传授，有的侧重工作态度，有的侧重培养合作意识等。根据不同的学习领域，选择适宜的教学法，同一教学法可以在不同教学内容中运用，也可以在同一教学内容中，用多个教学法，充分体现教学有法，教无定法，根据不同情况灵活运用多种教学法，体现学生为本位的教学设计观，提高教学效果，这才是编写专业教学论教材的根本目的。

本书主要由江苏理工学院计算机工程学院的郭庆军、戴仁俊、郭丹等教师进行整体结构设计与编写。郭庆军编写了第 1～8 章绝大部分内容；戴仁俊编写了第 1 章与第 6 章的部分内容，并完成了第 1 章、第 3 章、第 4 章的统稿任务；郭丹编写了第 8 章部分内容，并完成了第 7～8 章的统稿任务；江苏理工学院教育学院的李翠珍教师参与了第 5～8 章的编写工作，并提供了大量的素材与建议。常州刘国钧高等职业技术学校信息工程系的李文刚老师提供部分教学设计案例，在此谨表示感谢。

在本书的编写过程中参考了大量文献，这些文献的有关信息已经列于参考文献中。在此，对这些文献的作者表示诚挚的感谢。

目 录

第1章　绪　　论

【学习目标】

1. 了解软件专业教学论的学科内涵与研究对象。
2. 了解软件专业教学论的研究方法。
3. 了解软件专业教学论的现状与发展趋势。
4. 熟悉软件专业教学论的相关理论基础。

软件专业教学论是即将成为中职软件专业教师的必修课，这门课程主要介绍中职软件专业教师必备的软件专业教育教学知识与技能。为更好地理解该课程的内容，我们首先简要介绍该课程的学科性质、内涵、研究方法及相关理论基础。

1.1　教学论简介

从学科分类学的角度来看，软件专业教学论属于专业学科教学论的范畴，主要从职业教育教学的视角来研究面向职业领域的软件专业课程的教学理论、方法和工具。为准确地理解软件专业教学论的学科内涵，我们需要先搞清楚教学论、专业教学论、学科教学论的具体含义。

1. 普通教学论

所谓“普通教学论”，也可称之为“一般教学论”，一般简称为教学论或教学理论，就是研究教学的理论。具体地说，教学论就是研究教学现象、揭示教学规律的科学。

研究教学现象和规律的还有学科教学法、教育心理学等学科，教学论同这些学科既有联系，又有区别，其本质区别是教学论所着重研究的是关于教学的较高层次的一般规律。

从教学论发展的历史来看，人们对教学论的学科性质的认识不尽相同，而且不断地发展变化，概括起来大致有两种认识。一种意见认为教学论是研究具体的教学操作方法和技术的学科，而另一种意见则认为教学论是研究教学一般规律的学科。第 1 种观点具有明显的技术取向，它倾向于将教学论看作一门应用学科。第 2 种观点具有明显的学术取向，它倾向于将教学论定位于理论学科。两种不同的观点，导致两类不同的研究方法。在前一种观点的影响下，出现了一批又一批类型各异、数量庞大的教学模式、教学策略、教学设计的方法与技术，在此基础上又形成了五花八门的各种教学流派或操作性较强的理论成果。在后一种观点的影响下，研究者构建出了一批抽象概括水平较高、内在逻辑体系较严密为特征的教学论框架体系。

20 世纪 80 年代以来，在各相关教育学科发展的影响下，教学论很快从教育学中分化出来，成为一门有独立学科体系约分支学科，在教育学大家庭中占据了自己应有的一席之地。目前，教学论已繁衍出一个数量可观的分支学科群。例如，从时间段上分，有学前教学论、小学教学论、中学教学论、大学教学论等；从学科角度分，有职业教学论、语文教学论、数学教学论、外语教学论、物理教学论、化学教学论、历文教学论、地理教学论、生物教学论、音乐教学论、美术教学论、体育教学论等；从综合角度看，有教学艺术论、教学环境论、教学系统论、教学控制论、教学信息论、教学美学、教学心理学、教学认识论、教学技术学、教学社会学、教学伦理学、教学卫生学和教学法论等。

2. 学科教学论

前面的语文教学论、数学教学论、物理教学论等名称都属于学科教学论的范畴。《学科教学论概论》（彭永渭，大连出版社）一书指出：

学科教学论是研究如何使一般教学理论跟学科教学实际情况相结合，来指导学科教学实践，并且在学科教学实践基础上深化一般教学理论的研究，对一般教学理论进行整合、补充、发展和完善的学科，其核心是以实践为目的的理性设计[19]。

学科教学论与教育科学、心理科学、行为科学、管理科学、社会学、现代信息科学技术等有着紧密的联系，是建立在多种学科基础之上的一门边缘科学；是决定来自有关学科的一般教学理论能否与学科教学实际全面地结合，发挥一般理论的指导作用，并影响学科教学实践质量的一门重要学科。

学科教学论的理论是由一般理论以及学科教学论自身对一般理论的特殊性补充组成的，其中，一般理论不是原封不动地搬来的，而是经过了适当的整合、加工和发展。要求学科教学论具有自己跟其他学科完全不同的独立的理论是不合理的，也是不可能实现的。教育学、心理学等学科提供的“一般理论”是对各种学科教学实践进行理论概括的结果，其中也包含着各种学科教学论的贡献。没有学科教学论对学科教学特殊规律的探索，教育学、心理学中有关的一般理论也难以得到深入的、进一步的发展。

学科教学论在学科教学的认识活动过程中具有重要的能动作用，这种能动作用主要表现在它所进行的后理性活动：学科教学论不但要进行理解、设计和加工（完善），了解学科教学实际的本质和规律，并且依据这种了解自觉地、能动地改变学科教学实际，即进行运用，使对学科教学实际的理性认识跟学科教学实际相结合；而且在已有的对学科教学实际的理性认识已经不能有效地解释、改进学科教学实际时，还要参与理论的建构活动、创立活动，致力于探索对学科教学实际的新认识，寻找新的理论支撑。

学科教学论的主要任务如下：

（1）研究一般的教学理论、学习理论、课程理论、媒体理论等如何整合，如何与学科教学相结合；研究如何根据现代社会的需要和学科的发展，以及当时、当地的具体情况来调整学科教学。

（2）研究如何把经过整合加工的一般理论应用于学科教育教学实践，研究如何能动地进行学科教学实践，创造新的、更符合教育目的的学科教学。

（3）根据系统理论，把学科教学作为一个系统来研究，研究学科教学现象及其规律，在对一般的教学理论、学习理论、课程理论等进行补充、发展和完善的基础上形成学科教学的理论。

学科教学论的研究对象不但包括学科教学的实践和理论，而且包括与学科教学有关的、需要进行整合加工的各有关领域（角度）的一般理论。学科教学论的内容主要如下：

（1）学科教学的理论基础，即有关理论的整合。

（2）学科教学实践的设计、组织和实施，经验及其总结。

（3）对学科教学的系统的理论阐述，涉及学科教学的任务、目的、要求、内容、过程、原则、策略、方法、评价等各个方面。

3. 专业教学论

专业教学论的概念出自于德国职业教育界，由江大源教授最早引入我国职业教育领域。专业教学论往往冠以“电子技术专业教学论”“计算机专业教学论”“专业教学论”“软件专业教学论”等名称，但从这些名称上来看，专业教学论与学科教学论好像并没有什么不同。但若从职业教育的职业属性、专业属性来考察，二者则有着本质的不同。学科教学论主要以普通师范教育中的教学理论、方法与技术为研究对象，对普通教育师资培养具有关键的作用；而专业教学论主要研究职业师范教育中的理论、方法与技术，是职教师资培养的关键。

职业学校专业教师的素质高低，决定了职业教育的质量。完善职教师资的培养培训，提高我国职业教育师资队伍的水平，是我国职教改革的重要任务之一。我国的普通师范教育历来有 3 门核心教育类课程，即教育学、教育心理学和学科教学论。其中学科教学论对教师教学能力的培养有着十分重要的作用。对于职业师范教育（职技高师）来说，相应的课程有职业教育学、职业教育心理学。然而对于普通师范教育的学科教学论，职业师范教育缺乏相应的课程。在目前的职业师范教育中，职业和专业指向的教学论通常被普通教学论替代或者干脆缺失。“职业与专业教学论”对于职业教育专业教师教学能力培养和职业师范教育学科建设具有十分重要的意义。

在教学论之前冠以“学科”和“专业”的名称，表明了教学的学科或专业领域。然而，职业教育的“专业”领域和普通教育的“学科”领域是有很大区别的。在普通教育中，“学科”所对应的教学科目单一、固定。例如“物理教学论”，它所对应的是中学物理课教学及其学科内容。而在职业教育中，“专业”所对应的教学科目通常覆盖若干技术课程，涉及不同的技术学科。例如“软件专业教学论”，它所涉及的课程包括软件技术基础（离散结构、数据结构与算法、操作系统原理等）、软件工程技术、软件开发技术等。显然“专业教学论”应对的是一个专业领域的各相关技术学科的教学，所以其专业范围要比“学科”范围宽广，这也是与职业教育专业教师的教学工作以及大学培养专业相联系的。与普通学校教师在一个“学科领域”中进行教学相比，职业教育的教师是在一个“包括若干学科的专业领域”中进行教学。

从国际上看，对职业和专业教学论研究得最为深入的是德国，并在职业师范教育中将其作为一门核心课程来实施。享茨（Schanz）认为，专业教学论建立起专业/职业学科、教育科学/教学论以及教师教授科目之间的联系。波西（Posch）将专业教学论理解为一门其理论与实践旨在指向某专业的教学关系及其目标和条件的学科。奎恩兰（Koehnlein）认为，专业教学论的特征是将包括教育学的和专业学科的问题和认识集成起来并且同时又提出单一教育学者或专业学者不能解决的问题。阿腾哈根（Achtenhagen）则认为，专业教学论的任务领域包括一个授课科目的所有问题。

职校专业教师和工程师都要学习专业课程，但专业学习的培养目标不同，因而学习内容也不同。工程科学的对象是技术，是技术的产品、过程和方法。因此工程师所受的教育应使其有能力实施专业领域里工程研究性的、开发设计性的工作。职校教师的专业学习目标取向则不同，他们要有能力去教学生专业内容，使其成为未来合格的技术工人和技术员。对未来技术工人和技术员的要求通过培养目标和教学计划或课程体现，而对未来技术工人和技术员的专业要求有两个决定性要素，一是技术的现状与发展（技术的应用），二是劳动和工作的组织（职业活动的范围）。所以专业学科内容在职校教师的学习中具有三重意义：一是专业教学实践，二是职业化的专业劳动，三是作为专业劳动对象和工具的专业技术本身。

专业教学论作为职校教师的“职业科学”建立起了专业领域和教育领域的关联，并且涉及理论和实践两个方面，这体现了专业教学论作为职教师资的“职业科学”的作用，也体现了职教师资职业的特殊性。从职教师资的职业要求来看，要在专业领域中会做并且知道为什么要这样做（专业理论和专业实践），还要能符合教育教学原则去实施关于这些专业理论和实践的教学（教育理论和教育实践）。从这里我们可以延伸到经常讨论的“双师型”教师问题。“双师型”其实是在一定时期对我国职教师资问题及其改革需求的特定表述。懂专业、懂教育、有理论、会实践是职教师资特定的职业要求，用“双师型”来描述是不科学的。职教师资既不是某某师（教师、工程师、技师）在个体身上的叠加（例如反映在现实中的定性描述和操作困难），也不是某某师在团队上的组合（恰恰是历史和现状中的问题，似乎更容易使理论和实践相脱离），就像机电一体化技工既不是机械技工和电子技工在个体上的叠加，也不是机械技工和电子技工的团队组合。

在职业教育专业教学中，专业教学论需要解决的问题包括：专业教学要达到什么教育教学目标？为了达到教学目标应选择哪些专业内容？专业内容又是通过什么教学法应用什么教学媒体来实施等。从这些基本问题可以引发出职业教育教学改革的一系列核心课题，例如专业教学是仅仅为了使受教育者获得专业能力，还是要求包括个性能力、社会能力和方法能力的全面发展（是功利的职业教育还是以人为本可持续发展的职业教育？）教学内容如何选择并且以什么结构呈现（是学科体系还是工作过程体系的课程？）以人为本的、工作过程导向的课程在教学上如何实现（教学法的特征，如行动导向的教学？）为什么以及如何进行“工学结合校企合作”（工学结合校企合作对培养职业能力的意义和作用是什么？）等等。

1.2　软件专业教学论的内容

软件专业是一个广泛的概念，在不同层次的教育中有着不同的内涵与外延。就中等职业学校来说，根据2010年教育部颁布的《中等职业学校专业目录（2010)》，直接以软件命名的专业是“软件与信息服务专业”。但根据计算机软件的学科范畴与软件企业实际的岗位需求，中职学校与软件密切相关的专业还应包括《中等职业学校专业目录（2010)》中的计算机应用、数字媒体技术应用、计算机平面设计、计算机动漫与游戏制作、网站建设与管理、客户信息服务等专业。因为这些专业的学习内容都与计算机软件有密切关系。

基于上面对中职软件专业的界定，本书的“软件专业教学论”的含义限定为从职业与专业的角度对中职上述软件专业教学的理论、方法、技术与工具的探讨。具体来说包括以下内容。

1. 软件职业分析

职业教育专业教学论的教学目标是以该职业所对应的典型职业活动工作能力为导向，通过职业的工作岗位和工作过程，分析所需职业能力。中职软件专业的学生以后主要从事软件项目调研、软件开发、软件维护、软件营销等方面的工作，每一具体职业活动有其相适应的特殊职业能力。从能力内容角度，德国学者把职业能力划分为专业能力、方法能力和社会能力。专业能力是和职业直接相关的能力，如软件分析、设计与开发的能力；方法能力是指独立学习、获取新知识的能力；社会能力主要指处理社会关系、人际交流、劳动组织等方面的能力，它们具有职业普遍性，是从事任何职业都需要的能力。

软件技术理论和技术的发展必然会影响软件职业的形成与发展。从计算机诞生以来，软件技术经历了很多发展过程，在每一个过程中都有其自身的特点，由此对职业类型、职业要求、职业能力都会产生不同的影响。要帮助学生更好地进入职业角色，了解软件技术的发展过程和现状，以及职业工作所蕴含的内容、形式和职业规则都是非常必要的，只有这样才能更好地适应软件职业的未来变化，这也是做好这一职业的前提条件和基础。

2. 职业能力分析

职业教育的专业教学论以职业分析为基础来研究职业能力，职业教育专业教学论的教学目标以该职业所对应的典型职业活动的工作能力为导向，通过职业的工作岗位和工作过程分析所需职业能力。软件职业的每一具体职业活动工作有其相适应的特殊的职业能力。搞清楚软件专业所对应的职业岗位所要求的职业能力，对于做好软件专业的教学工作来说是至关重要的。

3. 学习领域课程分析

课程是教学内容和进度的总和，包括教学的内容、安排、进程、时限以及大纲和教材。软件专业的课程是根据对职业能力的分析确定职业教育课程。职业教育课程是学生获得相应从业能力的桥梁，其主要任务是通过该课程的学习使学生具备该工作能力，胜任职业工作岗位要求，适应未来职业需要，并为学生的个性以及今后的职业发展创造条件。不同发展阶段对营销工作的能力要求不同，分析所对应职业能力需求从工作岗位到职业能力到培养规格开发课程。职业教育课程强调把职业能力和工作过程转换为学习领域和学习环境，追求工作过程的完整性而不是学科结构的完整性，重视职业需要，忽略课程知识体系。当然，学习领域中也不是完全拒绝传统学科体系内容，只是强调以职业能力需要为中心。

4. 教育过程分析

教育过程主要涉及教学理论、课堂教学计划、课堂教学法、课堂教学手段和组织。以职业教育专业教学论为基础的教育过程，是以该专业所对应的典型职业活动的行动为导向。行动导向是当前国外职业教育教学的主导范式，该范式主张根据完成某一职业活动所需行动的，以及产生和维持所需环境条件和从业者的内在调节机制，来设计、实施和评价职业教育的教学活动，而学科知识的系统性和完整性不再是判断职业教育教学是否有效、是否适当的标准。行动导向强调学生是学习过程的中心，教师是学习过程的组织者与协调人；在教学中，教师与学生互动，让学生在自己动手实践中，建构属于自己的经验和知识体系。如培养软件系统分析能力的教育过程是以软件分析的实际工作过程行动为导向，以教师为主导、学生为主体、小组为单位、小组分析的工作过程为主线的学习领域，在具体情境中实现教师与学生和学生与学生的互动，学生在问题设计、计划制定、实施和谈判后评价、反思的行动中构建有关软件系统分析的知识结构，使分析问题、解决问题、团队合作、人际沟通的能力以及专业知识水平和专业技能都得到提高。在真实或准真实情景下进行的职业行动，所获得的信息、概念以及认知、情感、技能转变才能更有效地促进职业能力的发展。

1.3 软件专业教学论的理论基础

软件专业教学论的学科范畴属于职业教育领域的专业教学论。任何一门新学科的产生都不是偶然的，都有其理论与实践的基础。软件专业教学论的理论与实践基础主要包括下列内容。

1. 行为主义学习理论

行为主义学习理论又称“刺激-反应”理论，是当今学习理论的主要流派之一。该理论认为，人类的思维是与外界环境相互作用的结果，即形成“刺激-反应”的联结。“刺激-反应”理论的基本观点是：以“刺激-反应”公式作为心理现象的最高解释原则，强调学习过程中外部强化因素；认为通过设计学习程序和练习，并提供及时的反馈就能促进学生技能的形成，而不考虑人的主观能动性的内因作用。

2. 认知主义学习理论

20 世纪 70 年代末至 80 年代末，认知主义学习理论出现，它强调经验具有整体的内在结构，学习就是通过认知重组把握这种结构，呈现“刺激-重组-反应”过程。其基本观点是：强调学习通过对情境的领悟或认知形成认知结构；主张研究学习的内部过程和内部条件；强调人的认识是由外部刺激和认知主体心理过程相互作用的结果。这种理论认为，学习是个体根据自己的态度、需要、兴趣和爱好，并利用过去的知识和经验对当前的学习内容做出的主动的有选择的信息加工过程。

3. 行动导向学习理论

20 世纪 80 年代以来，行动导向学习理论出现，它探讨认知结构与个体活动间的关系，强调学习中人是主动的、不断优化和自我负责的，能在实现既定目标过程中进行批判性的自我反馈，学习不是外部控制而是一个自我控制的过程。其特点是：教学内容与职业实践尤其是工作过程紧密相关；学生自组织学习；强调合作和交流；多形式教学法交替使用；教师是学习过程的组织者、咨询者和指导者。

4. 建构主义学习理论

20 世纪 90 年代初至今，在行动导向学习理论基础上形成建构主义学习理论，多数学者尤其是德国职业教育界认为两者本质相同。其基本观点认为，知识不是通过教师传授而是学生通过建构意义的方式获得的；认为“情境”“协作”“会话”“意义建构”是学习环境中的四大要素；强调教学设计的学生中心、学为中心、情境作用、协作学习、意义建构等原则。

5. 多元智能理论

多元智能理论是一种全新的人类智能结构理论。它认为人类思维和认识的方式是多元的，即存在多元智能：言语语言智能、数理逻辑智能、视觉空间智能、音乐韵律智能、身体运动智能、人际沟通智能、自我认识智能和自然观察智能。

多元智能理论对智力的定义和认识与传统的智力观是不同的。加德纳认为，智力是在某种社会和文化环境的价值标准下个体用以解决自己遇到的真正难题或生产及创造出某种产品所需要的能力。智力不是一种能力而是一组能力，智力不是以整合的方式存在的，而是以相互独立的方式存在的。

6. 软件工程理论与技术

历经多年的发展，目前的软件技术主要是以软件工程的形式来体现的。软件工程是一门研究用工程化方法构建和维护有效的、实用的和高质量的软件的学科。它涉及程序设计语言、数据库、软件开发工具、系统平台、标准、设计模式等方面。

首先，软件工程一个严格定义的工作过程，称为软件过程。软件过程是指为获得软件产品，在软件工具的支持下由软件工程师完成的一系列软件工程活动，包括以下 4 个方面：

（1）P（Plan）——软件规格说明。规定软件的功能及其运行时的限制。

（2）D（Do）——软件开发。开发出满足规格说明的软件。

（3）C（Check）——软件确认。确认开发的软件能够满足用户的需求。

（4）A（Action）——软件演进。软件在运行过程中不断改进，以满足新的需求。

其次，从软件开发的观点看，软件工程是使用适当的资源（包括人员、软件资源、时间等），为开发软件进行的一组开发活动，在活动结束时输入（即用户的需求）转化为输出（最终符合用户需求的软件产品）。

软件工程包括软件工程原理、软件工程过程、软件工程方法、软件工程模型、软件工程管理、软件工程度量、软件工程环境、软件应用、软件开发使用这些分支学科。

软件工程作为计算机软件技术发展的高级阶段，有着特殊的学科特征与规律。著名软件工程专家 B.Boehm 综合有关专家和学者的意见并总结了多年来开发软件的经验，于 1983 年在一篇论文中提出了软件工程的 7 条基本原理：

（1）用分阶段的生存周期计划进行严格的管理。

（2）坚持进行阶段评审。

（3）实行严格的产品控制。

（4）采用现代程序设计技术。

（5）软件工程结果应能清楚地审查。

（6）开发小组的人员应该少而精。

（7）承认不断改进软件工程实践的必要性。

1.4 软件专业教学论的学习方法

学习软件专业教学论，或者进行教学论的研究工作，都必须掌握正确的学习与研究方法。

软件专业教学论的理论性和实践性都非常强，它的理论、观点必须与一定的教育理论、学习理论、思维科学相联系。所以软件专业教学论的学习必须以正确的方法为指导。在进行软件专业教学论研究的时候，应全面正确地运用唯物辩证法的立场、观点、方法去分析问题，立足现实、实事求是地分析国内外专业教学理论观点和经验教训，并在实践中检验，吸取其中的精华。另外，在学习软件专业教学论的时候，应多关注当前中职软件类专业课程教学中需要解决的理论与实际问题，选择合理的、适用的学习与方法。下面简要介绍几种常用的学习方法。

1. 调查法

调查法是在现代教育理论指导下，运用列表、问卷、访谈、个案研究以及测验等方式，搜集研究问题的资料、科学分析教育、教学现状，并提出具体工作建议的一种实践。

调查法是获得中职软件类课程专业教学情况第一手资料的重要手段，通常的做法是访谈、问卷调查、听课、座谈会等。一般来说，教育问卷的份数不应少于 30 份，少于 30 份的问卷可以看作无效的。同时，运用调查法的时候，调查对象应尽可能地广泛，这样得到的资料就更多，也就更符合客观现实。例如：要调查学生的信息素养，必须选择不同年级、不同水平的班级进行调查，这样得出的结果与实际情况就比较接近。

2. 文献法

文献法是指根据一定的研究目的，研究有关文献，从而全面正确地了解、掌握所研究的问题，揭示其规律和属性一种方法。就软件专业教学论学科而言，它可以通过对以往的软件专业教学实践和教学理论历史资料的分析和研究，认识和掌握软件专业教学的发展规律，指导当前的软件专业教学实践。

文献法能够使研究人员全面了解所要研究问题的情况，帮助他们选定研究课题，确定研究方向，避免重复劳动，提高教学研究的效率。此外，还可以为教学研究提供科学的论证依据和研究方法。

实施文献法，要尽可能地搜集第一手资料，在搜集文献的时候，一般应从宽到窄、从易到难、由近及远地查找相关资料，应注意把主要精力放在重要文献上，同时还应注意对搜集到的资料进行分类，从中找出有规律的东西。就软件专业教学论来讲，在查阅期刊资料的时候，就可以把重心放在《中国职业教育》《职教论坛》《教育信息化》等此类核心期刊上。如今，互联网的飞速发展，为我们提供了丰富、大量的信息，利用网络搜集资料已经成为搜集文献的首选方式。网络上的各种电子书籍使我们避免了找不到书籍的困境；网络资源库更是为我们提供了海量的信息，各种中文、外文期刊库中收录的资料基本上涵盖了国内外的研究成果，像国内使用较多的中国期刊网、万方数据库等；借助博客、BBS 等平台，不仅可以了解到不同人对相关领域一些问题的看法，同时还为我们提供了一个交流的平台，可以和相关的专家探讨、请教、了解信息。

3. 行动法

行动法主要是指教育实践工作者（主要指教师群体）在实践过程中发现并确定问题，系统地制定方案，并根据研究实际不断调整、开展探究活动，进而改进教育实践的研究方式。值得注意的是，行动研究法并不仅仅是教师的自我反思，它需要科学的研究方案和详细的研究计划。从研究目的看，行动研究法并不是为了创设一种理论或者验证一种理论，它的直接目的是通过研究改进教育实践，解决教育问题。

行动研究有助于改进教育实践，突出教育研究的应用价值，同时有助于教师的专业化发展，实现教师的角色转变。但是，行动研究法也有其局限性，由于行动研究的研究对象主要是某一组织或个体，因此取样通常缺乏代表性，研究成果推广价值非常有限。

4. 实验法

实验法是为了解决某一问题，依据一定的教育理论和假设，在观察和调查的基础上，控制影响实验结果的某些研究变量，组织有计划的教育实践，观察教育现象的变化和结果，从而揭示变量间因果关系的教育科学研究方法。它的主要特点就是研究者可以根据研究的需要，控制某些实验条件，排除或尽量减小无关因素的干扰，突出所要研究的变量，从而准确地研究事物间的因果关系。

实验法是形成教育理论和假设的科学基础，能有效地检验教育假设和理论的科学性。因此，教育实验法的使用范围比较规范，只要涉及研究变量间的因果关系的研究课题均可以使用。例如，研究软件技术对学生创新能力的影响，可以选择同一教师带的两个平行班，一班使用软件技术教学，另一班采取常规教学，不使用软件技术教学。经过一段时间的教学后，对两个班级的学生创新能力进行比较，便可以得出软件技术教学与学生创新能力之间的关系。有一点要注意的是，在运用实验法时，必须要注意科研的伦理道德问题，以维护参加实验人员的利益。

5. 总结法

总结法是教育科研中一种重要的传统研究方法，是教育科研三大基本方法之一。它主要是指有意识有目的地总结教育教学工作的先进经验，从而探索教育教学规律的一种科学研究方法。

总结法是在自然状态下进行研究，研究的课题主要是对原有的教学经验的提炼和概括，因此在教育科研中应用得非常广泛。在进行软件类专业教学论研究时，可以对软件类专业教学中有效的方法进行总结、提炼。

运用总结法，应注意经验总结的对象要具有典型的意义，对经验的总结要提升到理论高度，不能停留在表面性的描绘过程和现象，还要积极推广先进经验，扩大其影响范围。

6. 设计法

基于设计的方法是近年来教育技术学研究的一种新范式，它同样适用于软件专业教学论的研究。基于设计的方法是一种为了解决现实教育问题，管理者、研究者、实践者和设计者等共同努力，在真实自然的情境下，通过形成性研究过程和综合运用多种研究方法，根据来自实践的反馈不断改进直至排除所有的缺陷，形成可靠而有效的设计，进而实现理论和实践双重发展的新兴研究范式，其研究的核心要素是教育干预的设计、实施、评价和完善。

作为一种新的研究范式，基于设计的研究架起了教育实践与教育理论之间的桥梁，为解决现实问题，发展理论提供了一种新的研究视角。它有助于研究者对一些新型的、多种因素混合的、复杂的学习方式进行探索，进行有针对性的教育创新，并根据实际需要做出相应的调整和改变，促进新型学习环境的创建。另外，基于设计的研究将教与学的理论与具体实践相结合，有助于新的教学理论的形成，同时对教师的创新能力和研究积极性的提高有很大的促进作用。

思 考 题

1. 软件专业教学论是一门什么样的课？怎样才能学好这门课？
2. 软件专业教学论有哪些主要内容？
3. 软件专业教学论的理论与实践基础有哪些？

第 2 章 软件职业分析

【学习目标】

1. 了解软件技术与软件产业的关系。
2. 掌握职业分析的概念与方法。
3. 熟悉软件企业的典型岗位职业能力。

中等职业学校中的软件专业的培养目标是为软件企业培养基础性的技能型人才，对于一名即将成为中等职业学校软件课程教师的本科生来说，理解软件企业与行业的概念，掌握软件企业职业分析的方法，熟悉软件企业的典型岗位职业能力，掌握中职软件专业的工作任务与能力要求，是做好一名中等职业学校软件课程教师的必备基础，也是学习软件专业教学理论与方法的前提。

2.1 职业分析简介

2.1.1 概念与流程

1. 职业分析的概念

职业分析的基本含义是对社会职业的工作性质、内容及劳动者应该具备的职业能力进行多层次的分析，从该职业所包含的若干项主要工作、各项工作所包含的若干项作业，直到每项作业所包含的各项操作逐级加以剖析，得出该社会职业所应具备的主要操作技能、专业知识及行为方式的内容范围。

2. 职业分析的流程

职业分析是中等职业学校进行专业划分的重要依据之一，其分析流程如图 2.1 所示。

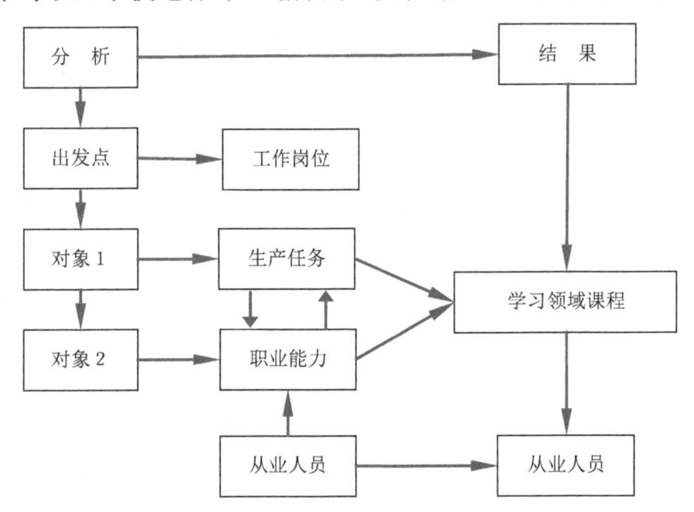

图 2.1 职业分析流程

职业分析的出发点是工作岗位，分析的对象是与工作岗位对应工作任务和完成这一任务所需的能力，分析的结果是将工作任务和职业能力转化成学习领域的课程。这里的工作任务是指工作岗位需要从业者完成的事情或工作；职业能力是从业者完成相应岗位的工作任务需要具备的本领。

2.1.2　职业分析概述

目前主要有 3 种职业分析方法。

第 1 种是来自于加拿大的基于头脑风暴技术的 DACUM 分析法。

DACUM 是英文 Developing A Curriculum（课程开发）的缩写，此处，Curriculum 的含义是“总课程”，言下之意是通过该方法可以开发出某职业岗位对应的一系列课程，而不是通常我们所讲的某一门通用管理课程或技能模块课程。因此，DACUM 的本质是一种分析和确定某种岗位所需职业能力的方法。

DACUM 是从分析从事某种职业所需要的能力出发进行职业分析的，其分析过程一般包括准备 DACUM 研讨会、DACUM 研讨和 DACUM 图表整理制作 3 个阶段。

DACUM 的组织形式一般是工作组，工作组由 8～10 位非常熟知所要分析岗位的业务专家，开展头脑风暴，通过引导者有技巧的引导和设计，从而得出结果。一般从职责、任务、流程等方面得出职业能力，能力分层分级，接下来分解学习要点，以及课程模块，最后形成一系列课程。

但是，由于 DACUM 是由业务专家头脑风暴的方式产生的，这就对引导者的能力提出了挑战。而且，如果引导不当，最终的结果将是头脑风暴后产生一堆凌乱的知识，而且不成体系。此外，这种方式如果在引导设计环节逻辑不清楚，那么所得出的结论与学习要点也是无逻辑的。因此，更多地将这种方法用在开发软技能类课程中。

第 2 种是来自德国的基于工作过程的 BAG 分析法。

BAG 是德文 Berufliche Arbeitsaufgaben（典型职业工作任务）的缩写。BAG 分析法的核心内容是“典型职业工作任务分析”和“实践专家研讨会”。BAG 法最早是由德国大众汽车集团与德国不来梅大学通过对汽车制造工厂工人职业技能经验的梳理所形成的职业分析方法。该方法的主要特点是将“工作”作为整体看待，更加关注工作过程的整体性和完成工作任务所需的创造能力。而不是就某个岗位的职责、任务和流程分散分解。业务专家（有经验的技术工人或技师，不是管理人员）把实践知识作为隐性知识包括在课程内。

从某种程度上来说，BAG 更多的是对某类职业或工种的课程内容的开发，而不是花更多的时间讨论教学活动。

BAG 法实施过程是：工作分析准备、工作分析实施、对分析过程的记录和成果评价。在典型工作任务分析中，首先选择职业工种。负责人是岗位一线的专业人员，对工作过程深入了解，并能对现场进行的调查分析提供组织上的保障。

BAG 工作分析小组由主持人（内部或外部）、8～10 位业务专家和内训师组成，其主要工作任务包括观察、访谈（采访）、进行记录（可以关键词形式）、制作照片或草图、收集或组织有关工作资料等。

BAG 分析法中的职业分析人员是由课程专家组成的，德国的课程专家一般具有在企业长期从事本专业工作的经历，他们能深度把握企业情况，通过到企业技工中进行调查，了解职业活动情况。德国职业分析方法中职业活动内容描述采用的也是工作任务，称为典型工作任务（北美、澳大利亚职业分析中的任务实际上也是选择典型的任务）。德国职业分析的形式一般采用查阅相关资料、参观企业和咨询专家等手段完成。查阅的资料一般包括：职业教育条例、职业培训的内容、职业描述等，最后也形成一个表格，描述行动领域。

第 3 种是来自澳大利亚的职业分析方法。这种方法是以满足终身教育体系为前提，不再针对一个具体的专业或者一个具体的职业培训，而是针对某个技术领域，比如信息技术领域。此种职业分析的设计也包括确定职业分析主体、描述职业活动内容、确定职业分析形式等内容。就信息技术领域的职业分析来说，职业分析成员由多家行业公司代表、信息技术与电信行业培训顾问机构成员、澳大利亚信息技术学会雇员以及政府机构的代表等，组成相关行业的能力标准委员会。其分析结果由职业能力领域、能力单元和能力要素来描述，实际上也是工作任务。能力领域是人们开发、制造、应用技术的能力。比如：信息技术领域就涉及系统开发、系统集成、系统安装、系统维护以及系统的管理与控制等。能力单元是能力领域的组成部分。它描述在不同工作地点，达到行业工作质量标准所需要的知识和技能。能力单元的分析确定是依据能力领域的划分，逐一对能力领域分别进行分析确定的。能力要素是能力单元的主要组成部分，对能力单元进行具体解释。每一项能力单元要素描述一项工作任务。澳大利亚职业分析采用了北美的做法，采用能力图表作为分析工具。

上述 3 种职业分析方法各有特点，各自反映了其所在国家或地区的职业教育制度、政策、分析主体等方面的差异，但其基本原理是相同的。3 个国家的职业分析都认为，优秀工作人员最了解所在职业岗位应该完成哪些任务，以及完成过程中的工作对象、劳动组织形式、使用的工具、工作规范等，因此，都不约而同地把行业和企业的优秀工作人员作为职业分析的主体；3 个国家的职业分析都认为，任何职业岗位的工作内容都能有效且充分地用优秀工作人员工作中所完成的各项任务描述，并且认为任何任务与完成任务的人员所需的知识、技能和态度都有着直接的联系，因此，也都采用了用工作任务描述职业活动的方式。

目前，我国职业教育课程开发管理的做法基本上和美国相同，采用国家开发一些重点专业课程标准引导，职业学校参考这些标准并根据学校所在地区社会经济特点，自行开发课程方案。作为一所职业学校的课程开发人员，如果没在企业长期工作过，没有亲自下企业做调查，在短时间内不能对企业环境、企业生产经营过程、不同职业岗位的工作任务、工作对象、劳动组织、工具等逐一全面调查清楚，那么可以采用北美职业分析的做法，把行业企业优秀人员请来，通过头脑风暴，利用职业能力图表这一有效工具，完成职业分析任务。如果有企业工作经验，可采用德国职业分析的做法。

2.1.3　DACUM 分析

1. DACUM 分析工具

最常用的工具是如图 2.2 所示的职业能力图表。职业能力图表是由某一职业或职业岗位所要求的能力领域和相应的单项能力构成的一张二维图表。整个图表由名称、能力领域、单项能力和能力评定等级 4 项构成。

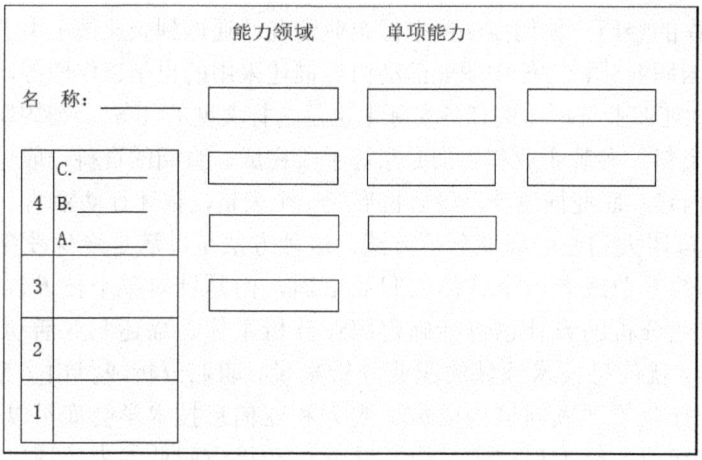

能力领域　单项能力

名　称：

4 C. B. A.

3

2

1

图 2.2　一种典型的职业能力图表

1）名称

名称可以是职业学校的专业，也可以是职业或职业岗位。比如“软件与信息服务”“系统分析员”“程序员”等。

2）能力领域

能力领域是指一组意义相关的单项能力，这些单项能力的有机组合能够形成职业的某种综合能力。比如“应能够进行客户沟通”“应会进行系统分析”“应能进行界面设计”等。一般来说，某种职业的能力领域包括 8～12 项。能力领域的名称要简练易懂，以动词开头，前面冠以“应能够”“应会”之类的限定语。

3）单项能力

单项能力是指完成某项职业任务所必须掌握的能力。每个单项能力必须可以在短时间完成且可以独立进行，一个单项能力的执行应该能够产生某种产品、服务或决策。一般来说，一个能力领域由 6～30 项单项能力构成，若某个能力领域涉及的单项能力太多，要考虑对其进行分解，增加能力领域的数量。单项能力的描述也要简练易懂，以动词开头，前面冠以“应能够”“应会”之类的限定语。

4）能力评定等级

能力评定等级是为了定义实际工作中单项技能的操作水平，它分为 4 级、6 个水平，如表 2.1 所示。

表 2.1　能力评定等级表

4	C．能高质量、高效地完成此项技能的全部内容，并能指导他人完成
	B．能高质量、高效地完成此项技能的全部内容，并能解决遇到的特殊问题
	A．能高质量、高效地完成此项技能的全部内容
3	能圆满地完成此项技能的内容，不需要任何指导
2	能圆满地完成此项技能的内容，但偶尔需要帮助和指导
1	能圆满地完成此项技能的内容，但需要在指导下完成此项工作的全部

需要说明的是，如图 2.2 所示的“典型职业能力图表”并不适合在 Word、Excel 等环境中制作，因为在 Word、Excel 之类的电子文档处理环境中绘制图 2.2 是一件非常耗时的工作。而且据笔者所知，目前也没有某种可以支持快速绘制图 2.2 所示的职业能力表的软件工具。因此，随着信息技术的普及，实际工作中大家更多地使用的是如表 2.2 所示的二维表格式的职业能力图表或如图 2.3 所示的简化职业能力图表。

表 2.2　网站设计师 DACUM 表

职业岗位	能力领域	单项能力		
网站设计师	A. 确定网站客户端需求	A1．确定网站目标	A2．确定网站客户群	A3．确定网站内容
		A4．确定网站结构	A5．识别客户 Email 需求	A6．建立项目时间表
		A7．……	A8．……	A9．……
	B．建立网站开发规划	B1．设计网站导航	B2．确定网站文件系统结构	B3．建立网站技术标准
		B4．……	B5．……	B6．……
	C．……			

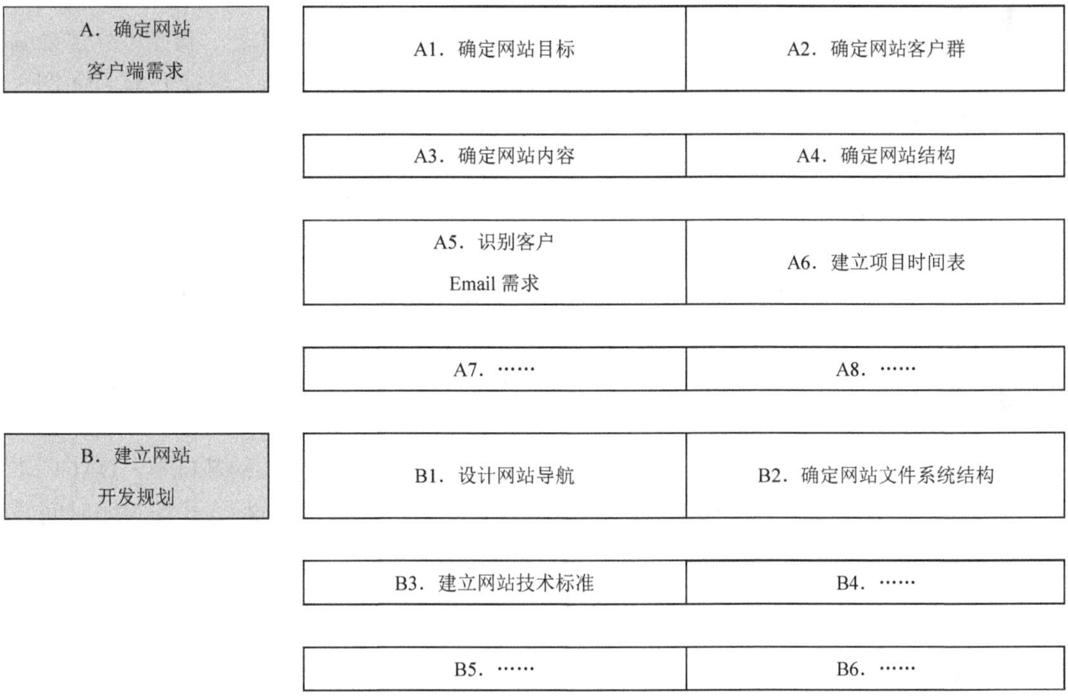

A．确定网站客户端需求

A1．确定网站目标　　A2．确定网站客户群

A3．确定网站内容　　A4．确定网站结构

A5．识别客户 Email 需求　　A6．建立项目时间表

A7．……　　A8．……

B．建立网站开发规划

B1．设计网站导航　　B2．确定网站文件系统结构

B3．建立网站技术标准　　B4．……

B5．……　　B6．……

图 2.3　网站设计师 DACUM 表（简化）

2. DACUM 分析过程

应用 DACUM 能力图表进行职业分析、确定职业能力的一般过程由研讨会准备、研讨和图表整理制作 3 个阶段组成。

1）研讨会准备

实践证明，DACUM 研讨会准备的充分与否，对职业分析的质量影响较大。为了做好准备工作，应注意3点：一是要有充足的准备时间；二是要选好DACUM组织协调人；三是要取得有关方面（企业专家、学校专家、有关领导等）的支持。具体需要做的工作如下：

确定需要分析的职业。DACUM使用领域十分广泛，大家工作所面临的问题又千差万别，所以哪些职业需应用DACUM进行职业分析，应具体问题具体分析。一般来说，具有下述情况的职业需要进行分析。

（1）当前没有DACUM图表可作参考的职业。

（2）工作质量普遍存在问题的职业岗位。

（3）DACUM图表较陈旧的职业。

（4）政策、管理或技术发生较大变化的职业。

DACUM 研讨会的准备过程一般由制定 DACUM 研讨会准备工作时间表开始。为了做好DACUM研讨的准备工作，首先应由DACUM组织协调人制定出周密细致的DACUM研讨会准备工作时间表，来统一管理准备工作。然后确定DACUM研讨委员会成员。一般来说，DACUM研讨委员会的规模以6～12人为宜，其中6～10名为优秀工作人员，两名小组长。此外，还要有DACUM主持人与记录员。在准备工作中，DACUM主持人的确定与邀请是十分重要的。首先要保证邀请经过专门培训并已取得资格的DACUM主持人。主持人要带自己的记录员，如果DACUM 主持人不能带自己的记录员，一定要按照标准严格选定记录员。除此以外还要编制DACUM研讨会日程。DACUM研讨会的时间一般为1～3天。据经验，进行DACUM图表的修订研讨会一般只需一天；职业岗位较为单一的职业，一般用一天半的时间；职业岗位较多、内容较为复杂的职业，视情况应安排2～3天。日程内容一般基本相同。研讨会准备过程的最后是布置会场并准备会议用品，编写DACUM简介，起草领导致辞，检查全部准备工作。

2）研讨方法与过程

为使得研讨结果反映客观实际，DACUM采用科学的问题讨论原则、程序和方式。

首先要建立良好的研讨氛围。建立良好的研讨氛围，一般可通过下面3项工作来完成：一是建立良好的合作关系；二是明确研讨会的目的、目标和任务；三是讲解好DACUM职业分析过程。

其次是DACUM主持人指导职业分析。在建立起良好的研讨氛围的基础上，DACUM主持人就可依据头脑风暴法的原则和职业分析研讨的步骤主持研讨。主持人一般按照时间顺序主持下列问题的研讨。

（1）修订职业描述报告。一个职业或者说一个职业岗位，随着社会发展、科学技术的进步和管理水平的提高，其名称、职责范围和工作内容都会不断地发生变化，所以首先要确定职业的名称、职业包括的职业岗位、工作内容等。

（2）分析确定能力领域。在修订职业描述报告后，研讨成员要在DACUM主持人的引导下，提出职业能力领域，分析确定单项技能。对单项技能高质量的定义，将为职业能力图表的制定奠定良好基础。从经验上看，许多DACUM图表由于单项技能定义得过于模糊，从而给使用带来很大困难。为此，主持人必须做到全面、透彻地理解单项技能的概念。

（3）检查、修订能力领域和单项技能。在确定了各项能力领域的单项技能之后，DACUM图表的整体轮廓就显现出来了。但在讨论确定单项技能的过程中，不可避免地会出现不同的意见，为使讨论能进行下去，必然会产生一些悬而未决的单项技能。这时，从整个DACUM图表看，会一目了然，可以通过增、删、修订、合并技能和能力领域等手段，进一步完善DACUM图表。

（4）能力领域和单项技能的排序。为进一步完善 DACUM 图表并使 DACUM 图表更便于使用，要对 DACUM 图表上突出的能力领域和单项技能进行排序。排序的方法是按照一个刚进入本职业领域的人所应掌握的能力顺序，对单项能力领域和单项技能进行排序。

（5）确定符合上岗要求的技能操作等级。在 DACUM 图表上列出的单项技能，应达到什么水平，也由研讨成员逐一确定出来，以便于培训和招聘职工。

（6）主持研讨会评价。对研讨会评价的目的一般包括两个主题：一是对研讨会作出一个较为客观的总结：二是发现问题，改进今后的工作。研讨会评价的最常用方法是调查表法。

3）DACUM 图表整理制作

在所有的 DACUM 研讨委员成员对 DACUM 图表的准确性和完整性都认可后，记录员要将图表保存到合适的媒体上（纸张、硬盘文件等），并妥善地将原始卡片保存好，以便于 DACUM 图表的整理与制作。

DACUM 图表的整理与制作包括以下内容：

（1）编码。为了便于使用 DACUM 图表，应对 DACUM 图表的能力领域和单项技能进行编码。编码可以运用数字、字母或二者混合的方式。一般使用数字与字母混合编码的方式较多（如表 2-1、表 2-2）。

（2）确定 DACUM 图表的格式和内容。DACUM 图表的格式很多，选择哪一种，应根据 DACUM 图表的用途来确定。DACUM 图表的文字说明也很重要，一般有下列内容：公司名称；职业名称；开发日期；DACUM 研讨委员会成员名单；DACUM 组织协调人；DACUM 主持人；记录员；列席人员名单；技能操作评定标准；评价鉴定栏目等。

（3）DACUM 图表制作。为了保证图表的正确，要特别注意制作过程中的监督。要指定专人负责该项工作，一般应由 DACUM 组织协调人完成。

2.1.4 BAG 课程开发法

BAG 课程开发法（简称 BAG 法）是一种新型职业教育课程开发的整体化工作任务分析方法。该方法对现代职业工作进行整体化的分析和描述，并在此基础上开发工作过程系统化课程，BAG 课程开发法的核心内容是“典型职业工作任务分析”和“实践专家研讨会”。

BAG 课程开发法是德国不来梅大学技术与教育研究所（ITB），在一个由大众汽车公司德国工厂 4500 名培训生和 1970 名专兼职教师参与的典型试验中开发出来的。用这种方法开发的机电一体化汽车维修工课程，后来发展成为欧盟第一个统一课程标准的基础。后来，ITB 对该方法又进行了一系列改进，进一步扩大了它的通用性，使其适用于不同职业的职业教育课程开发的需要。实践证明，BAG 可以用于各种职业教育体制、不同职业类型的工作分析。

简单说来，BAG 法是为职业教育课程开发者在进行工作分析时提供的一个简单易行的工具，该工具能对企业实际工作过程中的典型职业工作任务（简称典型工作任务）进行深入分析。按照这一方法，课程开发者可以直接获得关于特定职业的工作特点与工作要求的具体数据。BAG 法的工作程序如图 2.4 所示。

BAG 分析法得到的数据可以帮助人们在随后的教学设计工作中，针对每一个典型工作任务，准确地确定和描述所对应的学习领域、职业教育的学习目标和学习内容。因此，BAG 分析法是一种科学的工作方法，它可以对现实的职业工作进行深入的分析和研究，在此基础上开发工作过程系统化的学习领域课程，并为课程的教学实施提供帮助。

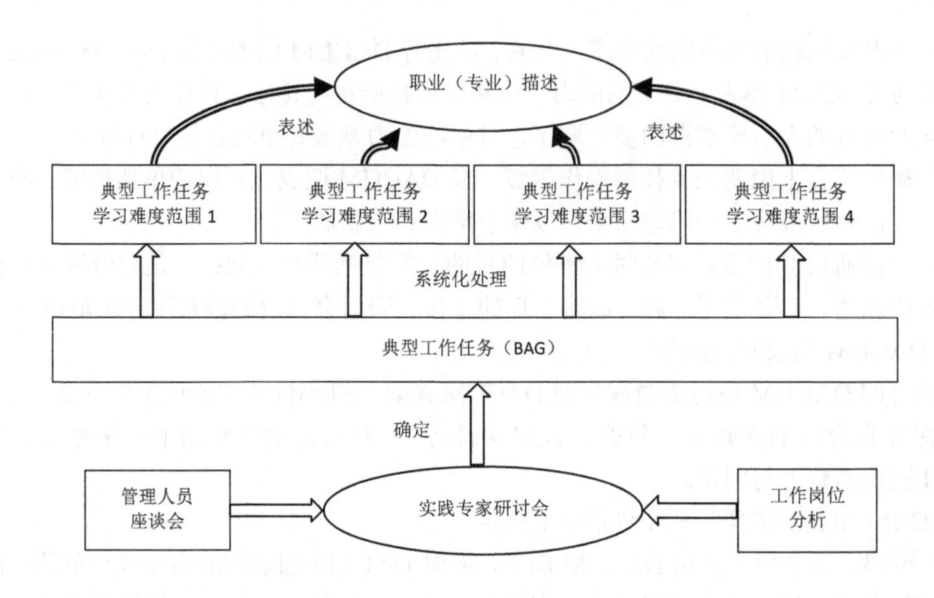

图 2.4　BAG 法工作程序

BAG 法是 DACUM 法的发展，它们的基础都是工作分析和专家座谈会。但与 DACUM 不同的是，BAG 将“工作”作为一个整体来看待，更加关注工作过程的整体性和完成工作任务所需要的创造能力，而不是像 DACUM 一样，将工作任务分成各个独立的能力点、知识点和技能点。在 BAG 法的专家座谈会中，参与工作任务描述活动的人本身是有能力完成这些工作任务的“实践专家”（如有经验的技术工人或技师等），而不是管理人员，这有助于把“实践专家”的实践性知识作为隐性知识包含在课程中。

BAG 法的实施分为工作分析准备、工作分析的实施、分析结果的记录和评价 3 个先后衔接的过程。

1. 典型工作任务分析的准备

在实践专家研讨会中确定的典型工作任务，从整体上概括了一个职业（专业）的内涵，人们可以在此基础上按照教育学规律进行教学设计。一般来说，每一个典型职业工作任务描述了职业教育课程中的一个学习领域课程。确定职业任务均需要做相应的工作分析。

在实践中，开发一门课程一般很难通过一次性的工作分析完成，理想状况下，对每一项工作任务的分析都应该进行 3 次以上。

要想开发一套完整的职业教育课程计划，必须对整个课程开发工作有一个整体的规划和协调，从而对有限的时间和人力资源进行优化利用。课程开发者只有通过明确的责任分工，才能对整个职业获得一个完整的认识。

1）工作岗位选择

在确定一个需要分析的职业后，就应在企业里选择合适的工作岗位了。所谓合适的工作岗位，是指这个岗位的任务是大家公认的、有代表性的，只有具有一定资格和能力的专门人才才能完成这一工作任务。负责选择工作岗位的人是课程开发团队中来自企业的代表，他们不但对企业的工作过程有深入了解，并且能对在现场进行的调查分析提供组织上的保障。

工作岗位的选择标准应与表述典型工作任务的标准一致，即：

必须包含综合化的工作过程，并具有独特的职业特征。

- 一个工作任务描述出一项完整的工作行为，包括计划、实施和评估这一整套行动的过程；
- 职业工作任务反映出职业工作的内容和形式；
- 通过对工作任务的描述，应当能清晰地看出该任务在整个职业工作中的意义、功能和作用；
- 职业工作任务为执行者提供了较大的自由度。

典型工作任务既不是某一特定职业活动，也不是一个具体的工作任务，而是一个过程结构相对完整的任务。从这一意义上来说，完成一个典型工作任务的过程包括具体任务确定、工作任务的计划、实施、检查和评价。

在实践中，往往很难找到界限分明的孤立的工作任务，许多工作岗位往往承担多个相互联系的工作任务。对这类岗位进行分析时，可以选择一个能反映典型工作任务“核心特征”的工作岗位，同时关注该任务与其他工作任务之间的联系。

2）工作分析小组

准备工作的第一项重要任务是挑选工作分析小组的成员。

为了进行高效率的、目标明确的 BAG 法工作分析，建议组成一个由 3～4 人组成的工作小组，其中包括一位“实践专家”、一位职业学校教师和一位企业的实训教师。工作小组成员的共同点是他们具有相同的“职业”，BAG 法能为这一职业的新课程开发提供基础。

工作分析小组的任务包括以下 5 个方面：

- 观察；
- 访谈（采访）；
- 进行记录（可以关键词形式）；
- 制作照片或草图；
- 收集或组织有关工作资料（如图纸等）。

工作分析是所有成员的任务，所以工作小组内部基本上没有上下级关系，但在调查现场要确定一个人负责资料的整理工作。

3）工作分析引导

不论是那些工作分析小组的正式成员，还是因工作需要临时请来参与工作分析的其他人，在参与分析调查之前，都应深入了解工作分析的引导问题，因为每个小组成员都对分析结果的正确性承担着责任。

为了保证所获得的分析结果对后续的课程开发有足够的价值，建议进行工作分析时首先回答以下引导问题，从而获得课程的核心内容：

- 这一工作任务与哪些工作过程相联系？
- 在什么样的工作岗位上完成这一工作任务？
- 工作任务的工作对象是什么？
- 采用什么工具、方法和劳动组织形式？
- 为此应满足什么样的专业工作要求？
- 这一工作任务与其他工作任务之间的区分点（阈值）在哪里？

在上述引导问题的基础上，可以逐渐明晰工作分析的要点，即本次工作分析要对职业工作的哪些内容进行分析和研究。

工作分析主要针对工作过程、工作岗位、工作对象、工具与器材、工作方法、劳动组织、对工作及工作对象的要求和区分点（阈值）等 8 个要点进行。

（1）工作过程

工作分析必须考虑工作岗位所处的工作情境，不对整个工作过程进行观察，就不可能全面、准确和深刻地了解和概括对专业工作的要求。对工作过程这一要点进行分析时，可以借助物流图、信息流图以及执行任务流程图等工具进行。

一般来讲，在正式开展“现场”分析之前的准备阶段，工作分析小组就应当开始收集和评价以下资料：

- 这一工作任务与什么样的工作过程相联系？
- 生产什么样的产品？
- 提供什么样的服务？
- 从哪儿得到半成品？
- 怎样得到合同？
- 生产的成品在哪里进行后继加工？
- 怎样交付完成的合同？
- 谁是服务合同的提供方和接受方？

（2）工作岗位

对工作岗位的分析应包括下列内容：

- 被分析的工作岗位在哪里？
- 环境条件（如照明、冷暖、辐射、通风、气、雾和烟尘等）对员工有何影响？
- 员工在完成任务时采取怎样的工作姿势？

（3）工作对象

在描述工作对象时要注意工作的关联性和工作过程，即工作过程中的工作对象。

- 工作任务中的操作对象是什么？（如技术产品和技术过程、服务、文献、控制程序等）
- 该对象在工作过程中的作用是什么？（是操作设备还是维修设备）

（4）工具与器材

在描述工作中所使用的工具和器材时，工作过程的前后关系十分关键。特别是像计算机这样的通用工具，需说明其在具体工作阶段中的专门用途。

- 完成该工作任务要用到哪些工具和器材？（如万用电表、扭矩扳手、计算机及应用程序）
- 如何使用工具和器材？

（5）工作方法

在工作方法上存在多方面的设计余地。比如两名维修工各自查找设备故障的做法可能完全不同，但是他们的最终目的是相同的——找出故障。

- 在完成工作任务时有哪些做法？（如故障查找策略、质量保证方法等）

（6）劳动组织

构成工作活动的元素中有一个不可忽视的重要特征，那就是劳动组织形式。在此，首先要考虑工作的组成结构和工作流程安排（如组别、分工、等级与其他职业的合作）。这里，与其他职业或工种的合作（比如在维修保养工作中是分散式的还是集中式的）方式是工作分析的一个重要方面。其次，工作时间安排模式（比如轮班制、休息时间、兼职工作）同样也很重要。

- 如何组织安排工作？（工作分工，如单独工作还是团组工作）
- 哪些级别对工作产生影响？
- 与其他职业和部门之间有哪些合作及如何分界？
- 员工的哪些能力共同发挥作用？

（7）对工作及工作对象的要求

这里要分析的是来自各个方面出于不同角度对工作过程及工作对象的要求，从而也对职业技术工作提出了要求。由于不同的利益冲突，可能有些要求之间是相互矛盾的，另外一些要求是完全或部分一致的。在此，应当区分企业要求、社会要求和个人要求之间的差异。

- 完成任务时必须满足企业提出的哪些要求？
- 顾客提出哪些要求？
- 社会提出哪些要求？
- 必须注意哪些标准、法规和质量规范？
- 有哪些同行业界默认的规则和“潜规则”？
- 工人自己对工作提出什么要求？

（8）区分点（阈值）

最后还要把“点式”的分析放到大的环境中去，尤其要关注本工作任务与其他工作任务之间的联系与衔接。前面已提到，在实践中很难找到完全独立的单项工作任务，通常都是多个任务密切相连，由工人们共同完成。对在别的工作岗位上获得的任务分析结果也应当加以考虑。

- 与其他典型工作任务有什么关系？
- 与其他已完成的典型工作任务的分析有何可比之处？
- 与企业中其他承担相同任务的工作岗位有哪些共同或不同之处？
- 在被分析的岗位或部门是否可能进行职业培训？

2. 典型工作任务分析的实施

工作分析的计划确定以后，一般由课程开发小组中的企业代表首先同企业取得联系。在企业领导或部门主管了解了将要进行的工作分析活动情况之后，就可以选择合适的工作岗位。在所选岗位上的工作人员从事的就是将要被分析的工作，他们也要了解工作分析的内容，并应当在整个分析过程中尽量保持像平常一样工作，不需要特别地“表演”，大家所关心的是他们如何完成“日常的工作”。

事实上，由于在工作观察时还要进行访谈，因此不可能要求员工完全像平日那样工作。对于分析人员提出的关于其工作的问题，被分析者应当坦率地回答，但分析人员应尽量不影响或少影响其正常工作。

在工作分析进行的当天，分析小组即“置身于”工作过程之中，着手调查所准备的问题。使用的方法是观察访谈，即观察员工工作，对仅靠观察不能判断其意义和作用的环节，通过向员工提问予以补充，如要求工人在安装设备时对他的操作活动进行口头讲解。

一般而言，有针对性的简短提问比单纯的观察能获得对技术工作更为细致的了解。提问不是非要严格按照分析引导问题目录表中的问题逐一提出，但目录表应作为参考资料始终放在身边，以免忽略个别分析要点。除了观察以外，还可通过拍照巩固分析资料，尤其要考虑到没有经历分析现场的人只能通过分析记录来了解情况，而图片往往比复杂的文字表述更能说明问题。

由于在分析小组内不存在等级关系，因此也没有专门做访谈的组员。提问视实际情况而定，不必事先在小组内详细商定。分析过程原则上可能涉及多名员工，应由分析小组的全体分析员共同观察、把握情况，以避免在记录阶段出现这样的局面："我以为你观察（或问过）了。"

在分析过程中可以做摘要笔记，把观察和访谈中获得的认识简要记录下来，以便在记录阶段更容易联系实情。但是分析小组也必须知道，自始至终手持笔记本很容易给员工造成检查工作的印象，因此应尽量营造一种平常的谈话气氛。经过一定的练习，不用笔记事后也能扼要复述分析结果。除了观察访谈和拍照外，如果可能的话，最好索取一些技术图纸、草图、程序文件等相关资料。

借助分析引导问题表可以对不同工作岗位上得出的分析结果进行比较。根据经验，一个"典型工作任务"的分析一般需要两个小时，但有的时候，如果工作活动较为复杂，比如生产设备的故障诊断及重新运转等，分析所需的时间有可能会大大延长。

3. 分析结果的记录和评价

要想在课程开发中有效地利用分析结果，首先要对分析的结果进行记录。记录的第一步要紧接着分析实施阶段进行，分析小组全体人员参加。

记录是分析结果的巩固，即逐一核对分析引导问题目录表中的要点。先前已商定的负责记录的小组成员此时逐个报出分析要点（如"工具"），每个小组成员叙述其分析结论和认识，记录负责人汇总记录。要考虑和权衡每个分析人员的个人见解和判断，得出的应当是整个小组共同的分析结果。

经验说明，这种小组讨论会最多需要一个小时的时间，详细记录的撰写工作由记录负责人之后完成。记录的篇幅和详细程度没有一定标准，作者应当始终遵循这一原则，即让没有经历分析现场的读者能够明白分析的结果。建议采用文本方式对分析结果进行全面描述，纲要式的要点罗列不足以使外部读者了解整个分析活动。加入一些有针对性的照片、草图和插图非常有助于说明实事。

写好的记录一般不需要再交给分析小组其他成员审阅，因为分析以及记录准备都是由小组成员共同完成的，因此记录没有必要再由小组成员全体批准。当针对典型工作任务的所有分析记录完成以后，就可以开始课程设计了。由于分析用的是同一方案，因此各记录的结构是一致的。

2.2　软件与软件产业

2.2.1　软件

软件是计算机软件的简称，是人们为了告诉电脑要做什么事而编写的、电脑能够理解的一串指令，有时也叫代码或程序。

一般来讲软件被划分为系统软件、应用软件和介于这两者之间的中间件。其中系统软件为计算机使用提供最基本的功能，但是并不针对某一特定应用领域。而应用软件则恰好相反，不同的应用软件根据用户和所服务的领域提供不同的功能。

软件并不只是包括可以在计算机上运行的程序，与这些程序相关的文件一般也被认为是软件的一部分。

软件被应用于全球各个领域，对人们的生活和工作都产生了深远的影响。

对于计算机软件的概念，现在尚无一个统一的定义。世界上多数国家和国际组织原则上采用了世界知识产权组织（WIPO）的意见，结合实际加以修改。1978 年世界知识产权组织发表了《保护计算机软件示范法条》，对计算机软件给出如下定义：计算机软件包括程序、程序说明和程序使用指导 3 项内容。

“程序”是指在与计算机可读介质合为一体后，能够使计算机具有信息处理能力，以标志一定功能、完成一定任务或产生一定结果的指令集合。

“程序说明”是指用文字、图解或其他方式，对计算机程序中的指令所做的足够详细、足够完整的说明和解释。

“程序使用指导”是指除了程序、程序说明以外的、用以帮助理解和实施有关程序的其他辅助材料。

在上述定义中，对“程序”的定义不够准确，按照这一定义，源程序（以高级计算机语言编写的程序）可能会被排除在“计算机软件”之外。因此各国在参考这一定义时，大多数都将“在与计算机可读介质合为一体后”这一条件删除，这样就可以明确无误地将源程序列入“计算机程序”之中了。

1980 年，美国版权法案将软件明确为“在计算机中被直接或间接用来产生一个确定结果的一组语句或指令”，1983 年，IEEE 对软件给出了新定义，指出：软件是计算机程序、方法、规范极其相应的文稿以及在计算机上运行时所必需的数据。所谓软件是对事先编好了具有特殊功能和用途的程序系统极其说明文件的统称，即能指示计算机完成一个任务的、以电子格式存储的指令序列和相关的数据。

近年来，随着云计算、物联网、移动互联网、大数据等新技术的蓬勃发展，使得软件产业的商业模式、服务模式创新不断涌现，软件、硬件、内容、服务之间的边界日益模糊，软件产业加快向网络化、服务化、平台化、融合化方向发展，不仅与其他产业的关联性、互动性显著增强，而且计算机软件已经融入社会生活的方方面面。而智能终端、宽带网络的迅速普及，使得软件系统的功能不断加强，并将进一步激发人们对软件的消费需求。

2.2.2　软件企业

软件企业，即以开发、研究、经营、销售软件产品或软件服务为主的企业组织。

关于软件企业的定义与标准，不同的国家在不同的时期都给出了具体的规定。我国根据国家在不同历史阶段的实际国情，也曾给出过不同的软件企业认定标准。其中最新的标准是 2013 年由工业和信息化部、国家发展和改革委员会、财政部、国家税务总局下发的《软件企业认定管理办法》（工信部联软[2013]64 号）。该办法是根据《国务院关于印发“鼓励软件产业和集成电路产业发展若干政策”的通知》（国发〔2000〕18 号）、《国务院关于印发“进一步鼓励软件产业和集成电路产业发展若干政策”的通知》（国发〔2011〕4 号）以及《财政部、国家税务总局关于进一步鼓励软件产业和集成电路产业发展企业所得税政策的通知》（财税〔2012〕27 号）等文件的精神制定的。根据上述各文件的具体内容，软件企业的认定标准包括以下内容。

（1）在我国境内依法设立的企业法人的企业；

（2）以计算机软件开发生产、系统集成、应用服务和其他相应技术服务为经营业务和主要经营收入；

（3）具有一种以上由本企业开发或由本企业拥有知识产权的软件产品，或者提供通过资质等级认定的软件技术系统集成等技术服务；

（4）从事软件产品开发和技术服务的技术人员占企业职工总数的比例不低于 50%；

（5）具有从事软件开发和相应技术服务等业务所需的技术装备和经营场所；

（6）具有软件产品质量和技术服务质量保证的手段与能力；

（7）软件技术及产品的研究开发经费占企业年软件收入的 8%以上；

（8）年软件销售收入占企业年总收入的 35%以上，其中，自产软件收入占软件销售收入的 50%以上；

（9）企业产权明晰，管理规范，遵纪守法。

根据工信部联软〔2013〕64 号文件的规定，经过认定的软件企业实行年审制度，未年审或年审不合格的企业，即取消其软件企业的资格，软件企业认定证书自动失效，不再享受有关鼓励政策。按照财税〔2012〕27 号文件规定享受软件企业定期减免税优惠的企业，如在优惠期限内未年审或年审不合格，则在软件企业认定证书失效年度停止享受财税〔2012〕27 号文件规定的软件企业定期减免税优惠政策。

随着我国政府简政放权计划的实施，根据《国务院关于取消和调整一批行政审批项目等事项的决定》（国发〔2015〕11号）的规定，自该决定发布之日起软件企业认定及年审工作停止执行。已认定的软件企业在 2014 年度企业所得税汇算清缴时，凡符合《财政部国家税务总局关于进一步鼓励软件产业和集成电路产业发展企业所得税政策的通知》（财税〔2012〕27 号）规定的优惠政策适用条件的，可申报享受软件企业税收优惠政策，并向主管税务机关报送相关材料。

2.2.3 软件产业

软件产业是指以开发、研究、经营、销售软件产品或软件服务为主的企业组织及其在市场上的相互关系的集合。它是与信息产业中的硬件产业相对应的。

软件产业具有知识技术密集、高成长性、高附加值和高带动性等特点。软件产业作为信息产业重要组成部分，不仅关系到信息产业的发展，而且在整个国民经济体系中具有基础性、关键性的作用。发展软件产业，能够为其他产业更好地利用信息、更好地优化资源配置、整合产业资源提供支持，对中国经济的发展具有决定性的意义。

1. 世界软件产业概况

自 1980 年代以来，国际上计算机产业结构逐渐从以硬件为核心向以软件为主导的方向转变。软件企业的净资产收益率仅低于半导体企业，达 25.31%；软件企业的增长率已被经营信息服务的公司超过，但仍高于经营硬件的公司。软件企业的股东回报仅低于经营互联网业务的公司。目前国际上软件业以美国最强，其次为日本和德国，再次为印度和巴西。美国是世界上最大的软件强国，全球软件销售额的 60%在美国。软件已成为美国继汽车和电子之后的第三大产业，超过了航空和制药。美国的软件商几乎垄断了全球的操作系统软件和数据库软件。日本软件市场居全球第二，十大软件商中有 2 家在日本。近几年，尽管日本经济衰退，个人电脑业萧条，但日本软件业还是呈增长势头。日本有约 10%的软件企业达到 SW-CMM4 级和 5 级认证。10 年前，印度软件业与我国几乎同时起步，但现在其产值远远超过中国。

根据麦肯锡公司的观点，全球软件产业的发展至今经历了比较完整的 5 代历程。

第 1 代：早期专业的服务公司（1949～1959 年）

第一批独立于卖主的软件公司是为客户开发定制解决方案的专业软件服务公司。在美国，这个发展过程是由几个大软件项目推进的，这些项目先是由美国政府出面，后来被几家美国大公司认购。这些巨型软件项目为第一批独立的美国软件公司提供了重要的学习机会，并使美国在软件产业中成了早期的主角。例如，开发于 1949～1962 年间的 SAGE 系统，半自动地面防空系统，简称 SAGE 系统，译成中文叫赛其系统，是第一个极大的计算机项目总开支最终达到 180 亿美元。在欧洲，几家软件承包商也在 20 世纪 50 年代和 60 年代开始发展起来，但总体上，比美国发生的进展晚了几年。第一代软件企业的主要特点是每次为一个客户提供一个定制的软件，包括技术咨询、软件编程和软件维护。软件销售是一次性的，不可复制。该时期的主要公司包括 CSC、规划研究公司、加州分析中心和管理美国科学公司等。

第 2 代：早期软件产品公司（1959～1969 年）

在第一批独立软件服务公司成立 10 年后，第一批软件产品出现了。这些初级的软件产品被专门开发出来重复销售给一个以上的客户。一种新型的软件公司诞生了，这是一种要求不同管理和技术的公司。第一个真正的软件产品诞生于 1964 年。它是由 ADR 公司接受 RCA 委托开发的一个可以形象地代表设备逻辑流程图的程序。

在这个时期，软件开发者设立了今天仍然存在的基础。它们包括了一个软件产品的基本概念、它的定价、它的维护，以及它的法律保护手段。该时期的主要特点是所出售软件不是一个独立的产品，而是将一个软件多次销售。该时期的代表公司主要有 ADR 与 Informatics。

第 3 代：出现强大的企业解决方案提供商（1969～1981 年）

在第 2 代后期岁月里，越来越多的独立软件公司破土而出，与第 2 代软件不同的是，规模化的企业提供的新产品，可以看出他们已经超越了硬件厂商所提供的产品。最终，客户开始从硬件公司以外的卖主那儿寻找他们的软件来源并为其付钱。20 世纪 70 年代早期的数据库市场最为活跃，原因之一是独立数据库公司的出现。数据库系统在技术上很复杂，而且几乎所有产业都需要它。但自从由计算机生产商提供的系统被认为不够完善以来，独立的提供商侵入了这个市场，使其成为 20 世纪 70 年代最活跃的市场之一。

该时期的软件企业开始以企业解决方案供应商的面目出现，主要企业有 SAP、Oracle 与 Peoplesoft。

第 4 代：客户大众市场软件（1981～1994 年）

第 4 代以基于个人计算机的大众市场套装软件为主要特征。1981 年，IBM 推出了 IBM-PC，标志着一个新的软件时代开始了。这个时期的软件是真正独立的软件产业诞生的标志，同样也是收缩一覆盖的套装软件引入的开端。微软是这个时代最成功和最有影响力的代表性软件公司。这个时期其他成功的代表公司有 Adobe、Autodesk、Corel、Intuit 和 Novell。20 世纪

80 年代，软件产业以激动人心的每年 20%的增长率发展。美国软件产业的年收入在 1982 年增长到 100 亿美元，在 1985 年则为 250 亿美元，比 1979 年高 10 倍。

第 5 代：互联网增值服务（1994 年～现在）

由于互联网的介入，软件产业发展开创了一个全新的时代。高速发展的互联网给软件产业带来革命性的意义，给软件发展提供了一个崭新的舞台。当计算机开始普及的时候，软件是建立在计算机平台上的；而互联网出现以后，网络逐渐成为软件产品新的平台，大量基于网络的软件不断涌现，大大繁荣了软件产业的发展。该时期的软件企业不再通过销售软件获得收入，而是通过应用来自外部软件公司的软件获得收入。代表企业有 Yahoo、Google、腾讯等。

采取什么样的模式来推进产业的发展，在很大程度上决定着产业能否健康良性地成长。不同国家的软件产业，总是会根据自身的软件发展历史和具体国情来选择合适的产业发展模式。从国际软件产业发展的状况来看，目前得到公认的产业发展模式有印度模式（国际加工服务型）、美国模式（技术与服务领导型）、日本模式（嵌入式系统开发型）、爱尔兰模式（生产本地化型）等。

软件、软件企业、软件产业经过多年发展，各个国家依托自身各自的发展模式，已经形成以美国、印度、爱尔兰等国为主的国际软件产业分工体系。

软件产业链的上游为操作系统、数据库等基础平台软件，主宰着整个产业，决定产业内的游戏规则，大部分上游企业位于美国。

软件产业链的中游主要分为子模块开发和独立的嵌入式软件开发两类，它们可以回溯影响上游规则的制定，前一类以印度、爱尔兰为代表，后一类日本实力比较强大。

软件产业链的下游分为高级应用类软件（ERP、SCM 等）、一般应用类软件和系统集成中的软件开发三类，主要是在上游的基础平台上进行的二次开发，我国在这个方面发展较快。

2. 我国软件产业现状与展望

2013 年 8 月 17 日，国务院发布了“宽带中国战略实施方案”，将“宽带战略”从部门行动上升为国家战略。该方案指出，到 2020 年，基本建成覆盖城乡、服务便捷、高速畅通、技术先进的宽带网络基础设施，固定宽带用户达到 4 亿户，家庭普及率达到 70%，光纤网络覆盖城市家庭。行政村通宽带比例超过 98%，并采用多种技术方式向有条件的自然村延伸。此外，网速方面，城市和农村家庭宽带接入能力将分别达到 50Mbps 和 12Mbps。网络基础设施的完善、宽带的普及和网速的提升，必将成为软件产业进一步发展的重要基础，为软件产业的快速发展提供良好的平台。

工业和信息化部于 2017 年 1 月 17 日正式下发的《软件和信息技术服务业发展规划（2016-2020 年）》（工信部规〔2016〕425 号，以下简称《规划》）指出：“十二五”期间，我国软件和信息技术服务业规模、质量、效益全面跃升，综合实力进一步增强。具体表现为以下特征：

（1）产业规模快速壮大，产业结构不断优化。业务收入从 2010 年的 1.3 万亿元增长至 2015 年的 4.3 万亿元，年均增速高达 27%，占信息产业收入比重从 2010 年的 16%提高到 2015 年的 25%。其中，信息技术服务收入 2015 年达到 2.2 万亿元，占软件和信息技术服务业收入的 51%；云计算、大数据、移动互联网等新兴业态快速兴起和发展。软件企业数达到 3.8 万家，从业人数达到 574 万人。产业集聚效应进一步突显，中国软件名城示范带动作用显著增强，业务收入合计占全国比重超过50%。

（2）创新能力大幅增强，部分领域实现突破。2015年，软件业务收入前百家企业研发强度（研发经费占主营业务收入比例）达9.6%。软件著作权登记数量达29.24万件，是2010年的3.8倍。基础软件创新发展取得新成效，产品质量和解决方案成熟度显著提升，已较好应用于党政机关，并在部分重要行业领域取得突破。智能电网调度控制系统、大型枢纽机场行李分拣系统、千万吨级炼油控制系统等重大应用跨入世界先进行列。新兴领域创新活跃，一批骨干企业转型发展取得实质性进展，平台化、网络化、服务化的商业模式创新成效显著，涌现出社交网络、搜索引擎、位置服务等一批创新性产品和服务。

（3）企业实力不断提升，国际竞争力明显增强。已经培育出一批特色鲜明、创新能力强、品牌形象优、国际化水平高的骨干企业，成为产业发展的核心力量。2015年，软件业务收入前百家企业合计收入占全行业的14%，入围门槛从2010年的3.96亿元提高到13.3亿元，企业研发创新和应用服务能力大幅增强，已有2家进入全球最佳品牌百强行列，国际影响力显著提升。一批创新型互联网企业加速发展，进入国际第一阵营，全球互联网企业市值前10强中，中国企业占4家。

（4）应用推广持续深入，支撑作用显著增强。软件技术加速向关系国计民生的重点行业领域渗透融合，有力支撑了电力、金融、税务等信息化水平的提升和安全保障。持续推进信息化和工业化深度融合，数字化研发设计工具普及率达61.1%，关键工序数控化率达45.4%，有效提高了制造企业精益管理、风险管控、供应链协同、市场快速响应等方面的能力和水平。加速催生融合性新兴产业，促进了信息消费迅速扩大，移动出行、互联网金融等新兴开放平台不断涌现，网上政务、远程医疗、在线教育等新型服务模式加速发展，2015年全国电子商务交易额达21.8万亿元。

（5）公共服务体系加速完善，服务能力进一步提升。软件名城、园区基地等建设取得新的进展，创建了8个中国软件名城，建设了17个国家新型工业化产业示范基地（软件和信息服务），以及一批产业创新平台、应用体验展示平台、国家重点实验室、国家工程实验室、国家工程中心和企业技术中心等，基本形成了覆盖全国的产业公共服务体系，软件测试评估、质量保障、知识产权、投融资、人才服务、企业孵化和品牌推广等专业化服务能力显著提升。产业标准体系进一步完善。行业协会、产业联盟等在服务行业管理、促进产业创新发展方面的作用日益突出。

《规划》还指出：在取得上述成绩的同时，我国软件和信息技术服务业发展依然面临一些迫切需要解决的突出问题：一是基础领域创新能力和动力明显不足，原始创新和协同创新亟待加强，基础软件、核心工业软件对外依存度大，安全可靠产品和系统应用推广难。二是与各行业领域融合应用的广度和深度不够，特别是行业业务知识和数据积累不足，与工业实际业务和特定应用结合不紧密。三是资源整合、技术迭代和优化能力弱，缺乏创新引领能力强的大企业，生态构建能力亟待提升。四是网络安全形势更加严峻，信息安全保障能力需要进一步加强。五是产业国际影响力与整体规模不匹配，国际市场拓展能力弱，国际化发展步伐需要持续加快。六是行业管理和服务亟待创新，软件市场定价与软件价值不匹配问题有待解决，知识产权保护需要进一步加强。七是人才结构性矛盾突出，领军型人才、复合型人才和高技能人才紧缺，人才培养不能满足产业发展实际需求。为解决这些问题，《规划》在给出了“十三五”期间我国软件行业发展的指导思想、发展原则与发展目标。

（1）指导思想：深入贯彻党的十八大、十八届三中、四中、五中、六中全会精神和习近平总书记系列重要讲话精神，坚持创新、协调、绿色、开放、共享的发展理念，顺应新一轮科技革命和产业变革趋势，充分发挥市场配置资源的决定性作用和更好发挥政府作用，以产业由大变强和支撑国家战略为出发点，以创新发展和融合发展为主线，着力突破核心技术，积极培育新兴业态，持续深化融合应用，加快构建具有国际竞争优势的产业生态体系，加速催生和释放创新红利、数据红利和模式红利，实现产业发展新跨越，全力支撑制造强国和网络强国建设。

（2）发展原则：创新驱动。坚持把创新摆在产业发展全局的核心位置，进一步突出企业创新主体地位，健全技术创新市场导向机制，完善创新服务体系，营造创新创业良好环境和氛围，推动实现产业技术创新、模式创新和应用创新。

协同推进。强化跨部门协作和区域协同，完善政产学研合作机制，最大程度汇聚和优化配置各类要素资源。以大企业为主力军、中小企业为生力军，强化产业协同，加速形成技术、产业、标准、应用和安全协同发展的良好格局。

融合发展。以全面实施“中国制造 2025”、“互联网+”行动计划、军民融合发展等战略为契机，促进软件和信息技术服务业与经济社会各行业领域的深度融合，推动传统产业转型发展，催生新型信息消费，变革社会管理方式。

安全可控。强化核心技术研发和重大应用能力建设，着力解决产业发展受制于人的问题。进一步完善相关政策法规和标准体系，加快关键产品和系统的推广应用。发展信息安全技术及产业，提升网络安全保障支撑能力。

开放共赢。统筹利用国内外创新要素和市场资源，加强技术、产业、人才、标准化等领域的国际交流与合作，提升国际化发展水平。顺应开源开放的发展趋势，深度融入全球产业生态圈，提高国际规则制定话语权，增强国际竞争能力。

（3）发展目标：到 2020 年，产业规模进一步扩大，技术创新体系更加完备，产业有效供给能力大幅提升，融合支撑效益进一步突显，培育壮大一批国际影响力大、竞争力强的龙头企业，基本形成具有国际竞争力的产业生态体系。具体分述如下：

产业规模。到 2020 年，业务收入突破 8 万亿元，年均增长 13%以上，占信息产业比重超过 30%，其中信息技术服务收入占业务收入比重达到 55%。信息安全产品收入达到 2000 亿元，年均增长 20%以上。软件出口超过 680 亿美元。软件从业人员达到 900 万人。

技术创新。以企业为主体的产业创新体系进一步完善，软件业务收入前百家企业研发投入持续加大，在重点领域形成创新引领能力和明显竞争优势。基础软件协同创新取得突破，形成若干具有竞争力的平台解决方案并实现规模应用。人工智能、虚拟现实、区块链等领域创新达到国际先进水平。云计算、大数据、移动互联网、物联网、信息安全等领域的创新发展向更高层次跃升。重点领域标准化取得显著进展，国际标准话语权进一步提升。

融合支撑。与经济社会发展融合水平大幅提升。工业软件和系统解决方案的成熟度、可靠性、安全性全面提高，基本满足智能制造关键环节的系统集成应用、协同运行和综合服务需求。工业信息安全保障体系不断完善，安全保障能力明显提升。关键应用软件和行业解决方案在产业转型、民生服务、社会治理等方面的支撑服务能力全面提升。

企业培育。培育一批国际影响力大、竞争力强的龙头企业，软件和信息技术服务收入百亿级企业达 20 家以上，产生 5～8 家收入千亿级企业。扶持一批创新活跃、发展潜力大的中小企业，打造一批名品名牌。

产业集聚。中国软件名城、国家新型工业化产业示范基地（软件和信息服务）建设迈向更高水平，产业集聚和示范带动效应进一步扩大，产业收入超千亿元的城市达 20 个以上。

2.3　软件职业分析

职业分析是对企业各类岗位的性质、任务、职责、劳动条件和环境，以及员工承担本岗位任务应具备的资格条件所进行的系统分析与研究，并由此制订岗位规范、工作说明书等人力资源管理文件的过程。其中，岗位规范、岗位说明书都是企业进行规范化管理的基础性文件。在企业中，每一个劳动岗位都有它的名称、工作地点、劳动对象和劳动资料。

企业工作岗位的配置是一项重要而复杂的工作，既要考虑成本与预算，又要结合管理需求，做到结构合理。软件业的分工也很明显，对程序员的要求是：能比较踏实地工作，能够独立地担当起自己模块的任务，而且合作精神也要很强。一个项目往往划分为几个模块，需要大家齐心协力来完成。

劳动力成本过高一直是制约我国软件企业竞争力的一个关键因素。但目前软件行业已经逐渐走向成熟化，人力资源调配逐渐趋于合理。有业内专家认为，组建“金字塔”式的人才结构将是降低软件企业劳动力成本的最佳选择。

所谓“金字塔”式的人才结构，是指将软件人才划分为软件设计开发人员、系统分析人员、基础编程人员 3 个层次。利用不同层次的人才结构，有效合理地安排使用人才，实现人力资源优势最大限度地发挥，进而降低劳动力成本。

我国的软件企业特别需要基础编程人员（即程序员）。程序员的工作任务是完成一个个基础程序模块的编制，而不同软件公司在不同时期，软件产品都不一样，每个基础程序模块所需要的知识和编程语言也不尽相同。

作为未来中等职业学校软件的教师，了解软件企业的工作岗位设置与相应的岗位技能要求是十分必要的。明确软件企业对软件人才的要求，有利于学校与企业建立良好的合作关系，从企业及时获取最新、最实际和最前沿的软件动态信息，并据此制订科学的教学计划，适时调整专业教学内容，指导专业课程设计，改进教学法，从而培养出适应软件企业需要的人才。

2.3.1　软件企业岗位分析

我国的软件企业一般分为项目运作型、产品销售型、项目运作和产品销售混合型 3 种类型。为适应国际化的要求，目前规模以上的软件企业一般根据 CMMI（软件能力成熟度模型）规范进行岗位设置和确定各岗位职责。依据 CMMI 规范，结合软件企业人员结构分类，我国软件企业中与软件产品生产直接相关的岗位一般包括需求开发、软件研发、产品服务、企业管理 4 类，如图 2.5 所示。

需求开发是需求工程的组成部分，是进行需求管理的前提。现代的软件项目越来越复杂，搞清楚所要开发软件的项目需求是项目成功的前提。需求开发人员需要熟悉所要开发的软件项目的业务领域知识，具有较强的沟通能力，掌握需求开发的流程技巧，熟悉需求开发工具，能够将用户需求清楚、准确地表达出来。

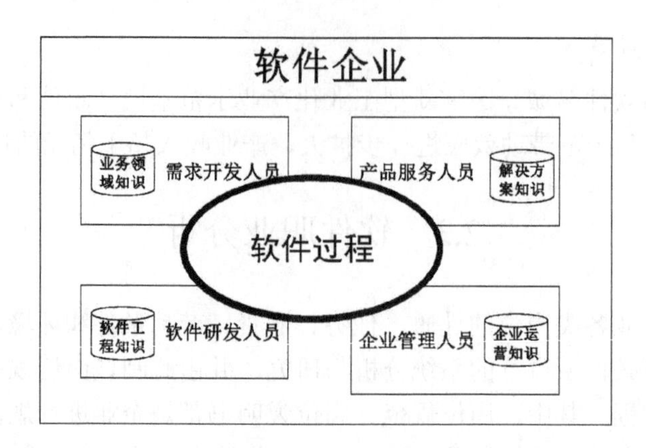

图 2.5　软件企业岗位结构

软件研发人员包含系统架构师、软件工程师、人机交互设计师、程序员等不同层次的软件技术人员。软件企业对不同层次的研发人员一般会提出不同的要求，但对该类人员的总体要求是能够根据系统需求规格说明书，利用软件工程、开发技术等知识，设计与开发出来能够良好运行的软件系统。

产品服务人员的主要任务是熟悉所在企业的软件产品与解决方案，为企业客户提供与产品有关的售后服务与支持。

企业管理人员的职责是运用管理专业知识与技能，做好企业的内部管理和外部市场运作的工作。

根据软件企业所面向的业务领域与规模，不同的软件企业一般对上述 4 类人员按照业务范围、知识要求、能力水平、承担职责等方面要求进行职责细分，一种典型的软件企业岗位结构如表 2.3 所示。

表 2.3　一种典型的软件企业岗位结构

职位类型	职位人员构成
需求开发	客户经理、业务分析师、业务设计师、产品代表、产品经理、系统分析师、需求复审员
软件研发	项目经理、系统架构师、系统分析员、设计复审员、系统设计员、质量保障员、系统测试工程师、程序员、配置管理员
产品服务	营销管理人员、培训咨询人员、技术支持人员、产品销售人员、市场调研人员
企业管理	董事会人员、公司经理、运营监管人员、行政管理人员、财务管理人员、人力资源管理人员

2.3.2　软件企业岗位职责

对表 2.3 所示的大类岗位可以进一步细分，部分需求开发人员以形成各具体岗位的职责。如表 2.4 所示是软件企业常见的核心岗位职责。

表 2.4　软件企业部分需求开发人员职责

岗位名称	岗位职责
客户经理	项目经理是项目组内在整个项目开发过程中对所有非技术性重要事情做出最终决定的人。肩负下列 4 个方面的职责。 1．计划 ● 项目范围、项目质量、项目时间、项目成本的确认

续表

岗位名称	岗位职责
客户经理	● 项目范围、项目质量、项目时间、项目成本的确认 ● 项目过程/活动的标准化、规范化 ● 在对项目的范围、质量、时间与成本等因素综合考虑的基础上，进行项目的总体规划与阶段计划 ● 各项计划得到上级领导、客户方及项目组成员认可 2. 组织 ● 组织项目所需的各项资源 ● 设置项目组中的各种角色，并分配各角色的责任与权限 ● 定制项目组内外的沟通计划（必要时可按配置管理要求写项目策划目录中的《项目沟通计划》） ● 安排组内需求分析师、客户联系人等角色与客户的沟通与交流 ● 处理项目组与其他项目干系人之间的关系 ● 处理项目组内各角色之间的关系、处理项目组内各成员之间的关系 ● 安排客户培训工作 3. 领导 ● 保证项目组目标明确且理解一致 ● 创建项目组的开发环境及氛围，在项目范围内保证项目组成员不受项目其他方面的影响 ● 提升项目组士气，加强项目组凝聚力 ● 合理安排项目组各成员的工作，使各成员工作都能达到一定的饱满度 ● 制定项目组需要的招聘或培训人员的计划 ● 定期组织项目组成员进行相关技术培训以及与项目相关的行业培训等 ● 及时发现并处理项目组中出现的问题 4. 控制 ● 保证项目在预算成本范围内按规定的质量和进度达到项目目标 ● 在项目生命周期的各个阶段，跟踪、检查项目组成员的工作质量 ● 定期向领导汇报项目工作进度以及项目开发过程中遇到的困难 ● 对项目进行配置管理与规划 ● 控制项目组各成员的工作进度，及时了解项目组成员的工作情况，并能快速解决项目组成员所碰到的难题 ● 不定期组织项目组成员进行项目以外的短期活动，以培养团队精神 ● 策划并独立完成目标客户的拜访和沟通 ● 定期分析、整理客户需求，制定有针对性的方案 ● 进行重点客户的关系维护，了解并整理重点客户的需求，为开发更符合用户需求的产品提供富有价值的市场信息 ● 参与产品定位的研讨，为产品策划献计献策
需求分析师	● 在项目前期根据《需求调研计划》对客户进行需求调研 ● 收集整理客户需求，负责编写《用户需求说明书》 ● 代表项目组与用户沟通与项目需求有关的所有事项 ● 代表客户与项目组成员沟通与项目需求有关的所有事项 ● 负责《用户需求说明书》得到用户的认可与签字 ● 将完成的项目模块给客户做演示，并收集对完成模块的意见 ● 完成《需求变更说明书》，并得到用户的认可与签字 ● 协助系统架构师、系统分析师对需求进行理解

续表

岗位名称	岗位职责
产品经理	● 对所负责的产品进行策划和管理 ● 对所负责的产品进行市场调研和分析，及时提出应对措施 ● 负责产品实现的内部管理，保证产品功能的顺利实现，以及时满足市场需求 ● 负责产品对外宣传与推广，开拓市场，提高产品品牌知名度和认可度 ● 配合销售制订产品销售策略，支持市场销售业务
系统分析师	系统分析师是项目组中的首席执行官，他涉及项目的所有方面，是项目进度的推动者，也是项目成功的关键，主要功能与职责： ● 协助需求分析师进行需求调研 ● 分析、解析《用户需求说明书》，根据《用户需求说明书》编写《软件需求规格说明书》 ● 负责解决《软件需求规格说明书》被评审后发现的问题 ● 向架构设计师解释《软件需求规格说明书》的内容 ● 协助架构设计师进行架构设计，并协助其完成《系统架构说明书》 ● 根据《系统架构说明书》对系统进行建模 ● 系统分析及建模完成后，负责将建模成果转化为《系统概要设计》 ● 协助数据库设计师按《系统概要设计说明书》进行数据库的逻辑设计和物理设计，完成数据库 CDM 及 PDM 图，并协助其完成《数据库设计说明书》 ● 协助软件设计师按《系统概要设计说明书》编写《系统详细设计说明书》 ● 指导软件工程师按《系统详细设计说明书》进行代码实现 ● 负责重点代码检查 ● 协助项目经理进行配置管理，并提供优化改进建议 ● 定期对项目组成员进行技术方面的培训

2.3.3 中职软件人才职业岗位分析

在表 2.4 所示的软件企业各岗位职责中，对各个岗位都提出了明确的职责要求，而这些职责要求反映了对相应岗位工作人员的知识体系、技术能力、项目经验的要求。不难发现，上述岗位中适合中等职业学校软件毕业生的并不多，主要集中在代码编写、软件测试、培训咨询和技术服务等岗位中。这是由中等职业学校软件毕业生的知识体系、逻辑思维、专业基础等因素所决定的。表 2.5 展示了适合中等职业学校软件毕业生的职业岗位信息。

表 2.5　中职软件毕业生的岗位与要求

岗位类型	岗位名称	岗位描述	专业技能要求
需求开发	客户代表	● 模拟终端用户的角色，为项目提供客户需求描述 ● 进行客户满意度调查，收集客户意见与建议	● 良好的沟通能力 ● 较好的口头与书面表达能力
	文档制作员	● 搜集和整理软件开发过程中所产生的项目文档资料 ● 编写操作说明书 ● 审校维护手册	● 了解软件开发流程 ● 掌握常用软件文档编制工具 ● 较好的写作能力
软件研发	程序员	● 根据开发进度、编程规范及设计说明书编写代码 ● 按照要求修改代码 ● 根据系统设计与现有详细设计文档进行系统编码	● 了解一种主流数据库系统 ● 掌握一种主流开发平台 ● 熟练运用一种主流开发工具进行代码编写
	测试员	● 执行项目测试计划和测试方案 ● 执行功能性测试和黑盒测试 ● 协助搭建测试环境 ● 记录测试情况，及时将测试结果反馈给有关部门并提交项目进展报告 ● 维护更新适用的测试版本和结构	● 了解软件测试技术与测软件的系统结构 ● 熟悉常见系统软件、应用软件的安装配置及测试流程 ● 按照项目要求掌握相关测试工具的应用 ● 熟悉质量管理体系

续表

岗位类型	岗位名称	岗位描述	专业技能要求
产品服务	培训咨询	● 掌握软件的安装、环境配置、初始化设置等 ● 熟悉用户的业务流程 ● 熟悉软件功能，熟练掌握软件的操作与设置 ● 熟悉软件实现用户的业务的原理与流程 ● 能够熟练解答用户软件操作过程中出现的相关问题 ● 掌握软件的数据备份、数据恢复与异常处理等操作	● 思维清晰，语言表达准确 ● 掌握常见操作系统的安装与配置 ● 掌握常用数据库系统的安装与配置 ● 会使用 Office、WPS 等常用软件制作培训教程、操作手册等
	销售	● 熟悉软件的特点与功能 ● 建立、维护与完善销售终端，完成分销任务 ● 根据企业计划和规程开展产品推广活动，向客户介绍与演示产品 ● 建立客户资料卡与档案，完成相关销售报表 ● 建立良好的客户关系，维护良好的企业形象	● 熟悉所销售的软件产品架构 ● 能简单操作所销售的软件 ● 清楚地了解所销售软件所依托的操作系统、数据库平台 ● 了解与所销售软件相关的操作系统和数据库平台的差异性 ● 良好的口头和书面沟通能力
	技术支持	● 解答和处理软件运行过程中出现的技术问题 ● 为客户培训软件日常维护、运行的技术保障人员 ● 能够熟练进行操作系统、数据库和软件的安装与调试 ● 能够熟练进行所销售软件的初始化设置 ● 掌握软件的数据备份、数据恢复及异常处理等操作 ● 收集软件运行期间出现的各类异常信息，并反馈给项目经理 ● 熟练使用公司产品，并能从原理上进行解释 ● 了解客户、代理商所涉及产品的技术	● 逻辑思维清晰，语言表达准确 ● 熟悉企业软件产品使用方法 ● 熟练进行常用操作系统、数据库系统的安装与配置 ● 能够进行常规网络规划与实施 ● 总结和归纳客户使用软件过程中常见的问题，并提出解决办法

思　考　题

1. 为什么要学习与研究软件职业与企业？

2. 分析 DACUM 分析法与 BAG 分析法的异同，并分别使用 DACUM 与 BAG 分析法对程序员职业进行模拟分析。

3. 通过调查分析你所在地区的软件产业现状与发展趋势。

4. 通过调查分析你所在地区的软件企业对中职毕业生需求情况。

5. 通过调查分析你所在地区的软件企业中中职生所能胜任的工作岗位。

第3章　中职软件专业培养目标

【学习目标】

1. 理解中职软件专业的概念，了解中职软件专业的发展历程与趋势。
2. 掌握中职软件人才的培养模式与规格。
3. 掌握中职软件专业的工作任务与能力要求。

3.1　中职软件专业

3.1.1　概念界定

无论从国际的视角还是国内的视角，目前软件专业的教育一般都可分为研究生、大学本科、大学专科、中等教育、初等教育等几个层次。而目前在研究生、大学本科与初等教育层次，基本上采用的是通识教育或专业教育模式，而有关软件的职业技术教育主要存在于大学专科与中等职业教育层次。鉴于通识教育、专业教育与职业教育目标的不同，在这几个不同教育层次上，计算机软件的学科名称并不相同。

在研究生与大学本科教育阶段，根据教育部和国务院学位委员会《学位授予和人才培养学科目录（2011年）》及《普通高等学校本科专业目录（2012年）》的规定，目前我国研究生阶段的软件专业教育的学科专业名称是一级学科“计算机科学与技术”中计算机软件与理论，而大学本科阶段涉及计算机软件知识较多的专业包括“计算机科学与技术”“软件工程”“数字媒体技术”等。

在职业教育的职业高专教育阶段，依据教育部职业教育与成人教育司2004年公布的《普通高等学校职业高专指导性专业目录（试行）》，其中纯粹的软件专业是“软件技术”。根据《普通高等学校职业高专教育专业设置管理办法（试行）》，2004年后每年都新增设《目录》外专业，截至目前，共增设638种目录外专业，《目录》内外专业总数达1170种，具体信息可在全国职业学校专业设置管理与公共信息服务平台（www.zyyxzy.cn）查到，依据该平台的查询结果，截至本书发稿时，职业专业目录中的软件技术、计算机多媒体技术、图形图像制作、动漫设计与制作、软件开发与项目管理、软件测试技术、网络软件开发技术、软件外包服务、医用软件与网络技术、数据库管理与开发等专业，都从不同的角度进行计算机软件人才的培养，只不过每个专业的侧重点不同而已。

在中等职业教育阶段，目前最新的专业设置目录是2010年教育部公布的《中等职业学校专业目录（2010年修订）》（教职成[2010]4号），该目录中明确培养计算机软件人才相关的专业只有“软件与信息服务”一个专业。该表中明确软件与信息服务专业可以设置软件与信息服务外包、计算机辅助设计与制图、数据库应用与管理、软件产品营销、软件开发与测试、Web程序设计等培养方向。该专业的毕业生可以从事计算机操作员、制图员、计算机软件产品检验员、计算机程序设计员（程序员）、计算机软件技术员等职业，可以继续学习职业高专的计算机应用技术、软件技术管理、软件外包服务、软件技术或本科的计算机科学与技术、软件工程等专业。其实从专业的内涵来看，在中职阶段，除了“软件与信息服务”专业之外，《中等职业学校专业目录（2010 年修订）》中的数字媒体技术应用、计算机平面设计、计算机动漫与游戏制作、网站建设与管理、软件与信息服务、客户信息服务等专业也是以某类软件的操作与使用为主要教学内容的，也与计算机软件知识有着密切的关系，可以视为是软件的专业。

综上所述，中等职业教育中的软件专业虽然没有与大学本科或职业高专的专业名称保持严格的对应关系，但实际学习内容却有着密切的关系，都需要系统学习软件技术某一方面的理论知识，并发展某方面的专业技能。

3.1.2 专业现状

如前文所述，在教育部公布的《中等职业学校专业目录（2010 年修订）》（教职成[2010]4号）中并没有计算机软件专业。但在该目录的软件大类中却包含了 6 个与计算机软件相关的专业（数字媒体技术应用、计算机平面设计、计算机动漫与游戏制作、网站建设与管理、软件与信息服务、客户信息服务），这 6 个专业涉及了前文所述的软件需求开发、软件研发、软件产品服务等业务领域。除依据《中等职业学校专业目录（2010 年修订）》设置中等职业学校的专业之外，根据教育部 2010 年 9 月发布的《中等职业学校专业设置管理办法（试行）》（教职成厅〔2010〕9 号），中等职业技术学校可以根据当地的社会需求与学校情况，经省级教育行政部门备案后试办《目录》外专业。

根据计算机软件专业师资培训开发项目组在 2009 年的调查资料显示，在所调查的 75 所中职学校中，开设计算机软件专业的仅 6 所，占 8%，呈现出较小的规模，究其原因主要是培养目标多数定位为程序设计人员，与中职生数学和英语基础较为薄弱形成明显的反差。尤其是数学基础薄弱导致逻辑思维能力受限，这对程序实现过程中繁杂的逻辑造成理解困难，因此很难达到原有的培养目标，从而无法达到软件企业对程序员岗位的技能要求。另外，该资料还显示，几乎没有软件企业聘用中职“计算机软件技术”专业毕业生从事与专业相关的职位，结果导致许多过去开办“计算机软件技术”专业的学校后来都停办了该专业。但《中等职业学校专业目录（2010 年修订）》公布后，根据相关调查，在中职学校中开设“软件与信息服务”专业的学校数量呈快速上升趋势。仅根据对江苏省各市 2015 年中专学校招生的不完全调查，就发现有 16 所学校已经开设了“软件与信息服务”专业，而且其中至少有两所学校的“软件与信息服务”专业是省级品牌特色专业（盐城机电高等职业技术学校与江苏如皋中等专业学校）。开设“软件与信息服务”专业的学校数量是快速上升的，而且这个趋势还将保持一段时间。其中的一个重要原因应该是国家近几年大力发展“软件与信息服务”产业。

3.1.3 专业发展趋势

随着我国产业结构的调整、软件服务外包业的兴起以及各行各业信息化的不断推进，计算机软件及信息服务类人才的需求不断增加。据数字英才网业内专家介绍，随着中国软件业的迅猛发展，越来越多的国外大型企业，如微软、IBM 都把目光放到了中国，把中国作为他们的软件研发、测试和外包服务的中心，对软件开发和测试人才的需求量非常大。“为了争夺软件工程师和软件专业人才，我们每天都要全力作战。”IBM 公司企业系统、个人系统、软件及技术集团负责薪酬的主管德鲁•里其特博士曾发出这样的声音。据工业与信息化部所发布的

《软件和信息技术服务业发展规划（2016-2020 年）》（工信部规〔2016〕425 号）显示，截止 2015 年年底，我国软件企业数达到 3.8 万家，软件从业人数达到 574 万人。而软件人才包括各种层次的人才，其中数量最大的是“软件蓝领”——程序员和软件测试人员，他们将从事一系列规范化的编程工作，从而把高层的软件人才解放出来，并降低人力成本，促使软件业发展的良性循环。

《软件和信息技术服务业“十三五”发展规划（2016-2020 年）》发布后，各省、自治区、直辖市也都结合本地区实际制定了适合本地区的“软件和信息技术服务业‘十三五’发展规划”，并成立了相应的政府管理机构，这极大地促进了软件与信息技术服务产业的发展。软件与信息技术服务产业的大力发展，使得社会对各类型、各层次软件人才的需求得到快速提升，从而促使各级学校与培训机构大力增强了对各级软件人才的培养力度。中等职业学校的软件专业也借助这股东风得到了快速发展，很多学校都开办了“软件与信息服务”专业，尤其以江苏、上海、广东等东南沿海地区的中职学校所新开的软件专业最多。

3.1.4 专业教学中的问题

中等职业学校开设软件专业快速增多，仅仅代表中职软件在校生的增多，而其人才培养模式、专业办学水平都有待进一步提高。据调查，目前中职校中软件专业在办学过程中普遍存在以下问题。

1. 培养方案与课程体系滞后

软件行业是一个快速发展的行业，技术更新层出不穷。但目前很多中职校软件专业培养方案往往跟不上软件市场的发展与软件技术的更新，课程体系陈旧，技能要求模糊，专业教材更新慢，有些学校甚至还在使用 20 世纪的教材。学校资料室中的技术资料虽不少，但大多陈旧，且不适合中职教学。相当一部分教师缺少软件项目实践经验，很难将教学工作与企业实际需求相结合。

2. 专业教师实践教学能力不足

据调查，很多中职校的软件专业教师中具有大学本科或更高学历的比例超过 80%，学历结构基本合理，但大多数教师没有系统地、规范地参与过软件企业的实际工作，对软件企业采用的主流技术、项目管理方式和岗位配置情况了解很少，不熟悉软件开发企业的软件开发流程，无法准确把握软件专业案例的核心思想。这就导致教师的实践教学能力呈现较低水平。

3. 现代职教理论与方法的欠缺

虽然我国进行中等职业教育的历史并不算短，但由于历史与认识的原因，我国对职业教育理论与方法的研究，尤其是中等职业学校的教育理论与方法的研究与探索却是从 20 世纪末才开始起步的，而职业教育得到各方面重视并被逐渐提升到各级决策机构的讨论日程中更是近十多年的事情。很多中等职业学校要么是建校晚，要么是从普通中等学校转型而来，从事软件专业教学的教师一般没有受过系统的职业教育课程的训练，绝大部分的专业教师不了解 CBE 职教模式、工作过程系统化、行为导向理论等现代职教理论与方法。这使得专业教师在规划专业培养方案、设计专业课程体系、选择专业教学法时，往往只能参照其他学校的方案依葫芦画瓢进行模仿，而很难根据软件专业的岗位需求、专业特征进行有针对性的创新。

4. 学生基础较差，学习主动性较弱

由于普通高考录取率的不断提高，加之学生及其家长受我国传统成才观的影响，致使绝大部分的初中毕业生不愿意报考中等职业学校，中职校的招生基本处于被动接受的地位，这使得中职校所面对的很多学生的入学成绩较低，综合素质比 20 世纪有明显下降。软件专业也一样，学生的逻辑思维能力普遍较弱，独立思考能力、创新精神等普遍缺乏，依赖性较强，人生目标模糊，学习主动性、自觉性较差，学习习惯也不好，然而软件知识掌握与能力培养恰恰对上述各方面有着较高的要求。

3.1.5 专业办学策略

鉴于目前中职软件专业的办学过程中存的问题，中职软件专业若想跟上软件与信息行业的发展步伐，培养出软件企业需求的各类型初等软件专业人才，需要从以下几个方面进行改进，才能保证中职软件专业的长盛不衰。

1. 根据企业需求调整培养方案

中职软件专业培养的是软件行业的初中等技能型人才，既不是社会上电脑培训机构培养的普通技能型人才，也不是普通本科学校软件专业培养的理论扎实型的高级通用人才。因此，中职软件专业既不能采用大学本科深基础、宽口径的培养模式，也不能单纯模仿一些职业学校的培养模式，而是要根据学校所在地区软件企业的实际需求，选择适合中职学生身心特点的特定职业方向，比如网页设计、企业信息化、软件测试等，采取与企业紧密结合，集中优势力量进行专业实训，培养出符合软件企业需要的人才。

2. 加强实训基地建设，进行理论与实践一体化教学

理论与实践一体化教学是一种将理论教学与工作实践相结合的职业教育模式，形式可以多种多样，工作与学习交替地进行。学生在学习期间不仅要学习专业知识，而且还要利用所学知识工作，这种工作不是简单的模拟，而是与普通职业人一样有报酬的、承担相应责任的工作。职业软件专业在人才培养模式上，必须加大工学结合的力度。应加强和相关行业企业的联系，多在企业中建立校外实训基地，多让学生真正参与到企业的软件业务中去，边工作边学习，多让学生体验真实的工作环境，充分发挥实训基地培养人、锻炼人的作用。

重视实训教学。中职高专与普通本科的最本质的区别不是办学层次，而在于培养目标和办学模式。中职学校培养的是生产第一线的应用型、技术型人才，其特点是具有较强的实践能力，能高质量地承担一线技术工作。为了达到这个目标，就必须加大实训教学分量，重视实训实践教学环节，构建职业能力训练模块，加强学生的动手实践能力与操作技能。为此，实训教学就不能走过场，应做好充分准备，准备好实训案例和实训素材，让学生真正在实训教学中得到技能的提高。

3. 采取订单式培养模式，培养方案以岗位技能需求为出发点

所谓“订单式培养”，就是根据企业的岗位需求，设置培养目标和教学计划，“量体裁衣”

地培养人才。近年来，这种办学模式培养了一大批既有理论基础知识，又有实际动手能力的技能型人才，成为职业教育的一大亮点。中职软件专业可以和相关企业合作开展订单式人才培养，更好地发挥学校教授理论基础知识，企业培养实际动手能力的作用。

在以就业为导向的中职教育体系中，为了做到毕业生与企业的零距离就业，培养方案若仅仅关注软件行业与技术发展是远远不够的，还必须深入企业调研，特别是在计算机软件专业，一定要以企业岗位技能要求为出发点，定制明确清晰的培养方案，在有限的时间内进行有针对性的技能培养，确保所教的技能就是企业岗位所需的。避免以往培养目标盲目、课程设置与技术发展脱节、学生就业难的局面。

4. 密切关注软件技术与生产模式变化

软件行业快速发展，技术不断革新，这就要求以就业为导向的软件人才培养体系必须时刻关注软件行业的发展动态，才能确保专业课程设置符合当前技术潮流和趋势，才能保证专业培养方案科学合理，满足企业岗位的职业技能要求，保障培养目标符合软件市场的人才需求。

软件生产模式的变化，软件工厂的实施，使软件开发不再是精英的职业，为中职软件教育发展带来新的契机，为中职软件人才创造了新的出路。

因此，中职计算机软件专业的培养方案制定、课程设置、培养目标定位等都一定要关注软件行业与技术发展，与市场需求同步。同时，要关注软件生产模式的变化，为将来软件工厂的实施储备人才。

软件专业的发展还必须注重专业课程教学。教学内容陈旧已成为中职软件专业发展的制约因素。中职软件专业要培养适应人才市场需求的、有较强竞争力的人才，必须优选教学内容，并不断更新软件专业知识。要探讨教育教学法的改革，重视学生实践技能的培养。学生学好、学精了专业知识，并具有较强的实践能力，在人才市场上才能受到用人单位的欢迎，才有竞争力。

教学内容选取宜“简”“新”“精”。在专业课程教学内容的选取上，避免不同课程的教学内容交叉和重复；精简内容，去除过于冗长、繁琐的公式推导和与职业能力无关的或陈旧的教学内容；增加有关新知识、新工艺、新技术、新思想的内容。讲授的理论内容不宜太多求全，要以够用和实用为标准，提高专业课程的含金量，体现中职“专”和“精”的特色。

5. 注重教师实践实训教学能力培养与培训

软件企业的岗位要求以动手实践为主，为了有效培养学生的动手实践能力，应在日常教学中，提倡案例教学、任务驱动教学、项目教学，指导学生实习实训。因此，教师的实践教学能力显得特别重要，所以软件专业的教育必须注重教师实践教学能力的培养，首先要通过培训提高自身专业技能，了解软件开发流程和软件企业的岗位技能要求，在此基础上，培养教师的案例教学能力，实训过程中的开发指导能力。只有注重教师实践教学能力的培养培训，才能保证教师自身知识技能的更新与软件行业技术发展同步，才能在教学过程中有效培养学生的动手实践能力。

6. 加强教师培训与提高

2017 年 1 月，工业与信息化部连续发布了《信息通信行业发展规划（2016-2020 年）》《软件和信息技术服务业发展规划（2016-2020 年）》《大数据产业发展规划（2016-2020 年）》等三份促进我国信息化产业发展的重要文件。业内认为，工信部发布的三份规划涉及信息技术产业中极为重要的通信、软件服务和大数据三个领域，旨在促进上述三个领域的产业发展，进而带动“十三五”期间信息技术产业的整体发展。在“十三五”期间，云计算将成为信息化应用的主流模式，越来越多的中小企业将习惯采用 IaaS、PaaS 和 SaaS，很多企业的 IT 部门将被云计算公司所取代，一些政府的电子政务中心将整体迁移到电子政务云，更多大企业将以云的方式来构建。在云计算的基础上，云计算中心将向大数据分析中心转型，数据成为重要的资源被开发和利用，大数据分析价值将逐步发挥出来。智能硬件带动数据采集端的更新，万物被互联，物联网应用也将深化。社交网络的新应用不断增多，大连接带动网络价值进一步激发。因此，新一代软件应用是“十三五”的重要工作。

另外，行为导向、工作过程系统化、现代学徒制、集团化办学等新兴职业教育教学理念与方法也为新时期职业学校教师的培训与自我学习带来了新的挑战。作为中等职业学校软件类专业的管理者与教师应该及时了解上述软件与职教领域的新理论、新方法、新技术，根据软件与信息行业的最新发展，有预见地及时调整相关专业的培养方案与课程体系，才能保证软件类专业的良好发展。

3.2　软件专业人才培养

3.2.1　中职软件人才的培养规格

通过对软件专业人才培养规格的研究，可以明确软件专业思维培养目标、业务领域、知识结构与能力结构要求等，进而为制定软件专业教学指导方案和深化教学改革奠定基础。

1. 专业培养目标

软件专业培养与我国社会主义现代化建设要求相适应，德、智、体、美全面发展，掌握必需的文化科学知识和软件专业知识。在生产、服务和管理第一线工作的软件系统管理、维护和应用操作人员应当具有良好的思想政治素质、敬业精神和社会责任感；具有基本的文化知识和科学素养；具有人口、资源、环境等可持续发展意识；具有健康的生理和心理素质；具有基本的欣赏美和创造美的能力；具有一定的科学思维与自主学习的能力；具有一定的沟通与交流能力；具有扎实的软件专业基础知识和基本技能；具有一定的软件及相关岗位的职业技能；具有创新精神、实践能力以及立业创业能力等。

2. 职业领域

根据软件专业培养目标的要求，结合《中华人民共和国职业分类大典》中计算机软件相关职业的从业要求，以及软件技术所涉及的应用领域，可以将软件专业的业务工作领域确定如下。

1）软件公司职员

- 软件及相关公司的销售、维护工作
- 软件系统、信息系统集成工程项目市场人员、技术支持人员、工程实施人员
- 软件产品的售前、售后客户服务工作
- 软件产品技术咨询工作

- 软件编码工作
- 用户初级技术培训、操作培训工作

2）软件类技术工人

- 软件企业中的软件类技术工人，从事软件操作或软件控制设备的操作、测试、维护工作
- 软件及其相关产品生产企业中的销售人员
- 软件企业生产线技术工人，包括分析员、调试员、测试员、维护员等

3）国家机关、企事业单位工作人员

- 机房和微机室软件系统的操作、管理与维护等工作
- 办公室软件操作岗位，如：报表处理、打字、文印等工作
- 具备软件操作基础的工作岗位，如会计电算化、计算机控制设备操作等工作
- 娱乐服务场所的软件管理与维护工作
- 软件系统、信息系统的管理与维护工作
- 计算机软件子系统维护工作

3. 知识结构及要求

软件专业的知识结构为本专业学生必须具备的知识要素，可分为文化基础知识、专业知识、专业互补性知识和能力结构要求。

1）文化基础知识

中等职业学校软件专业学生的文化基础知识主要包括以下内容。

- 德育知识：马克思主义、邓小平理论、经济与政治、法律、职业道德等；
- 数学知识：数学的原理与方法、科学的思维方法等；
- 语言知识：中外语言知识、文学知识、人文知识以及语言的应用知识等；
- 健康知识：生理知识、心理知识、体育运动知识、健康生活方式知识等；
- 美育知识：文学、艺术等方面的知识。

2）专业知识

专业知识指与专业技术有关的基础知识与应用知识。

中等职业学校软件专业学生的专业基础知识主要包括以下内容：

电子技术基础知识；计算机硬件基础知识；计算机软件基础知识；数据库基础知识；网络基础知识；编程基础知识；多媒体基础知识等。

中等职业学校软件专业学生的专业应用知识主要包括以下内容：

常用应用软件产品应用知识；系统组成应用知识；编程应用知识；信息系统应用知识；软件开发应用知识等。

3）专业互补性知识

中等职业学校软件专业学生的专业互补性知识包括以下主要内容：

人口、资源与环境保护方面的知识；法律、社会组织结构、国家就业政策等方面的知识；创业与立业方面的知识；财会原理、成本核算、市场营销、企业管理方面的知识；软件工程中有关技术、安全、管理规范等方面知识等。

4）能力结构要求

软件专业的能力结构为本专业学生胜任职业岗位要求的综合职业能力要素。按照目前普

遍采用的做法，综合职业能力由专业能力和关键能力两个部分组成。

（1）专业能力是指从事职业专业工作所需要的专业技能，是胜任职业岗位要求并赖以生存的核心能力。

中等职业学校软件专业的专业能力主要包括以下内容：

自觉遵循软件技术规范与标准的职业素养；操作系统使用基本技能；常用工具软件的使用技能；中、英文录入技能；常用应用软件产品应用能力；常用软件系统使用与维护的能力；Internet 应用技能以及网页制作能力；数据库系统使用及管理的初步能力；计算机程序应用开发的初步能力；网络系统配置与维护的初步能力等。

（2）所谓关键能力是指与学生具体专业和职业并无直接关系，但对学生职业发展起着关键作用的能力。

中等职业学校软件专业学生的关键能力主要包括以下内容。

- 思想品德：包括世界观、人生观、价值观、社会责任感、职业道德等方面的行为能力；
- 学习能力：包括科学思维方式、获取信息和处理信息、语言与文字表达、创造力、分析和解决问题等方面的能力；
- 合作能力：包括团队精神、协作意识、与人交往等方面的能力；
- 心理承受能力：包括承受挫折、适应新环境、选择健康生活方式等方面的能力；
- 自我管理能力：包括安排工作计划、组织与协调、对事物做出正确判断等方面的能力。

3.2.2　专业教学模式

1. 强化综合素质与职业能力培养

教育部《关于制定中等职业学校教学计划的原则意见》教职成〔2009〕2 号要求“坚持以服务为宗旨，以就业为导向，以能力为本位，以学生为主体，立德树人，促进人才培养模式的改革创新，提高学生的综合素质和职业能力。”这是职业学校设置教学课程和进行教学改革的根本宗旨，也是制定教学指导方案的重要原则。

需要指出的是，学校的教学内容还应体现在教学计划之外的隐形课程之中。因此，必须努力营造文明高雅、健康向上的校园文化和良好育人环境。

2. 职业技能与职业精神相融合

教育部《教育部关于深化职业教育教学改革全面提高人才培养质量的若干意见》（教职成〔2015〕6 号）指出，“积极探索有效的方式和途径，形成常态化、长效化的职业精神培育机制，重视崇尚劳动、敬业守信、创新务实等精神的培养。充分利用实习实训等环节，增强学生安全意识、纪律意识，培养良好的职业道德。深入挖掘劳动模范和先进工作者、先进人物的典型事迹，教育引导学生牢固树立立足岗位、增强本领、服务群众、奉献社会的职业理想，增强对职业理念、职业责任和职业使命的认识与理解。”

3. 以学生为中心

“以学生为中心”代表了现代国际职教的主流教育观念。现代教育的使命更多地关注于人的发展，以及适应这种发展的“自主学习”的需求。大家所逐渐熟悉的“CBE 理论”和“行为导向理论”等国际职教理论，均突出强调“以学生为中心”的教育思想。例如，在“CBE理论”发源地的北美地区，普遍采用“自我培训与评估（Self-Training and Evaluation Process，STEP）教学法”，其主要特点是：“学”重于“教”，学生对自己的学业进展负责，教师的作用是评估、判断、建议和指导，而不仅仅是信息与知识的传递者，课程的灵活性与个性化，承认学生入学前的经验和技能，学生的自我评估具有重要作用，等等。在欧洲国家盛行的“行为导向理论”强调，“创造出师生互动的社会交往的仿真情境”，采用以学生为中心的教学法，诸如项目教学法、引导教学法、模拟教学法、案例教学法及角色扮演法等。

4. 理论与实践一体化

按照“以学生为中心”教学模式的要求，每一门课程的教学活动均包括理论与实践内容，且采用一体化的教学方式。事实上，软件专业课程如果不借助上机操作，大部分教学内容是根本无法实现的。

在“学”重于“教”的教学模式中，鼓励教师采用现代教育技术和教学手段，软件专业更应走在前列。同时也应注意，先进技术手段运用的重心，与其说是教师，不如说是学生，重要的是服务于学生的自主学习。

5. 产教结合

产教结合是职业教育的特征，是教学与生产实际相联系、培养学生熟练职业技能和适应职业变化能力的重要保证。

建议学校与产业界建立稳定的联系：

（1）聘请产业界专家指导学校的专业建设和课程教学；

（2）在企业建立专业实习基地，为学生生产实习提供场所与技术支持；

（3）与企业开展培训及技术项目合作，建立面向未来的“双赢”合作机制。

6. 教学评价改革

传统的教学评价标准常常是教育内部的标准，教学测量和评估的方式往往也比较单一和僵化，与业界标准和工程实际缺乏直接联系。

职业教育因其特点，在运行管理上与企业有许多共同之处，在教学内容上，相当一部分应该是产业界成熟的技术与管理规范，因此，教学测量与评估可以直接引入产业界的技术与管理标准，例如在办学质量控制方面引入ISO 9000系列质量认证标准，在技术课程上引入知名跨国公司的技术认证标准等。

事实上，在进入WTO之前，国内软件产业已经处于与国际接轨态势。作为软件专业的新的教学改革方案，我们没有理由不尽快着手引入国际跨国公司或国内知名大公司的技术认证标准，满足产业界对于“即插即用”型人才的需求。

此外，方案鼓励开展课程评价与考核方式的改革。为了与“以学生为中心”教学模式相适应，应积极探索考核方式多样化的改革与创新。

7. 教师角色的改变

1997年，联合国教科文组织颁布的《国际教育标准分类》将“教育”的定义由原来的“教育是有组织地和持续不断地传授知识的工作”修改为“教育被认为是导致学习的、有组织的、持续的交流活动”。按照这一新定义，教师的角色也发生了变化，从知识的传授者、教学的组织领导者，转变成为学习过程中的咨询者、指导者和伙伴。

但是，这一转变并非意味着教师的地位与价值的弱化，相反教师的作用和责任更加重大。因此，对教师也提出了更加全面和高水准的要求，包括基本素质、专业学识、业务能力、职业道德、人格魅力等。加强师资队伍建设是推进教学改革的一项基础性工程。

3.3　工作任务和能力

在《中等职业学校专业目录（2010）》中，正宗的软件专业是“软件与信息服务”，但根据前文的分析，除了“软件与信息服务”专业，计算机应用、数字媒体技术应用、计算机平面设计、计算机动漫与游戏制作、网站建设与管理、客户信息服务等专业，甚至其他明显偏向硬件的专业（计算机与数码产品维修）也会涉及软件知识的学习与能力培养，这主要是目前计算机软件技术已经密切融合，软件之间并没有明显的分界线的原因。但为了讨论的方便，我们此处以“软件与信息服务”专业为例来讨论中等职业学校软件专业的工作任务与能力要求。

“软件与信息服务”专业旨在培养与我国经济和社会发展需求相适应，德、智、体、美全面发展的，具有必备的基础理论知识、专门知识、创业精神和良好的职业道德与行为规范，具有良好综合素质和一定创新能力，熟练掌握计算机软件专业必需的基本理论以及计算机应用基本技能，了解行业标准和计算机软件设计思想，初步具备软件项目需求分析能力、计算机编程与应用以及软件开发能力，能熟练进行计算机维护、网络维护和网站建设，具备网站制作以及 Web 编程的基本能力，可以从事软件开发、软件产品维护以及软件产品销售、咨询与技术支持等工作的应用型专业技能人才。

中等职业学校“软件与信息服务”专业毕业生主要面向计算机软件与信息服务领域，从事软件开发、应用、销售与维护；从事网站建设与维护以及办公自动化和图形图像等数字媒体信息的录入、处理、输出等信息服务工作。

“软件与信息服务”专业的学生一般应在毕业时取得计算机操作员、计算机网络管理员、网络编辑员、程序员、制图员等专业资格中的一种。

“软件与信息服务”专业的学生应该掌握下列基础知识：

（1）了解软件开发与信息服务模式，熟悉软件开发规范，能够应用至少一种当前流行软件和开发工具。

（2）掌握本专业所必需的文化基础知识，具有信息安全、知识产权保护和质量规范意识。

（3）掌握计算机组成、安装与维护、办公自动化软件应用等专业知识。

（4）了解计算机网络原理，掌握网络管理与维护以及网站构建与维护的基础知识。

（5）了解数据库的基本原理，掌握一种典型的 DBMS 系统的安装与配置方法，熟悉标准 SQL 的基本用法。

（6）了解程序设计的基本方法与思路，掌握一种典型的程序设计语言，熟悉面向对象程序设计基本概念。

“软件与信息服务”专业的学生应具备下列核心能力：

（1）能熟练使用主流操作系统、常用办公及工具软件。

（2）具备操作系统安装与维护、计算机网络搭建、管理与维护的能力。

（3）具备使用计算机进行数据收集、加工、输出等信息处理的能力。

（4）初步具备网页制作、网站设计和维护的能力。

（5）初步具备数据库应用系统的应用、管理与开发能力。

（6）熟悉一种典型的可视化开发环境，初步具备可视化编程的能力。

思 考 题

1. 通过调查分析你所在地区中职软件专业的现状，指出目前存在的问题，提出改进的策略与途径。

2. 应该如何确定中职软件专业人才的培养规格？

3. 在软件企业中，中职软件专业的学生一般承担什么样的任务？应该具备哪些方面的能力？

第4章　中职软件专业教学标准

【学习目标】

1. 了解《中等职业学校专业教学标准（试行）》的制定背景。
2. 掌握“软件与信息服务”专业教学标准的指导思想、基本原则、基本内容与总体要求。
3. 熟悉中职“软件与信息服务”专业的人才培养规格。
4. 熟悉中职“软件与信息服务”专业的课程体系与结构。
5. 了解中职“软件与信息服务”专业的教学实施与评价方法。
6. 熟悉中职“软件与信息服务”专业的实习实训环境配置要求。
7. 了解中职“软件与信息服务”专业培养方案的制定方法。

教育部于2014年4月30日公布了首批《中等职业学校专业教学标准（试行）》的目录，该目录涉及中等职业学校14个专业类的95个专业的专业教学标准。专业教学标准是开展专业教学的基本文件，是明确中职各专业的培养目标和规格、组织实施教学、规范教学管理、加强专业建设、开发教材和学习资源的基本依据，是评估教育教学质量的主要标尺，同时也是社会用人单位选用中等职业学校毕业生的重要参考；是为了促进职业教育专业教学科学化、标准化、规范化，建立健全职业教育质量保障体系。认真学习、研究和实施专业教学标准，有利于促进教师转变教育教学观念，提高各专业的培养水平。

《中等职业学校专业教学标准（试行）》对各专业的入学要求、基本学制、培养目标、职业范围、人才规格、课程结构、课程设置及要求、教学时间安排、教学实施、教学评价、实训实习环境、专业师资队伍等与各专业人才培养有关的内容都做出了详细具体的规定，为各中等专业学校各专业的人才培养指出了明确的方向。

在首批《中等职业学校专业教学标准（试行）》的软件大类中，包含了中等职业学校中广泛开设的计算机应用、数字媒体技术、计算机平面设计、计算机动漫与游戏制作、软件与信息服务、客户信息服务等与计算机软件密切相关的专业。本章以“软件与信息服务”专业教学标准为例进行解读。

4.1　教学标准概述

教育部办公厅《关于制订中等职业学校专业教学标准的意见》（教职成厅[2012]5号）给出了制定各专业教学标准的基本要求，这些要求包括教学标准制定的指导思想、基本原则、教学标准基本内容等。

1. 教学标准的指导思想

教职成厅[2012]5号所给出的各专业需要共同遵守的教学标准的指导思想是：

落实党的十八大精神，以科学发展观为指导，全面贯彻党的教育方针，落实教育规划纲要的要求，坚持以提高质量为核心的教育发展观，坚持以服务为宗旨、以就业为导向，充分发挥行业企业的作用，推进中职业协调发展，加快现代职业教育体系建设，保障人才培养质量，满足经济社会对高素质劳动者和技能型人才的需要，全面提升职业教育专业设置、课程开发的专业化水平。

就计算机软件专业教学标准来说，除了遵循上述指导思想之外，还应该充分考虑现代职业教育理论与方法的应用，结合软件学科与行业的特点，以软件企业岗位设置为依据，并充分考虑中职学生的入学基础、心理特点、未来职业去向等内容，合理设置专业课程与实践教学环节。

2. 教学标准的基本原则

1）坚持德育为先，能力为重，把社会主义核心价值体系融入教育教学全过程，着力培养学生的职业道德、职业技能和就业创业能力。

2）坚持教育与产业、学校与企业、专业设置与职业岗位、课程教材内容与职业标准、教学过程与生产过程的深度对接。以职业资格标准为制订专业教学标准的重要依据，努力满足行业科技进步、劳动组织优化、经营管理方式转变和产业文化对技能型人才的新要求。

3）坚持工学结合、校企合作、顶岗实习的人才培养模式，注重“做中学、做中教”，重视理论实践一体化教学，强调实训和实习等教学环节，突出职教特色。

4）坚持整体规划、系统培养，促进学生的终身学习和全面发展。正确处理公共基础课程与专业技能课程之间的关系，合理确定学时比例，严格教学评价，注重中职业课程衔接。

5）坚持先进性和可行性，遵循专业建设规律。注重吸收职业教育专业建设、课程教学改革优秀成果，借鉴国外先进经验，兼顾行业发展实际和职业教育现状。

3. 教学标准基本内容

专业教学标准包括专业名称、入学要求、基本学制、培养目标、职业范围、人才规格、主要接续专业、课程结构、课程设置及要求、教学时间安排、教学实施、教学评价、实训实习环境、专业师资等内容。

4. 教学标准总体要求

软件与信息服务专业的专业代码为“090800”，专业名称为“软件与信息服务”，入学要求为“初中毕业或具有同等学力”的人员，基本学制为 3 年。

软件与信息服务专业的培养目标：

本专业坚持立德树人，面向计算机软件与信息服务领域，培养从事软件开发与测试、软件与信息服务外包、计算机辅助设计与制图、软件产品营销等工作，德智体美全面发展的高素质劳动者和技能型人才。

软件与信息服务专业的职业范围如表 4.1 所示。

表 4.1　软件与信息服务专业的职业范围

序号	对应职业（岗位）	职业资格证书举例	专业（技能）方向
1	计算机操作员	计算机操作员（初级） 计算机操作员（中级）	文字录入、文档编辑与排版、操作系统安装与配置、典型数据库系统安装与配置等
2	软件产品检验员 程序设计员	软件产品检验员 程序设计员	软件与信息服务外包 软件开发与测试

续表

序号	对应职业（岗位）	职业资格证书举例	专业（技能）方向
3	软件技术员	计算机操作员、制图员、软件产品检验员、计算机程序设计员	软件产品营销 软件与信息服务外包 软件开发与测试
4	制图员	制图员	计算机辅助设计与制图

4.2　人才培养规格

软件与信息服务专业的人才规格规定了该专业毕业生应该具备的职业素养、应该掌握的计算机软件专业知识与技能等内容。

4.2.1　软件与信息服务专业的职业素养

职业素养是指职业内在的规范和要求，是在职业过程中表现出来的综合品质，一般包含职业道德、职业意识、职业行为和职业技能等方面。前三项是职业素养中最根基的部分，而职业技能是支撑职业人生的表象内容。职业素养是人们胜任职业岗位需求的基本素质，它包括显性的基本知识、基本技能，也包括从业人员隐性的职业道德、职业态度、职业意识、职业行为习惯等。隐性职业素养对人的个性品质起着决定性的影响，它通过显性职业素养来表现，并决定显性职业技能、知识的水平和质量，对从业人员的职业行为和表现起着关键性作用。职业素养的培养是为了提高工作者在具体工作情境中职业行动的质量，它作为一种内在的品质，在不同的职业情境有不同的表现。职业素养中的不同要素都要体现在具体的职业行动中，并最终主要通过个体的职业行动表现出来。因此，职业素养具有明显的情境性、行动性、整体性等特征。

职业素养是个很大的概念，不同的学者从不同的角度对其内涵与内容给出了许多不同的阐述，但概括地来说，职业道德是职业素养的基础，职业技能是职业素养的核心。《中等职业学校软件与信息服务专业教学标准（试行）》从职业道德与职业技能这两个角度出发，将该专业毕业生的职业素养概括为以下6个方面：

（1）具有良好的职业道德，能自觉遵守行业法规、规范和企业规章制度。

（2）具有良好的人际交往、团队协作能力和客户服务意识。

（3）具有软件与信息服务领域相关的信息安全、知识产权保护和质量规范意识。

（4）具有获取前沿技术信息、学习新知识的能力。

（5）具有正确理解合同、方案、技术支持文档，编写日志、实施计划、验收报告的能力。

（6）具有熟练的软件应用能力。

上述6个方面的表达是高度概括性的，包括了职业道德与意识、职业能力、职业技能等方面的要求，同时也考虑了软件技术与信息服务行业的特点，是一个发展性的表述。

需要说明的是，在教育部职成教司组织编写的中等职业学校专业教学标准发布之前，部分省市根据教育部的有关文件精神并结合本地区的情况，也组织编写了一部分中等职业学校专业教学标准。比如上海市与河南省都曾在2010～2014年组织编写并公布过部分专业教学标准，在这些专业教学标准中，对于职业素养的表述与教育部2014年颁布的专业教学标准的表述并不完全相同，但其核心思想是一致的。

4.2.2　知识技能

专业知识是指一定范围内相对稳定的系统化的知识。对于未来为软件与信息服务行业服务的中等职业学校毕业生来说，需要熟悉和掌握计算机软件与信息服务专业的基本知识体系。而专业技能是从业人员运用专业基础知识解决实际问题的能力，需要在熟悉专业基本知识的基础上通过实际的操作、设计等方面的实训来实现。

软件与信息服务专业教学标准中将该专业的知识技能分为通用专业知识技能与专业方向知识技能两个方面进行表述。但这只是一个基本的、原则性的描述，在实际实行过程中，不同的学校可以根据学校所在地区的实际情况进行专业方向的调整，从而制定出不同的专业培养方案或教学计划。

软件与信息服务专业教学标准中规定的通用专业知识技能共 9 条。

（1）具有识别软件与信息服务方面外文词汇、语句，借助翻译工具阅读外文技术资料的能力。

（2）具有计算机主流网络操作系统、常用办公及工具软件的基本应用能力。

（3）掌握计算机程序设计相关知识和技能。

（4）掌握数据库技术原理与应用的基础知识，熟悉 SQL 查询语言的语法知识与应用方法，具有简单数据库应用程序设计的能力。

（5）掌握软件分析、设计的过程与方法，软件测试与评审的基础知识，具有软件开发项目与工程管理的基本能力。

（6）掌握主流平面设计软件的操作，具备运用相关典型平面设计进行基本的图形图像处理的知识和技能，具有使用相关软件进行图形绘制、图文编辑、图像处理等方面的业务能力。

（7）掌握网页设计与制作的基础知识和相关技能，具有简单网页设计以及编写简单网页代码和脚本的能力。

（8）掌握工程制图的基本知识和主流 CAD 软件的使用方法，具有机械、建筑工程等二维、三维图纸的绘制能力。

（9）掌握 Web 程序设计的相关知识，具有交互网页、服务器动态网页、Web 服务和数据库等程序开发、应用部署和系统测试的能力。

软件与信息服务专业教学标准中设计了软件与信息服务外包、计算机辅助设计与制图、软件产品营销、软件开发与测试 4 个专业方向的技能要求。但各学校在设计实际培养方案或教学计划时，可以根据实际情况设置更多或更精细的专业方向，比如目前很多学校往往将软件开发与软件测试作为不同的专业方向，而软件开发方向又可以具体分为 Java 开发、IOS 移动开发、Android 移动开发等。

软件与信息外包向专业知识与技能如下：

（1）掌握信息录入的基础知识，具有中英文盲打、听打录入信息的能力。

（2）掌握信息处理与分析的基础知识，具有信息处理与分析的相关技能。

（3）掌握信息服务业务相关的外国语言知识，具有阅读、输入和校对相应的外国语言文字的能力。

计算机辅助设计与制图方向专业知识与技能如下：

（1）掌握建筑工程制图的基本知识，具有使用主流 CAD 软件进行建筑工程平面图、立面图、结构图和工程效果图等图纸的绘制能力。

（2）掌握机械制图的基本知识，具有使用主流 CAD 软件绘制建筑、机械行业图纸的能力。

（3）掌握平面制图软件的使用方法，具有运用软件绘制建筑、机械行业图纸的能力。

软件产品营销方向专业知识与技能如下：

（1）掌握销售与人际交往礼仪的基础知识，具有从事销售业务所需的沟通能力。

（2）掌握计算机软件安装、调试和维护的基础知识，具有常见软件故障维修、数据安全、数据备份恢复等相关能力。

（3）掌握市场营销基本理论知识，以及软件产品的功能、特点、应用及维护的方法，具有市场营销策划和产品销售的基本能力。

软件开发与测试方向专业知识与技能如下：

（1）掌握计算机软件安装、调试和维护的基础知识，具有常见软件故障维修、数据安全、数据备份恢复等相关能力。

（2）掌握软件企业化开发业务的基础知识，以及软件设计与测试的整体流程和业务内容，具有商品化软件开发的能力。

（3）掌握软件测试的基本知识和软件测试技术方法，具有使用软件测试工具进行软件自动化测试的基本能力。

4.3　课程结构与课程设置

课程结构是课程目标转化为教育成果的纽带，是课程实施活动顺利开展的依据。课程结构是课程各部分的配合和组织，它是课程体系的骨架，主要规定了组成课程体系的学科门类，以及各学科内容的比例关系、必修课与选修课、分科课程与综合课程的搭配等，体现出一定的课程理念和课程设置的价值取向。课程结构是针对整个课程体系而言的，课程的知识构成是课程结构的核心问题，课程的形态结构是课程结构的骨架。

课程设置是指学校选定的各类各种课程的设立和安排。课程设置主要规定课程类型和课程门类的设立，及其在各年级的安排顺序和学时分配，并简要规定各类各科课程的学习目标、学习内容和学习要求。课程设置的要求主要包括合理的课程结构和课程内容，合理的课程结构指各门课程之间的结构合理，包括开设的课程合理，课程开设的先后顺序合理，各课程之间衔接有序，能使学生通过课程的学习与训练，获得某一专业所具备的知识与能力；合理的课程内容指课程的内容安排符合知识论的规律，课程的内容能够反映学科的主要知识、主要的方法论及时代发展的要求与前沿。

目前在我国中等职业学校中主要设置了学科类课程、课堂实践类课程、企业顶岗实习类课程等类型的课程。

中等职业教育是高中阶段教育的重要组成部分，其课程设置分为公共基础课程和专业技能课程两类，专业技能课包括专业核心课和专业（技能）方向课。

公共基础课程包括德育课、文化课、体育与健康课、艺术课及其他选修公共课程。课程设置和教学应与培养目标相适应，注重学生能力的培养，加强与学生生活、专业和社会实践的紧密联系。

德育课，语文、数学、外语（英语等）、计算机应用基础课、体育与健康课、艺术（或音乐、美术）课为必修课，学生应达到国家规定的基本要求。物理、化学等其他自然科学和人文科学类课程，可作为公共基础课程列为必修课或选修课，也可以多种形式融入专业课程之中。不同专业还应根据需要，开设关于安全教育、节能减排、环境保护、人口资源、现代科学技术、管理以及人文素养等方面的选修课程或专题讲座（活动）。公共基础课程必修课的教学大纲由国家统一制定。

专业技能课程应当按照相应职业岗位（群）的能力要求，采用专业核心课程加专业（技能）方向课程的课程结构。课程内容要紧密联系生产劳动实际和社会实践，突出应用性和实践性，并注意与相关职业资格考核要求相结合。专业技能课程教学应根据培养目标、教学内容和学生的学习特点，采取灵活多样的教学法。部分基础性强、规范性要求高、覆盖专业面广的专业核心课程的教学大纲由国家统一制定。

实训实习是专业技能课程教学的重要内容，是培养学生良好的职业道德，强化学生实践能力和职业技能，提高综合职业能力的重要环节。实训实习包含校内实训、校外实训和顶岗实习等多种实训实习形式。实训实习应明确校内实训实习室和校外实训实习基地及其必备设备等实训实习环境要求，保证学生顶岗实习的岗位与其所学专业面向的岗位群基本一致。

4.3.1　课程结构

在教育部 2014 年发布的软件与信息服务专业教学标准中，该专业的课程分为公共基础课与专业技能课两大类。其中公共基础课是各专业（首批共 14 大类，95 个专业）通用的。专业技能课的总体结构也是各专业公用的，只是在具体课程设置上不同。专业技能课又分为专业核心课、专业选修课、专业（技能）方向课、顶岗实习、综合实训等几类。软件与信息服务专业的具体课程结构如图 4.1 所示。此处需要说明的是，图 4.1 所示的课程结构是教育部对软件与信息服务专业的总体与基本要求，各地区、各学校在具体执行时，可以在图 4.1 所示的课程框架下，结合本地区软件企业的实际业务需求，与所设置的专业方向和软件技术的发展状况进行适当调整。比如有的学校设置 Java 开发方向，就可以将.NET 的相应模块调整为 Java 程序设计、JSP 网页设计等。

4.3.2　课程设置

软件与信息服务专业教学标准将本专业的课程设置为公共基础课与专业技能课两大类。其中公共基础课是各专业通用的要求，包括德育课、文化课、体育与健康、公共艺术、历史以及其他自然科学和人文科学基础课。教学标准中给出了 11 门、共计 984 学时的公共基础课目录表。教育部对每门公共基础课都印发了相应课程的教学大纲，各中等职业学校可以根据相应课程的教学大纲，并结合本地区、本校的实际进行公共基础课的设置与教学。

专业技能课包括专业核心课、专业（技能）方向课和专业选修课、校内外实训、顶岗实习等类型。其中教学标准中给出的专业核心课共 8 门（各课程具体内容与参考学时见表 4.2），总参考学时 704 学时。每个专业（技能）方向各设置了 3 门、176 学时的选修课（各课程具体内容与参考学时分别见表 4.3～表 4.6）。教学标准建议的专业选修课包括.NET 网页程序开发、智能终端应用程序设计、数据结构基础、工业产品设计等，各学校还可以根据实际进行重新设置，比如开设 UI 设计基础、iPhone 或 Android 设计等课程。

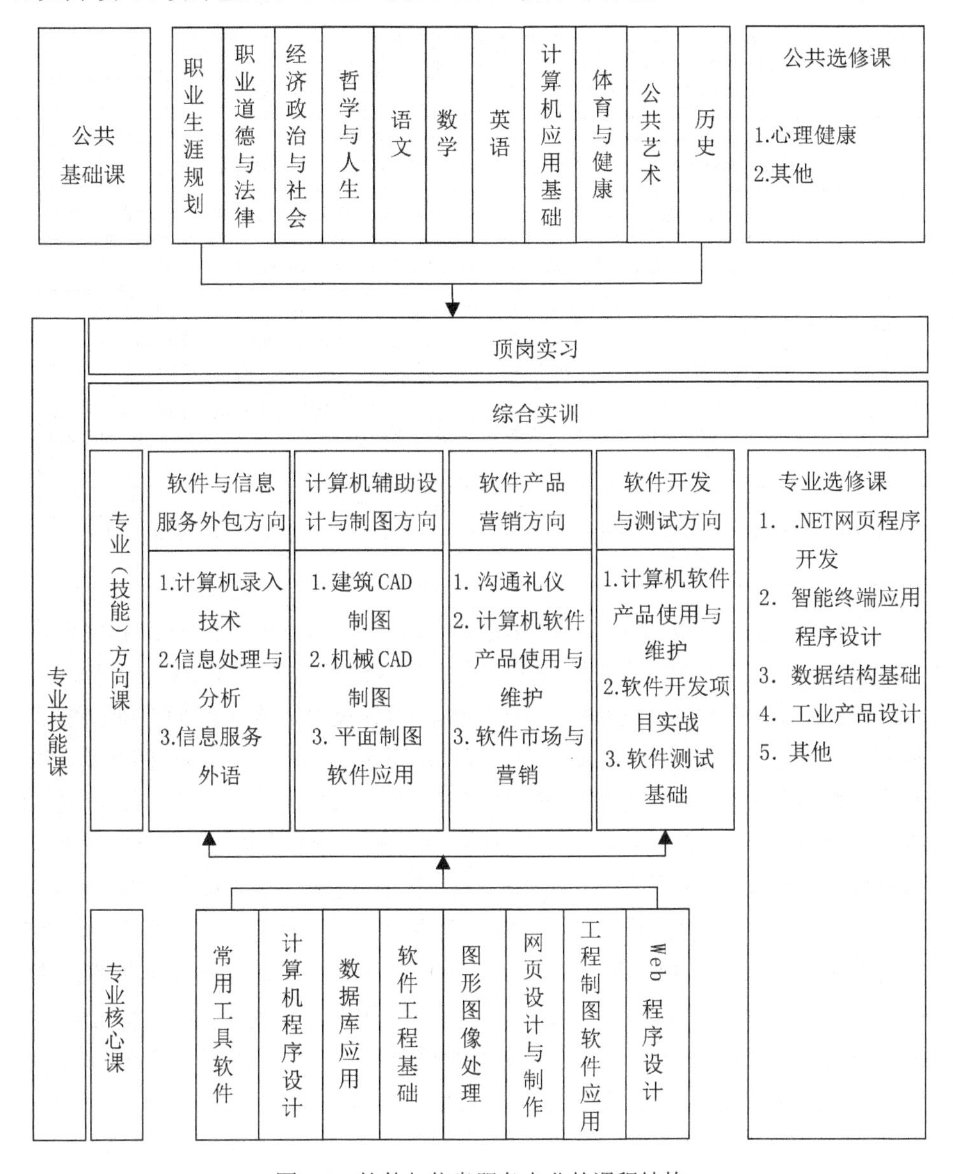

图 4.1　软件与信息服务专业的课程结构

表 4.2　软件与信息服务专业“专业核心课”

序号	课程名称	主要教学内容和要求	参考学时
1	常用工具软件	掌握计算机系统管理与维护、虚拟机、特殊文档编辑与格式转换、翻译工具、网络管理与数据传输、即时通信、数据安全、云办公、数码产品及移动设备连接和数据传输、多媒体信息处理等常用工具软件的应用技能	32
2	计算机程序设计	理解计算机程序设计的基本概念，理解数据类型、表达式、逻辑关系、流程控制、面向对象程序设计等知识，熟悉软件企业化开发的基本流程，掌握可视化程序界面设计、数据库连接、多媒体与网络应用等方面的编程方法，能使用编程工具开发简单功能的计算机应用程序	192

续表

序号	课程名称	主要教学内容和要求	参考学时
3	数据库应用	了解数据库的基础知识，掌握主流数据系统安装、数据库创建、数据访问与修改、建立数据窗体、数据库备份与还原、安全管理、数据连接等基本技能，熟悉 SQL 查询语言的语法知识与应用方法，能使用数据库工具进行简单的应用程序设计	64
4	软件工程基础	了解软件分析和设计的过程与方法、软件测试与评审的相关知识，理解软件设计质量、软件设计流程和软件设计规范，掌握软件开发项目与工程管理的基础技能	32
5	图形图像处理	了解图形图像处理及其相关的美学基础知识，理解平面设计与创意的基本要求，熟悉不同类型图形图像处理的规范要求与表现手法，掌握应用平面设计主流软件进行图形图像处理的相关技能，能使用相关软件进行图形绘制、图文编辑、图像处理等业务应用	64
6	网页设计与制作	了解网页设计与制作的基础知识和规范要求，熟悉 HTML 和脚本语言的相关知识，掌握站点创建、网页元素添加、样式表与模板应用、表单元素使用等相关技能，能应用主流网页设计软件进行不同风格的简单网页设计，以及编写简单网页代码和脚本	64
7	工程制图软件应用	了解工程制图的基本知识，理解机械、建筑等工程制图的业务规范，掌握主流 CAD 软件的使用方法及机械、建筑工程等二维和三维图纸的绘制技能，初步掌握 3D 打印模型图纸的绘制技能	64
8	Web 程序设计	了解 Web 程序设计的相关知识，熟悉 Web 程序设计的架构体系和 XML 语法知识；能应用主流 Web 程序开发环境进行客户端交互网页、服务器端动态网页、Web 服务和数据库等程序开发、应用部署和系统测试	192

从表 4.2 所示的专业核心课程表中可以看出，“计算机程序设计”与“Web 程序设计”两门课都建议了 192 学时，共 384 学时，占了核心课总学时的 54.5%，是两门重点课。其原因有两方面：首先计算机程序设计是计算机软件的基础，掌握好程序设计技术是学习其他软件技术的前提条件，给予该课程充足的学时，充分体现了重基础的课程设计理念；其次，随着网络的普及，各种软件的设计开发与应用普遍走向网络化，尤其是在云计算与大数据风行天下的后 IT 时代，网络化更是各种应用软件的生命线，给予“Web 程序设计”以足够的学时，让学生奠定好网络编程基础，才能培养学生符合软件与信息服务企业职业岗位要求的职业能力，是现代软件人才培养的基本要求之一。

在教育部发布的专业教学标准中，关于核心课程与专业（技能）方向选修课的教学内容和要求的描述是概括的、粗线条的，比如对于“计算机程序设计”课程的描述并没有说明采用何种编程语言，也没有说明通过几门程序设计语言课程的教学来达到“标准”规定的教学要求，这为各学校根据不同时期、不同地区的实际灵活地选择编程语言编制培养方案或教学计划留下了空间。由于不同的编程语言对于数据类型、表达式、逻辑关系、流程控制等这些计算机程序设计基本问题的实现并不完全相同，有些甚至有比较大的差别，比如 Basic 与 C 语言、C 语言与 Java 语言等，因此各学校在具体应用教育部发布的教学标准时应该进行细化与重新解读，在满足“教学标准”的原则性要求的前提下，应充分考虑课程内容的具体技术细节。

表 4.3　软件与信息服务外包“专业（技能）方向课”

序号	课程名称	主要教学内容和要求	参考学时
1	计算机录入技术	了解信息录入的基本流程，学会基本的录入方法，掌握就业岗位需要的语音、手写和其他外国语言文字的录入技能，具备准确、快速的中英文盲打、听打录入信息的能力	48
2	信息处理与分析	了解信息处理与分析的基本知识，熟悉普通数据和大数据分析的工作流程和实现方法，掌握信息处理与分析的相关技能	64
3	信息服务外语	熟悉信息服务业务相关的外国语言知识，掌握关键单词和必要的语法知识，具有阅读、输入和校对相应的外国语言文字的能力	64

表 4.4　计算机辅助设计与制图“专业（技能）方向课”

序号	课程名称	主要教学内容和要求	参考学时
1	建筑 CAD 制图	了解建筑工程制图的基本知识，熟悉相关的业务规范和要求，掌握使用主流 CAD 软件进行建筑工程平面图、立面图、结构图和工程效果图等图纸的绘制技能	48
2	机械 CAD 制图	了解机械制图的基本知识，熟悉机械制图规范和要求，掌握使用主流 CAD 软件进行二维、三维机械图纸绘制和机械零件 3D 打印造型设计的技能	64
3	平面制图软件应用	了解常见平面制图软件的功能特点，掌握平面制图软件的使用方法，能运用相关软件绘制建筑、机械等行业图纸	64

表 4.5　软件产品营销“专业（技能）方向课”

序号	课程名称	主要教学内容和要求	参考学时
1	沟通礼仪	掌握销售与人际交往礼仪的基础知识，具有从事销售业务所需的沟通能力	48
2	计算机软件产品使用与维护	了解计算机软件安装、调试和维护的工作机制，掌握系统配置、兼容性、软件冲突、病毒侵害等常见软件故障的维修方法，掌握计算机系统与数据安全防护、信息备份、数据备份恢复等技能	64
3	软件市场营销	了解市场营销基本理论知识，熟悉不同类型软件产品的整体功能、使用特点、应用方案及维护的方法，具备相应的市场营销策划和产品销售技能	64

表 4.6　软件产品营销“专业（技能）方向课”

序号	课程名称	主要教学内容和要求	参考学时
1	计算机软件产品使用与维护	了解计算机软件安装、调试和维护的工作机制，掌握系统配置、兼容性、软件冲突、病毒侵害等常见软件故障的维修方法，掌握计算机系统与数据安全防护、信息备份、数据备份恢复等技能	48
2	软件开发项目实战	了解软件企业化开发业务相关知识，熟悉软件设计与测试的整体流程和业务内容，能运用所学专业知识和技能进行商品化软件开发和测试	64
3	软件测试基础	了解软件测试的基本知识和软件测试技术，熟悉软件测试流程，掌握软件测试技术方法，会搭建软件测试环境，能使用软件测试工具进行软件自动化测试	64

4.3.3　实践课程

综合实训是将课堂理论教学职业化，形成学生职业能力的重要教学环节，但由于实训教学对场地、实训设备有较高的要求，而全国各中等职业学校所在地区的经济发展水平有着较大的差异，从而导致不同学校的实训条件有着重大的差异，因此教学标准中没有给出综合实训环节的具体要求，仅仅提出了相应的教学建议。建议各学校根据自己学校的教学要求灵活安排综合实训，最好以软件与信息服务企业的真实工作岗位项目为依托，采用校企合作的方式进行综合实训，也可以和学生职业技能证书的考核相结合，学生在完成相应实训任务后同时获得相应的职业技能证书，比如计算机程序设计员、计算机软件产品检验员等。

综合实训的时间安排也应该根据具体情况灵活安排，可以结合具体的课程进行，分散安排到不同的学期，也可统一安排在第 5 学期。技能证书的考试必须在当地教育主管部门的统一要求下完成，可以是国家相关部委（教育部、国家人力资源和社会保障部、工业和信息化部等）组织考试认证的职业技能证书，也可以是当地教育主管部门或行业协会统一认可的职业资格证书。

“软件与信息服务专业教学标准”对于该专业学生顶岗实习的管理办法、职业岗位群要求、具体形式做了原则上的规定。“标准”对顶岗实习的描述如下：

顶岗实习是本专业学生职业技能和职业岗位工作能力培养的重要实践教学环节，要认真落实教育部、财政部关于《中等职业学校学生实习管理办法》的有关要求，保证学生顶岗实习的岗位与其所学专业面向的岗位群基本一致。在确保学生实习总量的前提下，可根据实际需要，通过校企合作，实行工学交替、多学期、分阶段安排学生实习。

4.3.4　教学安排

教学计划是课程设置的整体规划，它规定不同课程类型相互结构的方式，也规定了不同课程在管理学习方式的要求及其所占比例，同时，对学校的教学、生产劳动、课外活动等做出全面安排，具体规定了学校应设置的学科、课程开设的顺序及课时分配，并对学期、学年、假期进行了划分。

根据适用的对象，教学计划一般又可分为专业教学计划、课程教学计划、学时教学计划等，此处取“专业教学计划”含义。专业教学计划有时也被称为专业培养计划，但二者之间是有着明显区别的。专业教学计划往往作为专业培养方案的别称，其他除了包括各种课程的结构、时序规划外，往往还包括专业培养目标、课程实施标准等内容。

“软件与信息服务专业教学标准”规定该专业 3 年的理论与综合实践总学时数为 3360 学时，这是按照每学年 40 教学周（含复习考试）、周学时 28 学时计算的。顶岗实习按照每周 30 学时，3 年总计 3000～3300 学时计算。

各学校可以根据实际情况适当调整课程的开设顺序和周学时安排。

实行学分制的学校，一般按 16～18 学时折合 1 学分来计算，3 年总学分不少于 170。对于军训、入学教育、社会实践、毕业教育等实践教学活动，可以按照每周 1 学分的方式进行计算。

公共基础课学时约占总学时的 1/3，学校可以根据各地软件与信息服务行业的实际需要，在“教学标准”规定的范围内进行适当调整，但学时数必须保证学生修完公共基础课的必修内容。

专业技能课约占总学时的 2/3，在确保学生实习总量的前提下，可根据实际需要采用集中或分阶段的方式安排顶岗实习时间，但行业企业认知实习应安排在第 1 学年。

课程设置中，专业选修课的学时应不少于专业技能课总学时的 10%，即 172 学时左右，必要时可适当增减学时。

“教学标准”建议的教学安排如表 4.7、表 4.8 所示。

表 4.7　软件与信息服务专业教学安排建议

课程类别	课程名称	学分	学时	学期					
				1	2	3	4	5	6
公共基础课	职业生涯规划	2	32	√					
	职业道德与法律	2	32		√				
	经济政治与社会	2	32			√			
	哲学与人生	2	32				√		
	语文	12	192	√	√	√	√		
	数学	12	192	√	√	√	√		
	英语	8	128	√	√	√	√		
	计算机应用基础	8	128	√	√				
	体育与健康	10	160	√	√	√	√	√	

续表

课程类别	课程名称	学分	学时	学期					
				1	2	3	4	5	6
公共基础课	公共艺术	2	32	√					
	历史	2	32		√				
	公共基础课总计	**62**	**992**						

表 4.8　软件与信息服务专业教学安排建议

课程类别			课程名称	学分	学时	学期					
						1	2	3	4	5	6
专业技能课	专业核心课		常用工具软件	2	32	√					
			计算机程序设计	12	192	√	√				
			数据库应用	4	64		√				
			软件工程基础	2	32			√			
			图形图像处理	4	64			√			
			网页设计与制作	4	64			√			
			工程制图软件应用	4	64			√			
			Web 程序设计	12	192			√	√		
			小计	**44**	**704**						
	专业（技能）方向课	软件与信息服务外包	计算机录入技术	3	48					√	
			信息处理与分析	4	64				√		
			信息服务外语	4	64				√		
			小计	**11**	**176**						
		计算机辅助设计与制图	建筑 CAD 制图	3	48					√	
			机械 CAD 制图	4	64				√		
			平面制图软件应用	4	64				√		
			小计	11	**176**						
		软件产品营销	沟通礼仪	4	64					√	
			计算机软件产品使用与维护	4	64				√		
			软件市场营销	3	48				√		
			小计	11	**176**						
		软件开发与测试	计算机软件产品使用与维护	4	64				√		
			软件开发项目实践	3	48					√	
			软件测试基础	4	64				√		
			小计	11	**176**						
	综合实训			15	240					√	
	顶岗实习			38	608						√
	专业技能课总计			108	1720						
合计				170	2720						

4.4　教学实施与评价

教学实施是实现教学目标的关键阶段，教学实施策略的选择既要符合教学内容、教学目标的要求和教学对象的特点，又要考虑在特定教学环境中的必要性和可能性，教学实施方案应该具有较好的可执行性。

教学评价是以教学目标为依据，按照科学的标准，运用有效的评价技术手段，对教学实施过程及结果进行测量，并给予价值判断的过程。教学评价一般包括对学生学业成绩的评价和教师教学质量的评价两大部分。

此处仅给出“教学标准”有关软件与信息服务专业的教学实施与评价的相关要求。

4.4.1 教学实施

教学标准从教学要求与教学管理两个方面给出了软件与信息服务专业的教学实施的基本内容与要求。

软件与信息服务专业的教学要求分为公共基础课与专业技能课两个方面。

公共基础课是每个专业通用的，而且有比较成熟的课程标准、教学大纲可供参考。教学标准指出：公共基础课程教学要符合教育部有关教育教学基本要求，按照培养学生基本科学文化素养、服务学生专业学习和终身发展的功能来定位，重在教学法、教学组织形式的改革，教学手段、教学模式的创新，调动学生学习积极性，为学生综合素质的提高、职业能力的形成和可持续发展奠定基础。

专业技能课程的教学要根据专业培养目标，结合企业生产与生活实际，选择合适的教学内容，大力对课程内容进行整合。在课程内容编排上，合理规划，集项目综合、任务实践、理论知识于一体，按照理实一体化的教学理念，强化技能训练，在实践中寻找理论知识点，增强课程的灵活性、实用性与实践性。按照相应职业岗位（群）的能力要求，强调理论实践一体化，突出“做中学、做中教”的职教特色，建议采用项目教学、案例教学、任务教学、角色扮演、情境教学等方法，积极进行课堂教学改革与创新。

在教学管理方面，教学标准指出：教学管理要更新观念，改变传统的教学管理方式。教学管理要有一定的规范性和灵活性，合理调配教师、实训室和实训场地等教学资源，为课程的实施创造条件；要加强对教学过程的质量监控，改革教学评价的标准和方法，促进教师教学能力的提升，保证教学质量。

4.4.2 教学评价

由学校、学生、用人单位三方共同实施教学评价，评价内容包括：学生专业综合实践能力，“双证”的获取率和毕业生就业率、就业质量，专兼职教师教学质量等，逐步形成校企合作、工学结合人才培养模式下多元化教学质量评价标准体系。

对学生的学业考评应体现评价主体、评价方式、评价过程的多元化，即教师的评价、学生的相互评价与自我评价相结合，过程性评价与结果性评价相结合。过程性评价应从情感态度、岗位能力、职业行为等多方面。对学生在整个学习过程中的表现进行综合测评；结果性评价是从学生知识点的掌握、技能的熟练程度、完成任务的质量等方面进行评价。

对课堂教学的评价应该采用灵活多样的方式，主要包括笔试、作业、课堂提问、课堂出勤、上机操作以及参加各类型专业技能竞赛的成绩等。

对实训实习的评价可采用实习报告与实践操作水平相结合的形式，尽量如实反映学生对各项实训实习项目的技能水平。

对定岗实习的评价应该包括实习日志、实习报告、实习单位综合评价鉴定等多层次、多方面的评价方式。

4.5 实训实习环境

实训实习环境是保障实训实习效果的物质基础，“教学标准”从校内实训实习室与校外实训基地两个方面给出了软件与信息服务专业的实训实习要求。应该说明的是，由于软件与信息服务行业是一个快速发展的行业，“教学标准”所给出的要求只能是一个基本的、最低的要求，各学校在设计校内实训实习室和选择校外实习基地时，应该充分考虑当地软件行业企业的技术发展水平，以一定的超前意识进行校内实训实习室的设计和校外实习基地的选择。

4.5.1　校内实训实习室

教学标准所给出的校内实训实习室的基本结构，如图 4.2 所示。实训实习室设备配置规格与数量如表 4.9 所示。

图 4.2　软件与信息服务专业校内实训室基本结构

表 4.9　软件与信息服务专业校内实训室主要设备配置表

序号	实训室名称	主要实训内容	设备名称	设备主要功能 （技术参数与要求）	数量（台/套）
1	计算机基础实训室	公共基础课 计算机应用基础 专业核心课 常用工具软件 工程制图软件应用 图形图像处理 网页设计与制作 软件与信息服务外包专业（技能）方向课 计算机录入技术 信息处理与分析 信息服务外语 计算机辅助设计与制图专业（技能）方向课 建筑 CAD 制图 机械 CAD 制图 平面制图软件应用	学生计算机	CPU：≥主流多核	40
				内存：≥2GB	
				硬盘：≥250GB	
				集成显卡	
				显示器： 分辨率≥1024×768	
				网卡：≥1 个	
				支持网络同传和硬盘保护	
				可选多媒体教学支持系统	
				耳机、麦克风	
			教师计算机	同上	1
			软件	桌面操作系统	适量
				Office 办公软件	
				常用工具软件	
				计算机程序设计软件	
				数据库软件	
				图形图像处理软件	
				网页制作软件	
				中文打字测试软件	
				信息处理与分析软件	
				工程制图软件	
				建筑 CAD 制图软件	
				机械 CAD 制图软件	
				平面制图软件	
				工业产品设计软件	
				虚拟机及相关系统镜像文件	

续表

序号	实训室名称	主要实训内容	设备名称	设备主要功能（技术参数与要求）	数量（台/套）
2	软件开发与测试实训室	专业核心课 计算机程序设计 软件工程基础 数据库应用 Web 程序设计 软件产品营销专业（技能）方向课 计算机软件产品使用与维护 软件开发与测试专业（技能）方向课 计算机软件产品使用与维护 软件开发项目实战 软件测试基础	学生计算机	CPU：≥主流双核	40
				内存：≥2GB	
				硬盘：≥250GB	
				集成显卡	
				显示器： 分辨率≥1024×768	
				网卡：≥1 个	
				支持网络同传和硬盘保护	
				可选多媒体教学支持系统	
				耳机、麦克风	
			教师计算机	同上	1
			服务器	CPU：≥主流四核×2	1
				内存：≥8GB	
				硬盘：≥1TB	
				网卡：≥1 个	
			软件	64 位桌面操作系统	适量
				常用软件开发工具	
				企业级网络数据库	
				常用软件测试工具	
				智能终端开发工具及虚拟机	
				虚拟机及常用网络操作系统镜像文件	

4.5.2　校外实训基地

教学标准指出：根据软件与信息服务专业人才培养需要与软件与信息服务产业的技术发展特点，开设软件与信息服务专业的中等职业学校应在企业建立两类校外实训基地，一类是以软件与信息服务专业认识和参观为主的实训基地，这类基地应该能够反映目前软件与信息服务专业技能方向的新技术，并能同时接纳较多学生实习，为新生入学教育和认识专业课程教学提供条件；另一类是以社会实践及学生顶岗实习为主的实训基地，能够为学生提供真实的软件与信息服务专业技能方向综合实践轮岗训练的工作岗位，并能保证有效的工作时间，该类基地应该能够根据软件与信息服务专业的培养目标要求的各实践教学内容，通过校企合作，共同制定软件与信息服务专业实习计划和教学大纲，精心编排教学计划，并组织、管理教学过程。

4.6　专 业 师 资

软件与信息服务专业师资队伍应根据教育部颁布的《中等职业学校教师专业标准》《中等职业学校设置标准》《中等职业学校软件专业教师标准》等文件的规定进行建设与配置。专业教师学历职称结构应合理，至少应配备具有相关专业中级以上专业技术职务的专任教师 2 人；

建立“双师型”专业教师团队，其中“双师型”教师应不低于专业教师总人数的 30%；应有业务水平较高的专业带头人。

软件与信息服务专业的专任教师应具备良好的师德和终身学习能力，具有计算机科学与技术、软件工程或相关专业本科及以上学历，具有中等职业学校教师资格证书和计算机及软件专业相关工种中级（含）以上职业资格，能够适应软件与信息服务产业、行业发展需要，熟悉软件企业情况，参加软件与信息服务企业实践和技术服务，积极开展课程教学改革。

聘请软件与信息服务行业企业高技能人才担任专业兼职教师，应具有高级（含）及以上职业资格或中级（含）以上专业技术职称，能够参与学校授课、讲座等教学活动。

4.7　专业培养方案范例

培养方案的全称为人才培养方案，是将特定时期某专业的培养目标、教学内容、课程体系等内容规范化的教学文件，是开展具体教学工作的纲领性文件，一般结合专业与社会的发展实际每年修订一次。制定培养方案的依据除了前面介绍的专业教学标准之外，还要综合考虑国家当前职业教育教学的政策、职业教育教学的先进教学理念（比如基于工作过程的学习领域、学习情境、典型工作任务分析等）、学校所在地区的经济发展与信息化技术水平等问题，才能制定出科学合理的专业培养方案。有关专业培养方案制定的细节将在第 6 章进行更为详细的讨论。

专业教学标准给出了制定专业培养方案的框架与基本要求，但职业学校在制定具体的培养方案时，还要结合某届学生的具体培养方向，对教学标准中的部分课程进行具体化，比如现在软件开发方向往往分为微软平台开发、基于 Java 的开发、移动开发等方向，这就需要结合相应的开发方向对某些专业课程进行具体化。

这里先给出一个基于微软开发平台的培养方案范例，在该范例中，将教学标准中的“平面图像处理”课程具体化为 Photoshop，将“网页设计与开发”具体化为 Dreamweaver，并开设“VB.NET 程序开发”这门典型的基于微软平台的专业课。

由于篇幅的限制，下面给出的案例中，对于每门课程的基本教学要求仅仅以培养方案中所涉及的一门课——“VB.NET 程序开发”为例来进行说明，而在实际培养方案制定中，需要给出所有课程的基本教学要求。对于公共基础课的教学要求，可以参照教育部 2009 年颁布的中等职业学校 7 门公共基础课的教学大纲（教职成[2009]3 号）进行制定。

********中等职业学校**
软件与信息服务专业培养方案

一、专业名称

软件与信息服务

二、招生对象与学制

1. 招生对象：应往届初中、高中毕业生或具有同等学力者

2. 学制：三年

三、培养目标

本专业旨在培养与我国经济和社会发展需求相适应的，德、智、体、美全面发展的，具有必

备的基础理论知识、专门知识、创业精神和良好的职业道德与行为规范，具有良好综合素质和一定创新能力，熟练掌握计算机专业必需的基本理论以及计算机应用基本技能，掌握行业标准和计算机软件设计思想，初步具备软件项目需求分析能力、计算机编程与应用以及软件开发能力，能熟练进行计算机维护、网络维护和网站建设，具备网站制作以及 WEB 编程的基本能力，可以从事软件开发、软件产品维护以及软件产品销售、咨询与技术支持等工作的应用型专业技能型人才。

四、职业（岗位）面向、职业资格及继续学习专业

<table>
<tr><th>专门化方向</th><th>职业（岗位）</th><th>职业资格</th><th colspan="2">继续学习专业</th></tr>
<tr><td>软件信息服务</td><td>软件与信息服务外包、文字录入、文档编辑与排版、操作系统安装与配置、典型数据库系统安装与配置等</td><td>计算机操作员（初级）
计算机操作员（中级）</td><td rowspan="3">职业：
计算机应用技术
软件技术
计算机信息管理
数据库管理与开发
软件测试技术
软件开发与项目管理
网络软件开发技术
软件外包服务
信息技术开发与服务</td><td rowspan="3">本科：
计算机科学与技术
软件工程
数字媒体技术
网络工程</td></tr>
<tr><td>程序设计员</td><td>软件开发与测试</td><td>程序设计员</td></tr>
<tr><td>软件测试员</td><td>软件开发与测试</td><td>软件产品检验员</td></tr>
</table>

注：每个专门化方向可根据区域经济发展对人才需求的不同，任选一个工种，获取职业资格证书。

五、综合素质与职业能力

（一）综合素质

1. 具有良好的道德品质、职业素养、竞争和创新意识。
2. 具有健康的身体和心理。
3. 具有良好的责任心、进取心和坚强的意志。
4. 具有良好的人际交往、团队协作能力。
5. 具有良好的书面表达和口头表达能力。
6. 具有良好的人文素养和继续学习的能力。
7. 具有信息检索和分析的能力。

（二）职业通用能力

1. 了解软件开发与信息服务的模式，熟悉软件开发规范，能够熟练使用至少一种当前流行的软件开发工具进行某类软件的开发。
2. 掌握本专业所必需的文化基础知识，具有信息安全保护、知识产权保护、质量控制、自我劳动保护等方面的能力。
3. 具备个人与行业常见计算机系统的安装与维护的能力。
4. 具有文字快速录入、熟练使用一种主流办公自动化软件的能力。
5. 具有与计算机信息系统管理相关的技术与能力。
6. 具有典型数据库管理系统（如 SQL Server）的配置、操作与维护的基本能力。
7. 具有利用结构化与面向对象程序设计理念进行程序设计的基本能力。

（三）职业特定能力

1. 信息系统管理：能充分了解国家有关信息系统的法律、法规与政策，能对数据库进行

熟练操作及维护，能对网络安全及网站安全采取一定的措施，能对网站的功能进行分析并全面掌握使用，能对页面进行简单修改。

2. 软件产品维护与营销：掌握市场营销和成本核算的基本方法，能对常见软件产品实施成本核算、制定营销策略、策划营销活动；掌握营销管理的基本技术，能进行常见软件产品的营销；熟悉典型计算机系统配置，能对计算机系统进行维护、维修。

3. 软件开发文档编制：能快速进行汉字录入，能使用 Word 进行大型复杂文档的图文混排，能用 Excel 处理复杂表格，能进行 Word、Excel、PowerPoint、Photoshop 等软件的协同操作，具备编写与展示典型软件开发文档的能力。

（四）跨行业职业能力

1. 具有适应岗位变化的能力。

2. 具有企业管理及生产现场管理的基础能力。

3. 具有创新和创业的基础能力。

六、课程设置与教学要求

（一）公共文化基础课程设置及要求

1. 语文

在初中语文的基础上，进一步加强现代文和文言文阅读训练，提高学生阅读现代文和浅易文言文的能力；加强文学作品阅读教学，培养学生欣赏文学作品的能力；加强写作和口语交际训练，提高学生应用文写作能力和日常口语交际水平。通过课内外的教学活动，使学生进一步巩固和扩展必需的语文基础知识，养成自学和运用语文的良好习惯，接受优秀文化熏陶，形成高尚的审美情趣。

2. 数学

在初中数学的基础上，进一步学习数学的基础知识。必学与限定选学内容：集合与逻辑用语、不等式、函数、指数函数与对数函数、任意角的三角函数、数列与数列极限、向量、复数、解析几何、立体几何、排列与组合、概率与统计初步。选学内容：极限与导数、导数的应用、积分及其应用、统计。通过教学，提高学生的数学素养，培养学生的基本运算、基本计算工具使用、数形结合、逻辑思维和简单实际应用等能力，为学习专业课奠定基础。

3. 英语

在初中英语的基础上，巩固、扩展学生的基础词汇和基础语法；培养学生听、说、读、写的基本技能和运用英语进行交际的能力；使学生能听懂简单对话和短文，能围绕日常话题进行初步交流，能读懂简单应用文，能模拟套写简单应用文；提高学生自主学习和继续学习的能力，并为学习专门用途英语奠定基础。

4. 计算机应用基础

在初中相关课程基础上，进一步学习软件基础知识；强化典型操作系统、文字处理系统的应用能力，使学生具有较好的文字处理、数据处理、信息获取、整理与加工、网络交流等方面的能力，为以后的学习和工作奠定基础。

5. 体育与健康

在初中相关课程的基础上，进一步学习体育与卫生保健的基础知识和运动技能，掌握科学锻炼和娱乐休闲的基本方法，养成自觉锻炼的习惯；培养自主锻炼、自我保健、自我评价和自我调控的意识，全面提高身心素质和社会适应能力，为终身锻炼、继续学习与创业立业奠定基础。

6. 职业生涯规划

本课程主要讲授认识职业生涯设计、客观地认识自己、全面地分析环境、科学地设计自我、将设计变成现实、培养良好的职业道德、打造竞争优势、提升职业选择能力、锻炼挫折承受力。通过职业生涯设计，让学生掌握职业生涯设计的基本步骤，分析自己的个性、兴趣、气质与能力，制订自我职业生涯的发展蓝图。

7. 职业道德与法律

职业道德与法律是中等职业学校学生必修的一门德育课程，旨在对学生进行职业道德教育与职业指导。其任务是：使学生了解职业、职业素质、职业道德、职业个性、职业选择、职业理想的基本知识与要求，树立正确的职业理想；掌握职业道德基本规范，以及职业道德行为养成的途径，陶冶高尚的职业道德情操；形成依法就业、竞争上岗等符合时代要求的观念；学会依据社会发展、职业需求和个人特点进行职业生涯设计的方法；增强提高自身全面素质和自主择业、立业创业的自觉性。并使学生了解宪法、行政法、民法、经济法、刑法、诉讼法中与学生关系密切的有关法律基本知识，初步做到知法、懂法，增强法律意识，树立法制观念，提高辨别是非的能力；指导学生提高对有关法律问题的理解能力，对是与非的分析判断能力，以及依法律己、依法做事、依法维护权益、依法同违法行为作斗争的实践能力，成为具有较高法律素质的公民。

8. 经济政治与社会

本课程是中等职业学校学生必修的一门德育课程。其任务是：根据马克思主义经济和政治学说的基本观点，以邓小平理论为指导，对学生进行经济和政治基础知识的教育。引导学生正确分析常见的社会经济、政治现象，提高参与社会经济、政治活动的能力，为在今后的职业活动中，积极投身社会主义经济建设、积极参与社会主义民主政治建设奠定基础。

9. 哲学与人生

哲学与人生是中等职业学校学生必修的一门德育课程，旨在对学生进行马克思主义哲学知识及基本观点的教育。其任务是：通过课堂教学和社会实践等多种方式，使学生了解和掌握与自己的社会实践、人生实践和职业实践密切相关的哲学基本知识；引导学生用马克思主义哲学的立场、观点、方法观察和分析最常见的社会生活现象，初步树立正确的世界观、人生观和价值观，为将来从事社会实践奠定基础。引导学生正确分析常见的社会经济、政治现象，提高参与社会经济、政治活动的能力，为在今后的职业活动中，积极投身社会主义经济建设、积极参与社会主义民主政治建设奠定基础。

10. 音乐

本课程主要讲授音乐的基本知识和基本技能，音乐强调感受、体验音乐的情感，使学生理解音乐的情感内涵，诱发学生的创造性思维，使学生的听觉、思维与创造能力同时得到发展。

（二）专业课程（含技能实训）设置及要求

1. 计算机应用基础

了解计算机基础知识，掌握计算机基本操作、办公应用软件的使用、常用工具软件的应用等方面的技能，同时培养学生具有运用计算机知识处理学习、工作、生活中实际应用需求的能力。并逐渐养成独立思考、自主探究的学习方法，培养严谨的学习态度和团队协作意识。

2. Photoshop

培养学生对Photoshop操作应用的4种能力：图像的获取能力，图像的分离抠取能力，图像的色彩和色调调整能力，综合项目的平面设计能力，为网页设计课程提供应用基础和相关的技术支持。

3. 计算机网络

了解计算机网络的发展状况以及基本网络拓扑构成，掌握简单的网络应用及客户端服务端配置，学会简单的网络组建及相关设备的配置，并能综合应用这些知识解决简单的实际问题，为学生熟练构建及维护网络和进一步学习网络知识奠定坚实的基础。

4. Dreamweaver

培养学生对网页的基本认知，使学生通过本课程的学习，掌握Dreamweaver的使用方法，学会使用Dreamweaver制作静态及简单动态网页，能够开发具有一定规模的网站，为后续学习奠定基础。同时，培养学生一定的项目开发能力、团队协作的精神，以及适应信息化社会要求的自学能力和获取计算机新知识、新技术的能力。

5. Flash

了解有关Flash的相关知识，掌握Flash基本工具的使用；掌握元件、库和实例的使用及补间、路径和遮罩动画的制作；了解ActionScript语言的运用及技巧。使学生能独立制作动画，为网站、网页设计提供相应的素材。另外，应能够利用Flash制作广告宣传动画，制作各种类型的小游戏，为进入相关的领域奠定基础。

6. VB.NET

掌握程序设计语言的基本知识、面向对象的基本概念、程序设计的基本方法与思路，其中包括数据类型、基本语句、模块化程序设计、常用算法、界面设计、面向对象程序设计，可以编写简单的Windows应用程序以及Web窗体等，并能综合应用这些知识解决简单的实际问题，为学生熟练使用.NET框架和进一步学习ASP.NET奠定坚实的基础。

7. SQL Server

掌握数据库的基本概念，掌握SQL的基本配置管理，能够熟练使用T-SQL操作数据库中的数据。应初步具有数据库应用系统的管理与设计开发能力，为后续开发动态网站奠定基础。

8. JavaScript

掌握页面日期显示特效、随鼠标改变背景的特效、页面窗口特效、制作层特效、菜单类特效、文字滚动类和日期类特效等，并能综合应用这些知识解决简单的实际问题，为进一步学习网络编程奠定坚实的基础。

9. ASP.NET

掌握用户需求分析、数据库管理与维护、Web环境构建、Web编程、数据库信息访问、Web安全配置及Web运营与维护的能力，并具有初步的桌面编程能力和Web程序设计能力。

10. 综合实训

综合实训环节是专业教学计划中重要的组成部分，是专业人才培养模式改革的重要研究项目，也是本专业学生增强实践能力所必需的教学环节，是学生最终完成专业学习，达到专业培养目标的重要实践性课程。

实训环节的任务是结合相关技术岗位工作需求，整合专业课程的主要教学内容，综合运用所学的基本知识和基本技能，提高解决实际问题的综合应用能力。

项目一（Web 程序开发）：培养学生对系统功能分析设计、系统模块设计、数据库设计、系统详细设计、数据库应用系统的管理与设计开发和 Web 程序设计的综合能力。通过综合项目实训，使学生掌握软件开发项目工作流程，提高学生运用综合知识进行软件开发设计的水平，为企业实习奠定坚实的理论知识与技能操作基础。

项目二（网络设计与应用）：使学生能够根据实际情况，设计网络拓扑，进行网络布线，进行网络设备和计算机的安装。安装完毕后，能够根据网络的实际需求，对相关的服务器进行安装和配置，并正确配置客户端，使之能够应用于各种网络服务。完成实训后，应熟悉网络的一般拓扑结构，并熟悉基于 Windows 和 Linux 操作系统的服务配置，并能够根据客户需求对网络中的服务器进行正确合理的配置。

（三）选修课程设置及要求

1. 电子商务与信息安全

了解信息化的概念，了解软件在社会中的重要地位，并且初步了解如何应用软件来改造传统行业，初步掌握信息安全技术的现状和发展前景。

2. 企业管理

掌握现代市场经济中企业管理的基础理论和具体操作方法；了解和掌握现代企业管理的程序和措施，既提高理论素质，又增强动手能力，以便在各自岗位上为社会主义现代化事业做出自己的贡献。

3. 计算机组装与维护

了解计算机主要配件的作用、性能指标及各种硬件技术的发展趋势，掌握计算机常用外部设备的安装与设置，掌握计算机硬件组装步骤与调试方法，掌握计算机软件系统的安装与维护方法，能分析诊断计算机系统的常见故障，并能对常见故障进行排除。

4. Office 高级应用

掌握文字处理、图文混排、Word 的邮件合并、审阅、目录等高级功能的应用；能够在 Excel 中建立复杂的表格，并对表格进行格式化设置；能正确使用公式、函数、筛选、分类汇总、数据透视表等进行数据统计；会制作幻灯片，并能够合理设置幻灯片的切换和动画效果。

5. Linux 操作系统

认识和了解 Linux 软件的用途，学会 Linux 的安装，掌握 Linux 网络的组建，学会配置和管理各种 Linux 基础和应用服务，包括 NFS 服务、DHCP 服务、DNS 服务、WWW 服务、打印服务、Mail 服务、FTP 服务、SAMBA 服务、网络防火墙服务等。

6. 软件产品营销

熟悉营销技巧的应用方法；能从软件系统的结构、功能、服务等方面描述软件产品特点；能够熟悉典型软件产品（如 ERP、MIS、电子商务、教学系统等）的应用场所。

七、教学时间安排及课时建议（略）

此部分内容一般采用表格与附注说明的方式，限于篇幅，此处略去，读者可以很容易地通过搜索引擎在网上找到相关资料。

八、教学实施建议

（一）课程开发

1. 公共课程应着重人格修养、文化陶冶及艺术鉴赏，并应注意与专业知识技能相配合，尤其应兼顾核心课程的融入，以期培养学生基本核心能力。

2. 专业课程应根据软件企业相关岗位的实际工作过程和职业能力要求，采用行动导向的项目式教学，将教学过程设计为项目学习、项目实训、项目实习 3 个阶段，并详细设计每个阶段的课程内容，层层递进地实施项目教学。在项目学习阶段，通过示范项目的学习，使学生了解软件应用于项目开发的流程，接受基本技能训练和掌握基本知识点；在项目实训阶段，通过企业实践，再现项目的实战，学生经历软件应用及项目开发的流程，了解项目的设计和编码流程；通过项目实习，使学生经历从项目立项到项目部署的开发流程，让学生掌握整个项目开发的流程，完成职业能力到创新能力的跃进。学生每完成一个阶段的学习就可达到一个阶段的素质、技能、知识要求。

3. 课程全程执行“项目引领、任务驱动”的理论思想，让学生全面实践项目应用及开发的工作过程。课程内容以项目形式呈现，按照项目实施的顺序而不是学科内容的顺序划分为单元，通过项目将相关课程内容有机地结合起来。随着简单（项目学习）到复杂（项目实训）、案例到任务、任务到项目的逐步深入，全面推进课程教学内容，学生受项目任务的驱动，积极参与项目分析、项目设计与实施，完整地经历软件开发技术的入门学习到应用开发的全过程。课程以学生能够完成一个相对独立的开发项目为最终目标。

4. 核心课程教学应以实践为核心，辅以必要的理论知识，以配合就业与继续进修的需求，并兼顾培养学生创造思考、解决问题、适应变迁以及自我发展的能力，必须使学生具有就业或继续进修所需基本能力。

（二）教材编写与选用

1. 学校应制定教教材选用或编写的规范，以利教师编选合适的教材。

2. 学校应鼓励教师针对学生程度编选适合教材，教材应充分考虑中职学生的年龄特点和认知能力，文字表达通俗简练，采用图文并茂的形式，便于学生学习和掌握。

3. 教材内容由简而繁、由易而难，逐次加深课程的内容，以减少学习困扰及课程重叠，提高学习效率。

4. 教材的选择需要重视横向统一，相关科目彼此间需加以适当的组织，使其内容与教学活动统一，便于结合运用于实际工作中，并有利于将来学生的自我发展。

（三）教学实施

1. 教师应依据专业培养目标、课程技能能力要求、学生能力与教学资源，采用适当的教学法，以达成教学的预期目标。

2. 各课程教师于每学期开学之前应制定相应理论及实训教学计划。

3. 教师在教学过程中应注意同时学习原则，不仅要达成各单元的认知及技能目标，也应注意培养学生的敬业精神和职业道德。

4. 教师应通过教学过程，培养学生主动学习的能力以及一定的创新能力，以适应软件快速发展的社会环境。

（四）教学评价

学生成绩考核采用“过程化”+“项目化”综合考核模式。

1. 改革考核手段和方法，加强教学过程环节的考核，主要从学生对项目的分析、设计、实施过程进行考核。

2. 结合课堂提问、学生项目分析、设计、项目实施过程、技能竞赛及项目完成情况，综合评定学生的成绩。

3. 应注重对学生动手能力和在实践中分析问题、解决问题能力的考核，对在学习和应用上有创新的学生应特别给予鼓励，全面综合评价学生能力。

九、专业师资配置标准

1. 具有中等职业学校教师任职资格证书。

2. 专业教师学历职称结构合理，80%以上专业教师是双师型教师（具有高级工技能证书），20%以上具有技师或高级技师技能证书，90%以上专职实习指导教师具有高级工技能证书。建议聘请4～10名企业技术人员作为外聘教师。

3. 师资配置分级

专业分级	文化教师	专业教师	实习指导教师	兼职教师	学生人数
A		3	1	1	
AA		4	2	1	
AAA	5	4	3	2	100
AAAA		5	3	3	
AAAAA		6	4	3	

十、专业技能实训室及仪器设备配备标准

级别	CPU	内存	硬盘	显卡	数量（台/百人）	概算（元/台）
A	双核 1G	2G	40G	集成	50	3000
AA	双核 1G	2G	80G	集成	50	3200
AAA	双核 1.7G	2G	160G	独显（256M）	100	3600
AAAAA	双核 2G	2G	250G	独显（512M）	100	4000
AAAAAA	双核 2G	4G	500G	独显（1G）	100	4600

十一、专业课程（项目）教学基本要求（以VB.NET程序开发为例）

VB.NET程序开发课程教学基本要求

一、课程性质与任务

本课程是软件与信息服务专业的专业基础课，同时也是本专业的核心课程之一。本课程是通过完成训练项目，使学生掌握面向对象编程方法，掌握类、继承、对象、重写和重载等重要概念及其基本应用方法，灵活应用ADO.NET知识，具有开发Windows窗体以及Web窗体的能力，并为学生熟练使用.NET框架和进一步学习ASP.NET奠定坚实的基础。

二、课程教学目标

通过本课程的学习，使学生掌握程序设计语言的基本知识、面向对象的基本概念，程序设计的基本方法与思路，其中包括数据类型、基本语句、模块化程序设计、常用算法、界面设计、面向对象程序设计，具有编写简单的Windows应用程序以及Web窗体的能力等，并能综合应用这些知识解决简单的实际问题，为学生熟练使用.NET框架和进一步学习ASP.NET奠定坚实的基础。同时，培养学生一定的项目开发能力、团队协作的精神以及适应信息化社会要求的自学能力和获取计算机新知识、新技术的能力。

三、授课课时：72课时。

四、课程学分：4学分。

五、教学内容与要求

序号	教学内容	教 学 要 求	课时
一	认识 VB.NET 集成开发环境	1. 了解 VisualStudio.NET 语言的安装与卸载、启动与关闭 2. 了解 VisualStudio.NET 集成开发环境	2
二	数据类型及表达式的应用	1. 掌握 VB.NET 的语法规则 2. 学习 VB.NET 表达式和常用系统函数的使用	4
三	流程控制语句及应用	1. 熟练地掌握 VB.NET 提供的 3 种选择语句（单向选择语句、双向选择语句、多项选择语句）、6 种循环控制语句、3 种循环退出语句的用法 2. 掌握输入对话框函数和输出消息框函数的应用 3. 掌握简单的程序调试方法 4. 进一步了解 VB.NET 开发环境	10
四	数组及应用	1. 掌握 VB.NET 数组的使用方法，学会如何在实际的程序设计中应用数组来解决问题、学习 Foreach 语句及函数 LBound 和 UBound 用法 2. 进一步了解 VB.NET 开发环境	6
五	过程与函数的概念及应用	1. 掌握 VB.NET 事件过程、通用过程、函数过程的创建 2. 掌握过程中参数传递方式以及数组作为函数的参数、可选参数、参数数组的用法 3. 进一步学习 VB.NET 过程和函数的调试方法	6
六	窗体与文本类控件的应用	1. 熟悉 Windows 窗体的基本属性和方法的调用 2. 熟练地掌握常用文本类控件（Label 控件、TextBox 控件、RichTextBox 控件）的基本属性及方法的使用	6
七	按钮、列表类等控件的应用	1. 熟悉常用按钮类、列表类、图片控件、时钟控件、进度条、跟踪条、滚动条等控件的常用属性、方法、事件的调用 2. 掌握常用按钮类、列表类控件的基本设计和代码编辑	6
八	对话框控件的应用	1. 熟悉常用的标准对话框控件（FontDialog、ColorDialog、OpenFileDialog、SaveFileDialog、MsgBox、InputBox、用户自定义对话框）的常用属性的使用，以及其方法的调用 2. 掌握常用标准对话框的编辑与应用	6
九	菜单和多文档界面的设计	1. 熟悉 MainMenu 和 ContextMenu 控件的使用，掌握菜单的一般设计方法 2. 熟悉 MDI 标准菜单、子窗口的激活和使用，掌握 MDI 应用程序的设计方法	4
十	面向对象程序设计	1. 熟悉并理解类、构造与析构函数、属性设置的概念与方法 2. 掌握类的创建及事件、方法、属性的创建方法，进一步巩固类的继承、重载、重写的应用	8
十一	简单数据库的编程	1. 熟悉 VB.NET 中数据库常用组件的使用 2. 掌握数据库的基本操作，如浏览、输入、编辑、删除及查询等功能的实现	14

六、教学实施建议

参照培养方案的教学实施建议部分。

思　考　题

1. 为什么要制定《中等职业学校专业教学标准》？与软件技术相关的中职专业教学标准有哪几个？

2.《中等职业学校软件与信息服务专业教学标准》有关该专业人才培养规格的意义是什么？其内容是必须遵守的吗？

3. 应如何根据《中等职业学校软件与信息服务专业教学标准》设置专业课程？

4. 如何结合地方与学校的实际情况来设计专业培养方案？

5. 结合一个学校的实际，设计一份软件类专业的人才培养方案。

第5章　中职软件类专业教学法

【学习目标】

1. 熟悉教学法的概念、类型与选用原则。
2. 熟悉传统教学法的特点在软件专业教学中的应用。
3. 掌握行动导向教学法的含义、类型及其在软件专业教学中的应用。
4. 了解软件专业教学中的其他常用教学法。

中职软件专业的课程大多数属于操作性与实践性很强的课程，在教学法的选用上应该体现行动导向、工学结合的职业教育教学特征，但也不能拘泥于形式，为了方法而方法，在一些概念性、知识性为主的课程或教学单元中，运用好启发式的传统教学方法，反而会收到较好的教学效果。本章从复习教学法的概念、类型、选用原则起步，在对适合中职软件专业教学的传统教学法（可称为经典教学法）结合软件教学实际进行简要介绍的基础上，重点介绍在职业教育中普遍受到重视的行动导向教学法，并结合软件教学的实例，重点介绍任务驱动、项目教学、引导文教学、案例教学等教学法。

5.1　教学法概述

目前，关于教学方法仍然没有一个科学、标准、为各学派普遍承认的定义。一般认为教学方法是师生为了达到教学目的而开展的教学活动的办法的总和，是在一定教学思想指导下教学过程及组织形式的总和。教学方法简称教学法，包括教师教的方法与学生学的方法。

由于时代的不同，社会背景、文化氛围的不同，由于研究者研究问题的角度和侧面的差异，人们对“教学法”概念的解说自然不尽相同。但是它们之间在许多方面仍然有着很大程度上的一致性。

（1）教学法要服务于教学目的和教学任务的要求。

（2）教学法是师生双方共同完成教学活动内容的手段。

（3）教学法是教学活动中师生双方行为体系。

可以从以下几个方面来理解教学法的本质特点：

（1）教学法体现了特定的教育和教学的价值观念，它指向实现特定的教学目标要求。一方面，确定的教育与教学观念，在一定的程度上影响和决定着教学法的选择、运用；另一方面，一定的教育与教学价值观念，又是依靠相应的教学法得以实现和达成的。

（2）教学法受到特定的教学内容的制约。在学校的教学活动中，教学法与教学内容有着一定的统一性。教学法总是特定的教材内容的方法，教材内容也总是方法化的。

（3）教学法要受到具体的教学组织形式的影响和制约。在教学活动中，不同的教学组织形式，不可能运用统一的教学法。当然，教学法确定之后，教学的组织形式也要受到一定的约束和限制。

5.2 教学法分类

有关教学法的研究，国内外存在着不同的流派，这些不同的流派对教学法的分类标准各不相同，按照这些不同的分类标准，根据某种教学法的特征，目前存在着数百种、甚至上千种通用或专用的教学法，下面简要列举一下常见的教学法。

需要指出的是，随着教育教学理论与教学实践活动的不断发展，基于新思维、新理念、新技术的教学法也被不断地创造出来。比如基于移动终端的电子书包教学法、基于虚拟环境的虚拟人指导法等。

1. 巴班斯基的分类

巴班斯基把教学法划分为 3 个大类，再把每一大类划分成几种小类，而每个小类别又包含着若干种教学法，由此构成一套完整的教学法体系，如表 5.1 所示。

表 5.1 巴班斯基的教学法分类

第一类方法				第二类方法		第三类方法		
组织和实施学习认识活动的方法				激发和形成动机方法		教学中检查和自我检查方法		
一	二	三	四	一	二	一	二	三
按传递和接受教学信息来源分类（感知的方法）	按传递和接受教学信息逻辑分类（逻辑的方法）	按学生掌握知识时思维独立性分类（求知的方法）	按控制学习活动的过程分类(科学学习的方法）	激发学习兴趣的方法	激发学习义务和责任感的方法	口头检查的方法	书面教学的方法	实验室与实际操作的检查方法
● 口述法 叙述 谈话 讲演 ● 直观法 图示 演示 ● 操作法 实验 练习 劳动	● 归纳法 ● 演绎法 ● 分析法 ● 综合法	● 再现法 ● 探索法 ● 局部探索法 ● 研究法	● 教师指导下的学习方法（独立作业） ● 读书作业、书面作业、实验室作业、劳动作业	● 游戏教学讨论、创设道德体验情境、创设统觉情境、创设认识新奇情境	● 说明学习意义提出要求 ● 完成要求 ● 练习学习的奖励 ● 对学习缺陷的责备	● 个别提问 ● 面向全班提问 ● 口头考查 ● 口试 ● 程序性提问	● 书面测验 ● 作业书面考查 ● 书面考试 ● 程序性的书面作业	● 实验室测验作业 ● 机器测验

2. 拉斯卡的分类

拉斯卡认为，教学法是教师发出刺激和学生接受刺激的程序。所以教学法中的任何一种都与不同类型的学习刺激有关。依据在实现预期学习结果中的作用，学习刺激可分为 A、B、C、D 四种，因而各种教学法就可以据此相应地归类为 4 种基本的或普通的教学法：呈现方法、实践方法、发现方法、强化方法。拉斯卡教学法的基本特征如表 5.2 所示。

表 5.2　拉斯卡的教学法分类

方法	学习过程的假设	教师作用	提供学习刺激类型	学生作用	运用的特定方法
呈现	基本上无意识地学习，不需要学生特别能力，大脑是容器，知识来自外部	选择并用适当顺序呈现学习刺激	A 种刺激（前反应）	消极	讲授；图片；校外考察；示范等
实践	学生逐步达到预期目的，逐步完成学习任务，需要实践	确定学习题目和组织实践活动	B 种刺激（前反应）	积极	朗诵；训练；笔记本作业；模仿等
发现	学习经过努力发现预期学习成果，知识来自内部	组织和参与学生的发现活动	C 种刺激（前反应）	积极	苏格拉底法；讨论；实验等
强化	学生表现出对学习结果的特定行为后，给予奖励或强化	提供系统的强化	D 种刺激（后反应）	积极	行为矫正；程序教学等

3．威斯顿和格兰顿的教学法

威斯顿和格兰顿在他们的《教学法的分类及各类方法的特征》一文中，根据教师与学生交流的媒介和手段，把教学法分为四大类：教师中心的方法、相互作用的方法、个体化的方法、实践的方法。这 4 类方法及它们包含的具体教学法如表 5.3 所示。

表 5.3　威斯顿和格兰顿的教学法分类

教师中心方法	相互作用方法	个体化方法	实践方法
1．讲授 学生是被动的；对低水平学习和大班有效 2．提问 检查学生学习；鼓励学生参与学习；可能引起焦虑 3．论证 学生是被动的；能说明概念和技能的应用	1．全班讨论 班级应小一些；鼓励学生参与学习；可能浪费时间 2．小组讨论 小组应小一些；学生参与活动；对高水平学习有效 3．同伴教学 需要认真计划和指导；可利用学生优点；鼓励学生参与学习活动 4．小组设计 需要认真计划；对高水平学习有效；鼓励学生参与学习活动	1．程序教学：对低水平学习最有效；结构严谨有反馈信息；学生可按自己的速度学习；可能浪费时间 2．单元教学：总计划灵活；学生可按自己的速度学习；可能浪费时间 3．独立设计：最适宜较高水平的学习；学生是主动的；可能浪费时间 4．计算机教学：需要时间和金钱；非常灵活；学生可根据自己的速度学习；学习活动多样	1．现场教学：学习活动在现场教学；学生积极参与学习；管理和评价较困难 2．实验教学：学生积极参与学习；需要认真计划和评价 3．角色扮演：对情感和技能领域的学习更有效；学生是主动的；需要提供“安全”的经验 4．模拟和游戏：可提供特殊技能的实践；学生是积极的；一些学生可能会产生焦虑 5．练习教学：提供积极的实践机会；最适合低水平的学习；有时不能引起学生动机

4．李秉德的分类

李秉德教授在其主编的《教学论》一书中，把中国中小学教学活动中常用的教学法分为 5 类，如表 5.4 所示。

表 5.4　李秉德的中小学常用教学法

编号	名称	特征与具体表现形式
1	以语言传递信息为主的方法	主要是通过教师运用口头语言向学生传授知识、技能以及学生独立阅读书面语言为主的教学法。这类教学法在教学活动中主要有讲授法、谈话法、讨论法、读书指导法等。其中，讲授法是在中小学课堂教学中应用最广泛的基本方法，它在实际的教学活动中又可以具体表现为讲述、讲解、讲读、讲演等多种形式
2	以直接感知为主的方法	在教学活动中，教师通过实物、直观教具的演示、组织教学参观等，使学生利用自己的各种感官，直接感知客观事物、客观现象而获得知识信息的方法。在实际的教学中，主要有演示法和参观法

续表

编号	名称	特征与具体表现形式
3	以实际训练为主的方法	通过实践性的教学活动，使学生的认识巩固和完善所学知识、技能、技巧，使学生的认识能够向更高一层次发展。在教学活动中，以实际训练为主的方法包括：练习法、实验法、实习作业法等
4	以欣赏活动为主的方法	教师利用教学内容和教学艺术形式创设一定的情境，使学生通过体验客观事物的真、善、美，陶冶情操、兴趣、理想和审美能力的方法
5	以引导探究为主的方法	教师组织和引导学生，使他们通过独立的探究和研究活动而获取知识的方法。以引导探究为主的方法主要是发现法、探究法等

5. 黄甫全的层次构成分类

根据从具体到抽象的人类认识规律，黄甫全认为教学法由 3 个层次构成：第一层次是原理性教学法；第二层次是技术性教学法；第三层次是操作性教学法。表 5.5 对这 3 个层次的教学法进行了归纳与举例。

表 5.5　黄甫全的三层次教学法

层次	对象问题	特点	举例
原理性	1. 师生的关系和地位 2. 学生与内容的关系 3. 教学价值取向	1. 抽象性 2. 适用于各种内容和各种形式 3. 无固定程序 4. 原理性：起指导作用	启发式；发现式 设计教学法；注入式
技术性	1. 师生与不同性质内容的相互关系 2. 媒介问题 3. 教学价值取向	1. 抽象与具体相统一 2. 适用于相同性质内容 3. 具有一般性程序 4. 技术性：中介作用	讲授法；谈话法；演示法；参观法；实验法；练习法；讨论法；读书指导法；实习作业法
操作性	1. 教学过程与学习过程的相互关系 2. 内容与手段的时间结构问题	1. 具体性 2. 内容的特定性 3. 有固定程序 4. 操作性：课堂教学的实用价值	语文课的分散识字法；外语课的听说法；美术课的写生法；音乐课的视唱法；劳动技术课的工序法

5.3　专业教学法

专业教学法是指在职业学校各种专业课的教学中采用的教学法。职教领域的专业教学法是指在一定教学思想指导下，按照职业技术教育特点开展教学活动、组织教学过程的形式和方法。随着职业技术专业教学法研究的日益深入，职业技术的教育理论与实践发生了两个方面的变化：一是教学目标从理论知识的传授为主到职业能力培养为主的转变，从而导致教学法从“以教为主”的“教法”转向“以学为主”的“学法”；二是教学活动的重心从教师单向讲授的行为转向师生互动的双向教学互动，从而导致教学法从“讲授法”向“互动法”的转变。

职业学校的专业教学改革是一个不断发展、深化的过程。早期专业教学普遍采用普教领域中的讲授法、实验法、演示法等传统教学方法传授知识和技能。20 世纪 90 年代末期，随着国家随着教育结构的调整，职业教育得以快速发展，专业教学法在各级职业技术学校受到重视，许多职业学校的专业针对学生文化基础薄弱、缺乏专业学习兴趣等特点，开始尝试以行动导向为代表的专业教学法，如任务驱动教学法、项目教学法、四阶段教学法、黑箱教学法、引导文教学法等。

5.3.1 专业教学法的现状

进入 21 世纪以来，政府、社会与职教界充分认识到职业教育是提高国民素质、增强综合国力、培养高素质劳动者的核心要素之一。2000 年，教育部印发了《关于全面推进素质教育、深化中等职业教育教学改革的意见》，要求中等职业学校采用新的教学方法和手段，特别是要采用有利于提高学生全面素质和综合职业能力的教学方法，强调现代教学媒体的开发与运用，更加凸显对学生学习能力的培养及考核评价。2007 年、2009 年教育部又相继颁布了《关于制定中等职业学校教学计划的原则意见》，对中等职业学校的培养目标、各类课程比例等进行了相应要求，提出要坚持“做中学、做中教”，高度重视实践和实训教学环节，强化学生的实践能力和职业技能培养，提高学生的实际动手能力。2007 年，教育部、财政部开始实施“中等职业学校教师素质提高计划”，着手中等职业教育培训项目包的开发工作，对中等职业学校教师进行系统的教学法培训，并要求 70 个项目组研发各专业的教学法。2008 年，为贯彻落实党的十七大精神和《国务院关于大力发展职业教育的决定》（国发［2005］35 号），提高中等职业教育的教学质量和办学效益，推动职业教育又好又快发展，教育部颁布了《关于进一步深化中等职业教育教学改革的若干意见》，要求深化课程改革，努力形成就业导向的课程体系，加强学生职业技能培养，高度重视实践和实训教学环节，突出“做中学、做中教”的职业教育教学特色。2010 年，在全国教育工作会议闭幕、《国家中长期教育改革和发展规划纲要（2010-2020 年）》颁布之后，教育部召开了进入 21 世纪以后的第一次中等职业教育教学工作会议，来自北京、天津、辽宁、江苏、湖南、广东、陕西、新疆的 8 名教师做了教学改革创新经验介绍，组织考察了上海市 6 所中等职业学校，旁听了 4 节观摩课，开通了全国中等职业教育数字化学习资源平台。在此基础上，2013 年又召开了职业教育教学改革创新工作会议，第一次将中等职业教育和高等职业教育教学工作统筹研究、统一部署、系统推进。大会提出，要加强区域联合、优势互补、资源共享，组织开发一批具有职业教育特色、满足培养需求的多媒体教学资源、网络课程和模拟仿真实训软件。要积极推动信息技术环境中教师角色、教育理念、教学观念、教学内容、教学方法以及教学评价等方面的变革。引导和支持教师在教学中广泛运用信息技术，激发学生的学习热情，增强教学的针对性、实效性和吸引力，促进教学质量的提高。

此阶段行动导向教学法在不同专业教学中广泛应用，教育部通过多次召开会议以及颁布职业教育教学改革意见，不断加强中等职业学校的教育教学改革，强调学科体系教学向行动体系教学转变，加强实习实训环节的教学，各地中职教师从实践层面探索行动导向法的运用，尝试解决知识灌输、与生产和生活实际联系不紧密，对知识应用、创新精神和实践能力培养重视不够等教学方面存在的问题。通过应用行动导向教学法，学生成为教学活动的中心，以学生主动学习为前提，教师在活动中发挥指导、引导的作用，通过学生独立或小组合作完成学习任务，全方位、多角度培养学生计划、决策等实际工作的能力。

2003 年，谢延亮发表“中职专业课程的逆式教学法设计”一文，初步探讨了“逆式教学设计”在中职电子类专业课程教学中的应用；2006 年，胡雪林发表“行动导向教学法在计算机组装与维护专业教学中的应用”一文，阐述了行动导向教学法的基本原理及其在计算机组装与维护课程教学中的具体应用，并对行动导向教学法进行了深入分析。2009 年，上海信息技术学校组织教师集体编写了《职业教育教学方法》一书，将一线教师多年的职业教育教学经验和教学理论相结合，提炼出 10 种职业教育教学方法。这期间，还有其他学校的教师在不同专业上进行了有益的尝试，取得了非常好的教学效果。需要注意的是，引自德国的行动导向教学由于应用的环境和体制不同，还需要进行本土化改造，特别是要结合课程改革进行。此阶段职教研究者从理论方面也对专业教学法进行深入的探讨，涌现出丰富的研究成果。2002 年，刘春生主编的《职业教育学》对按照理论教学、实践教学等对教学方法进行了分类，并逐一说明了各教学方法的内涵、应用条件等。2007 年，同济大学陈永芳出版了《职业技术教育专业教学论》一书，以电气专业为例，充分论述了专业教学论的内涵、专业教学与职业领域、劳动组织方式等，对电气专业不同类课程的教学设计、教学方法等进行了研究，是系统介绍职业教育专业教学法的首本专著。2009 年，北京师范大学出版社出版了孟庆国的《现代职业教育教学论》，2010 年，又出版了黄艳芳主编的《职业教育课程与教学论》，进一步介绍了职业教育的教学方法分类、应用和教学手段以及各种教学方法的教学过程等。2011 年，邓泽民在其《职业教育教学论》一书中介绍了不同的教学方法，赵志群在《德国职业教育的教学法体系》一文中指出，教学法是在一定教学思想指导下的教学方式、教学方法以及教学组织形式的总和。此外，还有众多的研究生将专业教学法的研究作为学位论文的选题，从理论层面进行了深入的研究，对专业教学法理论体系建设起到重要的作用。

此阶段，不同类别的专业教学法专著或教材也开始出现，比如张骥祥的《现代职业教育电类专业教学法》、孙爽的《现代职业教育机械类专业教学法》、关志伟的《现代职业教育汽车类专业教学法》等，都结合某一专业课程的教学设计、教学内容的开发、各类专业课程的教学方法进行了深入的分析，内容编排上突出了职业教育职业能力的培养，强调可操作性。2012 年，北京师范大学出版社出版的黄旭明主编的《中等职业学校计算机软件专业教学法》和王振友主编的《计算机及应用专业教学法》两本书比较全面地介绍了基于行动导向的教学法在中等职业学校计算机应用、计算机软件等专业的应用。

2012 年，“中等职业学校教师素质提高计划”开发的 70 个专业教学法的相关著作相继出版。总体来说，专业教学法体系建设取得较大发展，但还需要职教师资培养单位对专业教学法课程更加重视，出版更多的专业教学法专著，承担更多的职教师资培养项目，从而进一步推动专业教学法的体系化建设。

5.3.2　专业教学法的趋势

1. 系统化

我国目前已逐渐重视专业教学法在职业技术教育中的作用，也在不断尝试引进一些新的专业教学法，派出大批中等职业学校教师去德国、澳大利亚等国学习，在借鉴中不断对现行的专业教学法进行本土化研究。

我国职业教育专业教学法已经有了一定的理论基础，但对专业教学理论系统的研究还需进一步加强，职教师资培养单位在教师教育类课程设置中还未充分重视专业教学法，一些专业教学法在运用中会遇到障碍。例如，在运用项目教学法时，很多项目是教师选择好的，缺乏学生的参与设计，项目仅作为一门课程局部地选用，而没有从整体的课程改革出发将项目系统化，教师仅重视项目的完成而忽略基础知识的掌握；应用过程中缺乏对教学条件、教学环境的总体分析与设计，为了运用而运用，缺乏对项目教学应用外部环境要求的掌控。特别是在教学实施过程中，缺乏对中职学生先前学习习惯的认真分析，对于如何培养他们主动学习的思维习惯，教师很少去考虑，只是为了改革而改革。因此，在借鉴国外先进教学思想的基础上，还要考虑我国的教育实际以及学生的特点，将传统教学法的长处与项目教学法的优势有机结合，让学生逐步养成自主学习的习惯，在已有的经验中建构知识和技能框架。总之，专业教学法的系统化建设是一个漫长的过程，对有效的专业教学法要进行深入研究，从而丰富我国的专业教学法理论体系。

2. 合作化

随着职业教育教学改革的深化，专业教学法必将走向合作化，这种合作不仅体现在理论课与实践课教师间、不同专业课程教师间、文化课与专业课教师间等多方合作教学，也包括不同学生间进行小组间的合作学习，还包括教师与学生间教学过程的密切合作与互动。2010年 6 月，教育部、人力资源和社会保障部、财政部共同启动实施国家中等职业教育改革发展示范学校建设计划，中央财政投入 100 亿元，分 3 批遴选支持 1000 所中等职业学校深化改革，为全国职业教育改革发展发挥引领示范作用。通过国家中等职业教育示范校建设成果展示平台查看这些示范校的成果，许多学校人才培养方案在制订过程中对学生未来面向的职业岗位需求进行分析，从行动领域来构建学习领域课程方案。每一个学习领域涉及不同课程的内容，原有的学科体系被打破，对教师的要求不再是某一学科的专家，更强调综合学习领域的教师合作，既有不同课程教师的合作，也有理论与实践教师的合作。特别是在实施项目或任务教学时，一位教师很难完成几十位学生的现场指导，需要两位以上教师互相配合完成教学。学生之间的合作学习也将更加紧密，在实际的学习情境中完成项目或任务将以小组为单位，更需要学生的协作、配合，在协作中充分发挥每个人的优势，使每个人都有自我设计、自我定位的新空间，这样才能取得更好的学习效果。在充分体现教与学相结合的同时，也要体现学生的个性化需求，教师要掌握各种教学学方法的运用要求及特点，分层次、分类型选择不同的学习策略，灵活运用各种教学法，从而使学生积极地参与到教学中，有效激发学生的学习兴趣。

3. 技术化

随着教育技术的空前繁荣，教学中多媒体与互联网技术的使用越来越频繁，专业教学法也逐渐走向“技术化”。运用先进的教育技术，教师可以创设良好的学习环境，学生可以使用互联网技术进行自主学习，教师与学生之间可以突破时空限制进行交流与互动。例如，借助于丰富多彩的多媒体课件，教师以交互的方式，综合运用图形、文本、动画、视频、声音等形式，将抽象的知识和技能变得更加生动、形象，将冗长的讲授变得简洁、直观，使学生可以自由选择适合自己的学习方式，成为主动的学习者。近年来，微课、慕课在职业教育领域得到广泛应用。2014 年在上海成立的中国职业教育微课程及 MOOC 联盟，是由教育部职业技术教育中心研究所具体指导和参与，同济大学职业技术教育学院、全国中等职业学校校长联席会议、上海景格科技股份有限公司倡导，北京市昌平职业学校等 30 多所职业、中职学校、研究机构及相关企业共同发起的民间组织，通过各单位间的深入合作开展协作研究，提高信息与资源共享水平，通过微课、慕课平台上的共享资源，反转课堂，改变传统的教师与学生角色，实现教学的创新。2014 年，在国务院印发的《关于加快发展现代职业教育的决定》中明确指出，提高职业教育的信息化水平，支持与专业课程配套的虚拟仿真实训系统开发与应用。在教学领域应用虚拟仿真技术，可以使专业学习与生产实践活动有机融合，能够创设学习的最佳环境与情境，践行做中学等先进教学理念。总之，现代教育技术不仅具有媒体信息处理和人机交互功能，更重要的是能够利用网络实现资源共享，为学生提供获取知识、技能的新途径，从而推动专业教学法的改革与发展。

5.3.3　专业教学法的选择与优化

1. 专业教学法的选择

针对教学系统的三要素（学生、教师和外部条件）和教学过程的各种成分（教学的目的、内容、方法、形式、手段及预期结果），教学法的选择依据包括以下几方面。

1）依据教学规律和原则

职业教育注重培养学生的实际应用能力，强调实践性教学的重要性，注重培养应用型和创新型人才，因此，教学法的合理选择也应根据职业学校的教学活动的特点和规律，要根据最优的发展原则来选择合理、有效的教学法，从而达到理想的教学效果。

2）依据教学目标和任务

教学法是为实现教学目标服务的，要选择与教学目标和任务相适应的、能够实现教学目标和任务的教学法。中职专业课的教学要求中对学生应达到的知识目标、技能目标、情感目标提出了明确要求，而实现目标，则需要有与目标相适应的教学方法。知识目标的实现，适合采用讲授法、讨论法等；如果是形成和完善技能、技巧，比较适合采用实验法、角色扮演法等。在教学内容方面，教学内容对教学方法的选择起到制约作用。在一些知识性学科教学活动中，选择讨论法、合作探究法等教学方法比较有效。即便在同一学科里，教学内容也有不同的特点。因而，面对这些具体的、特定的教学内容时，也要采用不同的教学方法。

3）依据学科和教学内容的特点

教学法的选择与运用往往会受到专业特点、学科性质与教学内容的制约。例如，软件类专业往往需要较多地选择任务驱动教学法、项目教学法、案例教学法等，以提高学生解决软件企业实际问题的能力；还可通过参观法、见习法，使学生熟悉软件企业工作环境、工作流程、企业文化等，提高学生的职业认可度与实际业务能力。同一学科在不同教学阶段或不同教学内容中，往往也可采用不同的教学法。教学法不但要符合学科的特点，还要符合教学内容的特点。有些内容适合讲授法，有些内容适合实验法，更多的情况是几种教学方法配合使用才能准确地表达教学内容。

4）依据教学对象的实际

教师对教学方法的选择要因材施教，考虑学生的学习基础、接受能力和适应性，适合学生个性特质，根据学生的个性心理特征和认知结构，选择能促进学生知识、品性和技能发展的教学方法。学生是教学活动的主体，教师在选择教学法时，必须全面深入地了解学生情况，从学生角度考虑问题。学生学习习惯的养成、工作过程的思考方法、职业道德素质的培养都是在教学中应当考虑的因素。学生的年龄发展阶段与知识水平不同，要求运用不同的教学法。

如低年级的职校生形象思维比较活跃，高年级职校生抽象思维发展快，注意力比较稳定，在教学中，对低年级学生教师一般采用直观性教学法，比如演示、视听、参观等；同一年级或同一班级学生之间也存在明显的个体差异，教师在教学中可选择适合个别需要的教学方法，如单独辅导、个别谈话等。如对于缺乏必要的感性认识或认识不够充分的学生，就必须结合直观演示法以加深理解；如果学生处于对知识的习得阶段，采用情境教学法就比较适宜；如学生处于迁移与运用知识阶段，采用活动教学法比较有效。

5）依据师资实际条件

师资条件包括教师实际经验、修养、业务水平、个性品质等。教学法要适应教师的实际条件并为教师灵活应用，才能发挥良好的作用，收到好的教学效果。无论多么好的教学方法，若教师缺少驾驭该方法必要条件，也不能在教学实践中产生良好的效果。很多教师有自己独特的教学风格，在教学中形成自己的独特优势。教师自身的素质条件应成为选用教学法的重要因素。同时，教师应根据自身的特点、教材特点、学生特点，探索有效地教学法。在具体教学中，教师一方面要不断提高灵活运用各种教学法的能力；另一方面，教师要实事求是地采用行之有效的教学法，还要考虑选择最能发挥自己特长的教学法，在教学中要扬长避短，逐步全面地提高自己的教学水平。

6）依据客观教学条件

这些条件包括社会条件、学校环境条件、教学设备条件、教学材料条件、教学时间保障、卫生保健条件、教育技术手段及环境等。如果这些条件不具备，就会限制某些教学法的运用。例如：参观法要有参观的对象和参观的条件；实验法要有实验设备和实验材料等。教学活动的有序进行，要求教师能在稳定的教学时间里完成教学任务，达到培养学生能力的目的。一般情况下，专业教师在进行教学设计过程中要考虑很多因素，不能因为教学法而影响教学目的，教学法要根据实际情况灵活处理，适时调整。

现代教学的发展与教学技术手段的广泛运用，要求教师不断学习，更新知识，熟练应用现代化教育教学设备。在教学实践中，任何一种教学方法的选用与教师的职业道德、专业水平、教学能力等有着密切的关系。教学方法只有被教师理解和掌握，才能发挥良好的效果。一个专业能力和教学能力强的教师，能灵活选择和应用不同的教学方法，达到教学目标。教学设备、时间充足与否决定了教师选择和应用不同教学方法的可能性。如果教学设备充足，电化教学条件好，就可以采用多媒体演示，进行直观教学。如果实训车间完善，则可以进行实验实习，现场教学，实现技能、能力目标。

2. 专业教学法的优化

根据巴班斯基的教育教学最优化理论，最优化的教学法应具备以下 5 个方面的条件：认同感——即教师所采用的教学法得到了学生理智和情感上的认同；参与度——能促进学生积极参与、主动合作；综合化——教师运用的方法是集中了各种方法之长而达到集约化、最优化；实效性——优质高效、省时低耗；移情性——符合美的规律和原则，能使学生产生积极的移情体验。因此，在职业学校的教学工作中，教师要有意识地进行反思性教学，形成自己的教学风格，根据学生学习的可能性，面对客观条件，不断调整和改进教学法的运用技巧，以实现教学过程的最优化。

在具体教学中，要充分考虑选择教学法的依据，使教学法与教学内容、教学对象的特点、教学的时间和条件，以各种不同的方式较好地结合起来。职业教育的教学法是讲解性与实践性的统一，继承性与创造性的统一，同时也具有科学性和艺术性双重特性。一方面，任何教学法的选择和运用，要遵循教学规律；另一方面，要根据实际情况，对教学法进行再创造、再加工，将具体的教学法艺术性地运用于教学实践。这就是人们常说的："教学有法而无定法，贵在得法"。在职业学校的教学中，教学法不仅具有层次之分，而且各种常用的教学法都有其自身的适应场合。作为教师，首先应了解各种教学法所适应的情境，综合、灵活地运用教学法，避免在教学资源及教学时间方面造成不必要的浪费。

各种教学方法都有其特点和局限性，在教学中，由于专业不同、学科不同、教学内容不同、学生的情况不同等，因此，任何一种教学活动都应综合使用各种教学方法，把各种教学方法有机结合、合理运用、取长补短。教师对教学方法掌握得越多，就越能找到适合特定情景的教学方法，达到预期效果。例如：讲授、讨论、问答等教学方法，对学生知识的掌握、抽象思维的发展非常有利，但不利于技能、技巧的形成；参观、演示等直观教学法形象、生动，但过多使用这类教学方法，又不利于学生抽象思维、逻辑判断能力的形成；实验、练习、实习等操作性教学方法，有助于理论知识的巩固和技能、技巧的培养。

教学方法有多样，虽然教师在备课时根据教学目的、任务、内容和学生的实际情况设计了某种具体的教学程序和教学方法，但是，在实际的教学活动中，存在各种可能的变化。这要求教师在教学方法的选择使用中要灵活，随时把握好不同方法的应用。根据教学中出现的特殊教学情境，巧妙地因势利导，灵活采取一些新颖、有效的教学方法，提高教学效率。

5.4　经典教学法及其应用

尽管基于行动导向的专业教学法是职业技术各专业教学中的研究热点，是目前职业技术教学中所提倡的主流教学法，但经典教学法仍然是计算机软件教学中不可或缺的教学法。一方面，行动导向教学法有其特定的适用范围，主要应用于操作技能培养、职业能力的养成等实践性较强的教学工作，而对于计算机软件的基础知识，比如二进制运算、程序设计基础等概念性理论性较强的内容，采用经典的讲授、讲解、演示等教学法仍然是较好的选择；另一方面，行动导向教学法的应用需要一定的环境，比如与企业实际工作环境相同或相近的模拟教学项目与场地，而这样的条件不是随时都能具备的。

经典教学法又称为传统教学法，根据不同的视角与语境，经典教学法的内涵与外延也是丰富多变的，此处的经典教学法是相对于近年来流行于职业技术教育领域的"基于行动导向"与"工作过程"的一些教学方法而言，其常见的名称包括"讲授法""讨论法""读书指导法""练习法""演示法""实验法""参观法""实习法""实训法"等。掌握好经典教学法的原理、应用要点与典型方法，既是做一个优秀软件专业教师的基础，也是更好地运用行动导向教学法的前提。下面结合计算机软件的具体知识点的教学，介绍几种常用的经典教学法。

需要补充说明的是，近年来在各种媒体上经常出现"探究式教学法""问题型教学法""资源型教学法""研究性教学法""协作型教学法""虚拟性教学法""游戏性教学法""活动型教学法""支架式教学法""抛锚式教学法""WebQuest 教学法""四阶段教学法"等各式各样的教学法，主要是建构主义教学理论与普通中小学教学实践相结合所产生的另一角度"新型教学法"，其主要特征是强调以学生为主，由传统的"教师教"转向现代的"学生学"，侧重于启发学生学习的主动性与培养学生的创造性，但起不到职业技术教育领域中的对学生职业能力开发、工作能力养成的作用。

5.4.1 讲授法

1. 概念与要点

讲授法是教师主要运用口语，系统地向学生传授科学知识，传播思想观念，发展学生的思维能力，发展学生的智力。在课堂教学活动中，讲授式教学方法的具体实施形式有：讲解法，谈话法，讨论法，讲读法，讲演法等。

运用讲授式教学方法的基本要求主要体现在下述几个方面：

1）科学组织教学内容

教师要熟悉和把握教学目的要求，精通教学内容，了解学生的知识与经验基础；要对教学内容进行科学的加工、组合，将教学内容组织成为合理的教学结构；要结合实际激活和活化知识，把教材中处于静态的知识，变成具有生命活力的动态性教学知识。

2）语言要清晰、精练、准确、生动

教师的语言应做到：清晰、精练、准确，讲解过程中能够为学生留下思维的时间与空间；表达要生动、活泼，要有激情，有着丰富的启发性和强烈的感染力；对学生的学习要体现一种指导、向导性作用，引导学生不断深入地领会和掌握教学内容。

3）善于设问解疑，激发学生的求知欲望，促使学生积极思维

教师要精心设计有着系列性、针对性和启发性的问题，为学生不断地设疑，引导学生在求知欲望的促使下开展积极的思维活动，鼓励和引导学生积极充分地发表自己的见解，使学生在教师的讲解过程中，边听讲、边思考、边探究。

2. 讲授法的应用

中职计算机软件类课程的特点是理论少、实践性强，理论课时安排一般是总课时的1/4～1/3，理论课讲授的内容主要是计算机软件的概念、原理、方法和操作技能。要优化教学效果，理论课的讲授，尤其是操作技能的讲授，教学媒体的选择最好采用多媒体视听与大屏幕投影相结合的方式，对教学内容进行视听结合式讲授，让学生在听讲的同时采用模仿式学习法学习操作技能，可以起到事半功倍的效果。

课堂讲授可以采用对比讲解法。比如在刚开始讲解程序设计算法基础时，教师先介绍算法的概念，然后介绍算法的表示方式，并详细说明编程时如何进行算法分析。使学生了解算法的基本原理，从而减轻学生对算法恐惧感。在此基础上，教师可以结合实例，详细解说某种典型算法（比如求最大公约数）的图形表示与实际应用方法，使学生对算法的认识由抽象到具体、由一般到特殊。通过采用图解对比法，使学生比较容易理解抽象的概念和复杂的原理。

课堂讲授教学媒体也可以采用校园网环境下的多媒体直播课堂或多媒体虚拟课堂进行互动教学。基于网络的讲授法能突破传统班级课堂讲授的某些限制，例如，学习人数可以无限多，学习地域可以无限广。它具体又可分为两种类型：其一是同步讲授法，即教师通过网络将文本、图形、声音、动画、视频等多媒体信息以网络课程的形式同步向学生传送，并在Web

页面中嵌入表单及公告板以供学生提问、应答，教师根据学生的反馈信息可以实时调整教学，并做进一步的解释；其二是异步讲授法，即教师先把要讲授的教学内容编制成网络课件，存放在服务器上，学生通过计算机或移动终端下载浏览，当遇到疑难问题时，可以用电子邮件、网上论坛、网络电话等方式寻求帮助，教师再选择某种方式（如 E-mail、BBS、虚拟课堂等）对学生的学习给予指导。

讲授法是课堂教学中经常使用的教学方法之一，只是有时处于整个教学过程中的主导地位，有时处于辅助地位。但是任何一种教学方法都不是万能的，应该根据教学目标、学生特点、学科特点、教师特点、教学环境、教学时间、教学技术条件等诸多因素来选择教学方法以及它们的有机融合。针对某种具体的教学方法如何扬长避短是需要进一步从理论上和实践上进行探讨和解决的问题。

讲授法也应该与其他的教学方法有机融合，才能弥补它在培养学生的探索精神、创造才能和解决问题能力方面的不足，从而使得讲授法这种教学方法运用得更加合理。讲授法和其他的教学方法的融合可以是并列式的，也可以是连贯式的。所谓并列式，即同时采用几种教学方法，如教师演示实物，同时用语词描述它，并画出结构图和写出每一部分的名称，学生也进行相应的活动；所谓连贯式，即一种活动方式结束之后再开始另一种，如采用演示→讨论→讲授的组合法，讲授→实验→讨论的组合法，谈话→讲授→练习的组合法等。

根据计算机软件类课程的教学目标和学科特点，我们在运用讲授法的时候，还应该特别注意和练习法的融合，给学生足够的练习时间。因为如果在教学过程中教师只是讲授理论知识，而不给学生充分的练习时间，信息技术教学就失去了意义；反之，教师不讲，只让学生盲目地上机练习，那么，学习效率难以保证。很多学生的心理比较脆弱，自学能力较差，面对一无所知的新知识茫然无措，上过一两节这样一头雾水的课之后，就会失去对该课的兴趣。所以，讲解要和练习结合起来，学生们才可能将教师讲授的知识应用于实践并得到巩固，最后达到熟练掌握的目的。

3. 讲授法案例

程序框图与算法的基本结构

一、教学分析

用自然语言表示的算法步骤有明确的顺序性，但是对于在一定条件下才会被执行的步骤，以及在一定条件下会被重复执行的步骤，自然语言的表示就显得困难，而且不直观、不准确。因此，有必要探究使算法表达得更加直观、准确的方法。程序框图用图形的方式表达算法，使算法的结构更清楚，步骤更直观也更精确。为更好地学好程序框图，需要掌握程序框的功能和作用，需要熟练掌握 3 种基本逻辑结构。

二、教学目标

（1）熟悉各种程序框及流程线的功能和作用。

（2）通过模仿、操作、探索，经历用设计程序框图表达问题解决的过程。结合具体问题的解决过程，理解程序框图的 3 种基本结构：顺序结构、条件结构、循环结构。

（3）通过比较体会程序框图的直观性、准确性。

（4）重点难点如下。

重点：程序框图的画法。

难点：程序框图的画法。

（5）课时安排：4 课时。

三、教学过程

导入新课

思路 1（情境导入）

我们都喜欢外出旅游，优美的风景美不胜收。但如果迷了路就不好玩了，问路有时还听不明白，真是急死人。有的同学说买张旅游图不就行了吗。所以外出旅游要先准备好旅游图。旅游图看起来直观、准确，本节将探究使算法表达得更加直观、准确的方法。今天我们开始学习程序框图。

思路 2（直接导入）

用自然语言表示的算法步骤有明确的顺序性，但是对于在一定条件下才会被执行的步骤，以及在一定条件下会被重复执行的步骤，自然语言的表示就显得困难，而且不直观、不准确。因此，本节有必要探究使算法表达得更加直观、准确的方法。今天开始学习程序框图。

推进新课

新知探究

提出问题

（1）什么是程序框图？

（2）说出终端框（起止框）的图形符号与功能。

（3）说出输入、输出框的图形符号与功能。

（4）说出处理框（执行框）的图形符号与功能。

（5）说出判断框的图形符号与功能。

（6）说出流程线的图形符号与功能。

（7）说出连接点的图形符号与功能。

（8）总结几个基本的程序框、流程线和它们表示的功能。

（9）什么是顺序结构？

讨论

（1）程序框图又称程序流程图，是一种用程序框、流程线及文字说明来表示算法的图形。

在程序框图中，一个或几个程序框的组合表示算法中的一个步骤；带有方向箭头的流程线将程序框连接起来，表示算法步骤的执行顺序。

（2）椭圆形框：⬭表示程序的开始和结束，称为终端框（起止框），表示开始时只有一个出口；表示结束时只有一个入口。

（3）平行四边形框：▱表示一个算法输入和输出的信息，又称为输入、输出框，它有一个入口和一个出口。

（4）矩形框：▭表示计算、赋值等处理操作，又称为处理框（执行框），它有一个入口和一个出口。

（5）菱形框：◇是用来判断给出的条件是否成立，根据判断结果来决定程序的流向，称为判断框，它有一个入口和两个出口。

（6）流程线：→表示程序的流向。

（7）圆圈：○连接点表示相关两框的连接处，圆圈内的数字相同的含义表示相连接在一起。

（8）总结如下表。

程序流程图的基本符号

图形符号	名称	功能
	终端框（起止框）	表示一个算法的起始和结束
	输入、输出框	表示一个算法输入和输出的信息
	处理框（执行框）	赋值、计算
	判断框	判断某一条件是否成立，成立时在出口处标明“是”或“Y”；不成立时标明“否”或“N”
	流程线	连接程序框
	连接点	连接程序框图的两部分

（9）很明显，顺序结构是由若干个依次执行的步骤组成的，这是任何一个算法都离不开的基本结构。

3 种逻辑结构的程序框图如下图所示。

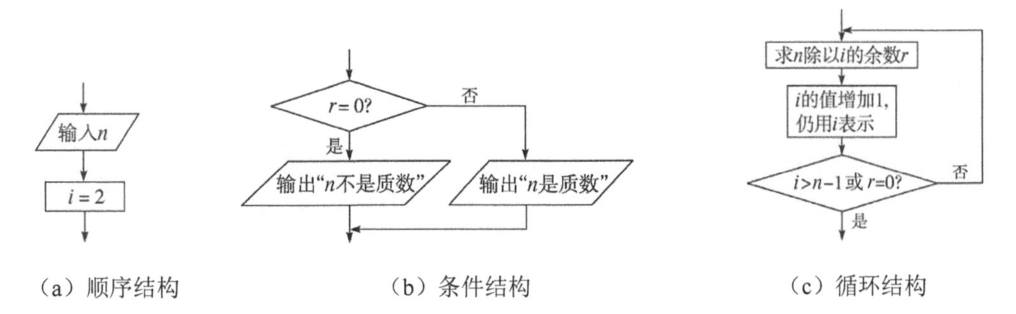

（a）顺序结构　　（b）条件结构　　（c）循环结构

例 1　请用程序框图表示“判断整数 $n(n>2)$是否为质数”的算法。

解：程序框图如下图（a）所示。

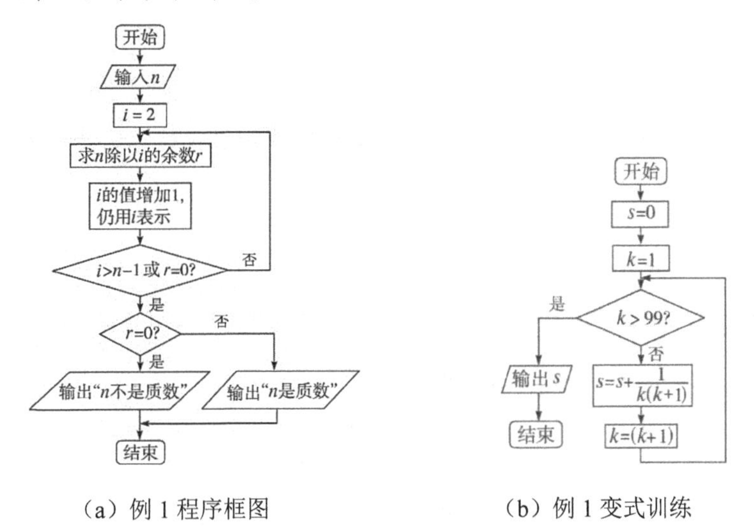

（a）例 1 程序框图　　（b）例 1 变式训练

点评：

程序框图是用图形的方式表达算法，使算法的结构更清楚，步骤更直观也更精确。这里只是让同学们初步了解程序框图的特点，感受它的优点，暂时不要求掌握它的画法。

变式训练

观察上图（b）所示的程序框图，指出该算法解决的问题。

解：这是一个累加求和问题，共 99 项相加，该算法是求 $\frac{1}{1\times2}+\frac{1}{2\times3}+\frac{1}{3\times4}+\cdots+\frac{1}{99\times100}$ 的值。

例 2　已知一个三角形 3 条边的边长分别为 a、b、c，利用海伦—秦九韶公式设计一个计算三角形面积的算法，并画出程序框图表示。已知三角形 3 边边长分别为 a、b、c，则三角形的面积为 $S=\sqrt{p(p-a)(p-b)(p-c)}$)，其中 $p=\frac{a+b+c}{2}$ 。

算法分析：

这是一个简单的问题，只需先算出 p 的值，再将它代入分式，最后输出结果。因此只用顺序结构应能表达出算法。

算法步骤如下：

第一步，输入三角形三条边的边长 a、b、c。

第二步，计算 $p=\frac{a+b+c}{2}$ 。

第三步，计算 $S=\sqrt{p(p-a)(p-b)(p-c)}$ 。

第四步，输出 S。

程序框图如下图（a）所示。

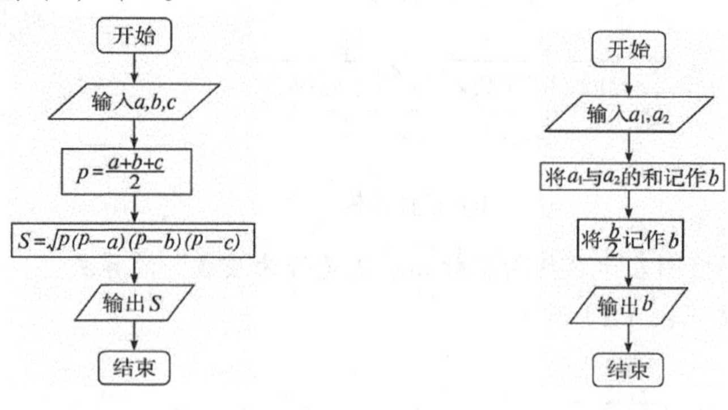

（a）例 2 程序框图　　　　（b）例 1 变式训练

点评：很明显，顺序结构是由若干个依次执行的步骤组成的，它是最简单的逻辑结构，它是任何一个算法都离不开的基本结构。

变式训练

上图（b）所示的是一个算法的流程图，已知 $a_1=3$，输出的 $b=7$，求 a_2 的值。

解：根据题意 $\frac{a_1+a_2}{2}=7$，

因为 $a_1=3$，所以 $a_2=11$，即 a_2 的值为 11。

例 3　写出通过尺轨作图确定线段 AB 的一个 5 等分点的程序框图。

解：利用我们学过的顺序结构得程序框图如下图。

点评：该算法具有一般性，对于任意自然数 n，都可以按照该算法的思想，设计出确定线段的 n 等分点的步骤，解决问题，通过本题学习可以巩固顺序结构的应用。

知能训练

根据有关预测，在未来几年内，中国的通货膨胀率保持在 3%左右，这对稳定我国经济比较有利。所谓通货膨胀率为 3%，指的是每年消费品的价格增长率为 3%。在这种情况下，某种品牌的钢琴2004年的价格是10 000元，请用流程图描述这种钢琴今后4年的价格变化情况，并输出4年后的价格。

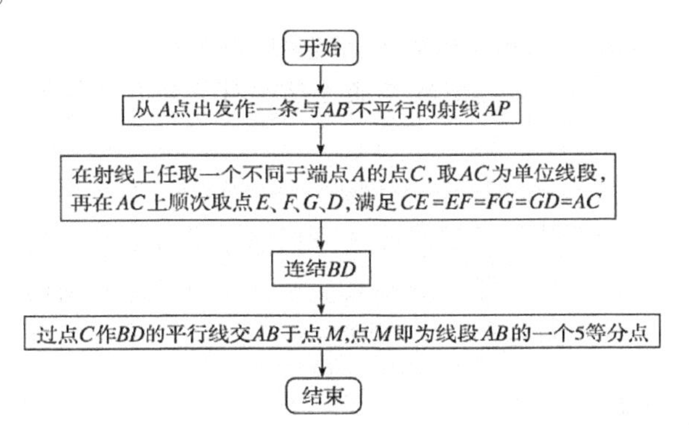

例 3 程序框图

解：用 P 表示钢琴的价格，不难看出有如下算法步骤。程序框图如下图(a)所示。

2005 年 P=10 000×（1+3%）=10 300

2006 年 P=10 300×（1+3%）=10 609

2007 年 P=10 609×（1+3%）=10 927.27

2008 年 P=10 927.27×（1+3%）=11 255.09

因此，价格的变化情况表为：

年份	2004	2005	2006	2007	2008
钢琴的价格	10 000	10 300	10 609	10 927.27	11 255.09

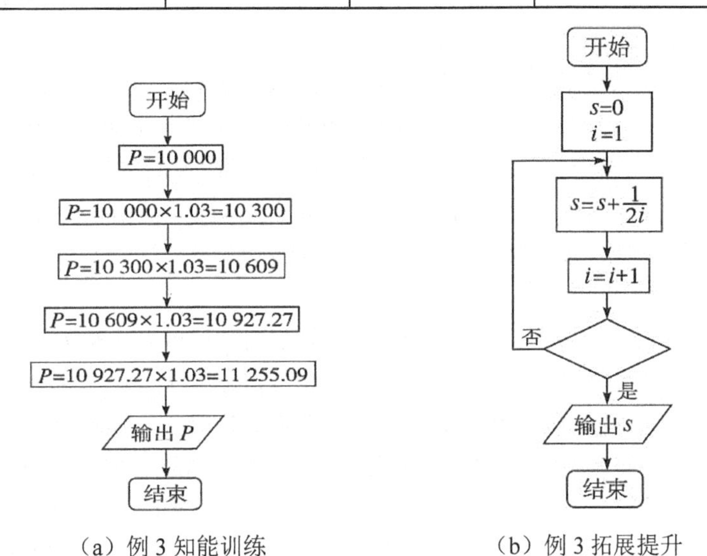

（a）例 3 知能训练　　（b）例 3 拓展提升

点评：顺序结构只需严格按照传统的解决数学问题的解题思路，将问题解决。最后将解题步骤“细化”就可以。“细化”指的是写出算法步骤、画出程序框图。

拓展提升

上图（b）给出的是计算 $\frac{1}{2}+\frac{1}{4}+\frac{1}{6}+\cdots+\frac{1}{20}$ 的值的一个流程图，其中判断框内应填入的条

件是＿＿＿＿＿＿。（答案：$i>10$）

课堂小结

（1）掌握程序框的画法和功能。

（2）了解什么是程序框图，知道学习程序框图的意义。

（3）掌握顺序结构的应用，并能解决与顺序结构有关的程序框图的画法。

作业（略）

教法心得

首先，本节的引入新颖独特，旅游图的故事阐明了学习程序框图的意义。通过丰富有趣的实例让学生了解了什么是程序框图，进而激发学生学习程序框图的兴趣。本节设计题目难度适中，逐步把学生带入知识的殿堂，是一节很好的课例。

5.4.2　演示法与实验法

1．概念

1）演示法

演示教学是指教师通过出示实物、模型、仪器、标本、挂图等进行示范性操作或示范性实验，或通过现代教育技术把所教的某些内容之形态、结构、特点和性质或发展变化过程展示出来，引导学生系统观察，在感性认识的基础上，使学生从中获取知识、技能和培养观察能力的教学法。

演示，既是理论联系实际的常用方法，又是实际联系理论的重要方法。在演示教学中，除教师的语言外，被展示的实物或教具是第二信息源，学生的任务是看和听。这种方法的最大特点是直观性强，便于学生认识、理解，得到深刻的印象。演示法既适用于理论知识的教学，也适用于实践环节的教学。在理论教学中，一般通过教具、多媒体技术、虚拟现实等教学技术将抽象的理论（比如算法原理、系统结构等）形象化，从而达到化难为易、化繁为简的目的，并提高教学效果与效率；在实践教学方面，一般采用在实际或模拟的软件环境中，通过教师的示范性演示或学生之间交流性演示，让学生初步熟悉某些软件的使用方法、操作模式，初步理解某些抽象软件过程的内涵与实施步骤。

2）实验法

实验教学法是在教师指导下，利用一定的设备、仪器和材料进行独立操作，在一定条件控制下，人为地引起与控制事物或现象的某些变化，从观察和分析这些变化中，获取直接知识的教学法。实验教学法是职业学校一种极为重要而又经常采用的教学法。按照统筹规划、循序渐进的原则，可把一个专业的实验课看作一个完整的系统，把实验教学的各环节目标看作培养学生能力的连续过程。它包括基础层次、专业层次和综合层次3个层次。在这一框架或体系中，还必须明确各门实验课程的具体要求，形成一个由低到高、以能力培养为中心的实验教学体系的整体构架。

2．应用要点

1）演示法

（1）目标明确。教师要使学生带着明确目的进行观察与操作。要使演示符合教学目的需要和学生实际。例如，在介绍外部形态、分布状况时，以选取实物、模型和标本为宜；在讲解内部结构，动作联系时，以选用剖面模型或制图为好；在进行功能、作用的理论分析时，以挂图、投影和演示为佳；在分析事物化学、物理和生物变化过程中，大多采用演示实验形式；在观察肉眼看不到的变化过程或在短时间内不能看到的现象时，就应采用现代教育技术。当然，这些都不是绝对的，应随机而行。

（2）充分准备。为保证演示操作的规范性，保证演示能熟练、顺利地进行，在课前应做好演示教具与设备的选择和检查，对要做的演示要先行试做，达到演示过程顺利、现象清晰、效果明显，以避免临时失误，影响演示效果。

（3）突出演示重点。在演示过程中，应使学生都能清晰地观察到演示的对象或过程，要引导学生注意观察演示的主要方面、主要特征；要引导学生将演示重点的感知和理解紧密结合起来，防止把注意力分散到细枝末节上去。

（4）演示要正确规范。演示，尤其是演示性实验和示范性操作，要求动作标准、规范，给学生以鲜明、正确、深刻的形象，供观摩、仿效。所以，动作的正确、体态的规范、姿势的得当均应讲求到位，以防善于模仿的学生受到错误动作的影响。

（5）多种教法多方配合。在演示过程中，应配合讲解、提问、板书等，做到边演示边讲解、边问答。同时，要充分调动学生的多种感官参与感知过程，以便形成完整牢固的表象、全面深刻的理解。

（6）关注演示总结。演示完毕后，应结合学生获得的感性知识做出明确的结论，从而使学生把获得的新知识纳入自己原有的知识结构中。

2）实验法

（1）事先充分准备。教师应进行先行实验，对仪器、设备、实验材料仔细选择与检查，以保证实验的准确、规范、效果明显、安全无误。同时，要根据教学大纲编好实验指导书，拟订实验方案，根据实验设备条件进行分组。

（2）实验开始前，要求学生充分阅读实验指导书，明确实验的目的要求、实验原理、仪器设备的安装及使用方法、实验操作过程等，必要时由教师进行示范。

（3）实验过程中，教师要巡视指导，既要及时启发引导学生，注意培养学生独立操作能力与科学探索精神，指导学生正确观察、测试和记录结果，学会对过程现象与结果的分析，掌握必需的数据处理方法，又要使每个学生都亲自动手，及时发现和纠正出现的问题。

（4）实验结束后，由学生或教师进行总结和讲评，并由学生写出实验报告。对实验报告，教师要有明确的结论。

3）应用案例

演示法、实验法与练习法的理论依据主要是教学原则中的直观性原则。直观性原则是指在教学过程中，教师利用直观手段，通过引导学生开展多种形式的感知，丰富学生的感性认识，发展学生的观察力和形象思维，并为形成正确而深刻的理性认识奠定基础。

直观性原则的主要依据是：学生对书本知识的掌握是以感性认识为基础的；学生的思维发展正处在从具体形象思维向抽象逻辑思维过渡的阶段，特别是低年级，仍以具体形象思维为主；从教育效果看，运用直观手段，使学生感到形象、鲜明、生动有趣，容易巩固所学知识。

在计算机应用软件的教学活动中，一般不单独使用演示法或实验法，而是将其与讲授、讲解、谈话等教学法进行组合应用，也常常和行为导向教学法结合使用。一般应用于应用软件的示范讲解，比如图形图像处理软件、文字处理软件、动画制作软件、多媒体制作与发布、网络应用与网页制作、数据库设计软件技术等，都可采用示范模仿并结合任务驱动、案例教学等方法进行以学为主的教学，其教学策略应侧重于应用软件的实际操作，强调在教师示范、指导下学生自己动手尝试。

演示法与实验法教学案例——图文并茂的演示文稿

一、教学内容

通过前几节课的学习，学生已经掌握了 PowerPoint 软件的基本操作。本节课的教学内容主要是在幻灯片中插入剪贴画、图片和背景，让演示文稿看起来更美观，从而增强作品的美感，提高“自我介绍”演示文稿的美观性和趣味性。

二、教学目标

知识与技能：

1. 掌握在 PowerPoint 软件中插入剪贴画。
2. 掌握在 PowerPoint 软件中通过“来自文件”插入指定的图片。
3. 掌握在 PowerPoint 软件中利用剪贴画制作背景图。
4. 培养学生在学习过程中自主探究、举一反三归纳整理的能力。

情感态度与价值观：

1. 通过动手实践，培养学生的审美情趣。
2. 利用知识的迁移，培养学生的综合信息素养能力。

三、教学方法

学生首先通过观察教师演示，感受在幻灯片中插入剪贴画、图片，制作背景图的效果，然后通过自我探究进行练习与实验，掌握在幻灯片中插入剪贴画、图片，制作背景图的操作。

四、重点难点

教学重点：在 PowerPoint 软件中通过插入剪贴画和来自文件的方式插入图片。

教学难点：利用图片工具栏，对插入的图片做简单的效果处理。

五、教学过程

（一）导入新课

情景引入：上节课我们为自己的演示文稿挑选了适合自己的模板，本节课我们将一起学习怎样在我们的演示文稿中插入适合主题的图片。

（二）插入图片

同学们设计的“自我介绍”项目，已经完成了内容的输入，那么如何为我们的内容配上合适的图片呢？让我们一起来学习吧！

1. 图片的筛选：在剪贴画和自己准备的图片中查找合适的图片。
2. 教师示范：教师示范在 PowerPoint 软件中插入图片的方法。
3. 学生探究、动手操作：学生根据教材中的要求，在演示文稿中插入照片。
4. 教师巡视：解决个别学生可能遇到的问题。对于共性的问题，进行必要的讲解。

（三）图片工具栏

插入图片以后，“PowerPoint 软件”就会出现“图片工具栏”。利用图片工具栏，可以对插入的图片做简单的效果处理。

1. 学生实践：学生通过插入图片后，自己实践总结图片工具栏各按钮的作用。

2. 讨论交流：发表学生对使用工具栏后的认识。

3. 教师归纳：教师归纳出各个按钮的作用。

4. 学生交流、展示。

（四）制作背景图

1. 教师演示：教师演示制作背景图的步骤。

2. 学生动手操作：学生根据教师示范，对照教材中的操作步骤，进行演示文稿中背景图的制作。

3. 教师提示：制作的背景图要与内容吻合。

4. 教师总结：教师归纳出制作背景图的步骤，并板书。

（五）练一练

通过刚才学到的本领，为自己“自我介绍”的演示文稿插入合适的图片，并制作背景，使演示文稿看起来更加生动。

1. 学生动手操作。

2. 交流、展示。

3. 组织学生进行互评。

4. 教师点评。

（六）课堂小结

本节课，我们利用以前掌握的 Word 软件中插入图片的方法，学会了如何在 PowerPoint 演示文稿中插入图片，以及如何将现有的图片设置为背景，来充实和美化演示文稿。

六、教学反思

这节课不仅要让学生学会在演示文稿中插入剪贴画与图片，还要提高学生的审美观。由于学生已经能够熟练地使用 Word 软件了，于是在教授 PowerPoint 插入剪贴画与图片这个新知识时，采用“自主探究”的方式展开学习，让学生通过不断地尝试，不断地发现问题，不断地解决问题。通过学生作品的展示，表明这节课学生学得比较扎实，基本上达成了教学目标。

（一）以作品为主线，贯穿整个单元课堂教学

我们在平时的教学中常常遇到这样的困惑：在每一节课讲解下来，大多数学生都能领会、掌握课堂教学内容，但是让学生把学到的知识结合起来，完成一幅作品，学生却往往不知所措。比如学习了 PowerPoint 软件之后，如果给学生一个具体的指令，如要求学生在某一张幻灯片中插入某一张图片，学生基本都能完成，但如果要求他做一个自我介绍的 PowerPoint 演示文稿，他可能就不知道如何下手了。也就是说，学生往往不能把零碎的知识点联系起来，而本节课解决了这方面的困惑。这节课是本单元的第 4 节课，在第 1 节课时教师就确定了本单元的主题，即通过本单元的学习，完成一份自我介绍的演示文稿。通过前面 3 节课的学习，加上本节课的学习，让每个学生都拥有一个属于自己的作品。这种以作品为主线，贯穿信息技术整个单元教学的方式，既可以让学生明白制作演示文稿的基本流程，又可以让学生把学过的知识点串联起来。

（二）应用知识迁移，落实自主探究

职高一年级学生已经初步具备一定的自学能力，而 Word 和 PowerPoint 软件在很多地方是相通的。于是学习这节课的知识点“插入图片”时，教师选择以学生自主探究的方式展开；而知识点“制作背景图”是 PowerPoint 所独有的，教师采用演示法让学生学习新知。学生通过自主探究学习插入图片的操作时，因为目标明确，他们在尝试操作环节就能够很好地应用

知识的迁移，使自主探究落实得比较到位。

（三）注重评价，使评价适时有效

在本堂课的教学中，教师注重了课堂评价的有效性。在学生回答问题、展示学生作品、学生操作过程等方面进行了有针对性的评价。除此之外，在学生交流、展示之后，组织学生进行互评，因为同伴的钦佩、赞赏、鼓励更能激发学生的学习热情，也更能给他们以成就感。尽管学生的评价有时不一定很准确，但总是实事求是的，同伴的评价更能激发学生向好的方向改善自己，使自己得到大家的认可。

本节课的教学，主要采用了自主探究、小组合作、教师演示、师生小结的方法来完成教学任务，效果较好。在教学过程中，有几个问题还需加以注意。

（1）在指导学生时，不必拘泥于教材的介绍，可让学生发挥自己的主动性，大胆创造。

（2）课后总结时需要点明：内容决定形式，剪贴画、图片、背景是为幻灯片的主题服务的。选择剪贴画、图片时，一定要根据幻灯片的表现主题来设置。

5.4.3　参观法与现场法

1. 概念

参观教学是指根据教学目的，组织与指导学生到校内外一定的场所或自然界、生产现场和社会生活场所（如软件公司、企事业单位等），对实际事物或现象进行实地观察、调查、研究和学习，从而获得新知识，或巩固、验证和扩大已学知识技能的教学法。它是了解软件新工艺、新技术、新方法，用新的软件技术不断充实教学内容、开阔学生视野的重要措施；是认识理论学习和实际工作差距，理解将来职业情况及未来岗位任务和工作环境，帮助学生做好职业选择和就业准备的有效途径。

参观教学法可分为准备性参观、并行性参观和总结性参观3类。准备性参观是在讲授内容之前，为使学生获得有关感性认识和体验，引起学生学习兴趣所进行的参观。并行性参观是在讲授内容之中，为使学生对所学知识和技能等内容加深认识、理解和巩固所进行的参观。总结性参观是在讲授内容之后，为验证、加深和开拓所学知识、技能等，即提高新认识所进行的参观。

现场教学法是教师根据教学大纲和教材内容的需要，组织学生到实际现场开展教学活动的教学形式，是理论联系实际的重要教学法之一。现场教学法也可视为一种特殊的案例教学法，最早是由美国得克萨斯州教师教育改革中提出来的一种培养教师教学能力的方法，主要强调教师应对学生的学习成绩负责，要为学生营造一个良好的现场学习气氛，引导学生积极投入到课程的学习中去，设法激发学生的学习兴趣，为提高学生的学习效率创造良好的条件，从而取得预期的教学效果。对于职业学校而言，现场教学是主要的实践教学形式。

现场教学有别于实验和各种实习实训的教学模式，是课堂教学的延伸，其针对性强，可达到将课堂上的空泛的教学内容具体化、形象化的目的，可加深学生的理论认识，激发学生的学习兴趣，提高教学效果。它不同于单纯现场参观，教师必须根据教学任务及教学目的要求进行认真、充分的准备，做到教学形式与内容统一，才能取得预期的效果。现场教学以能力为本位，以学生自主训练为主。

根据教学场所、教学目的和教学要求的差异，产生了现场讲解、实物参观、现场演示、基本操作、综合试验以及讨论等具体的教学方式。

现场教学过程一般分为选择现场基地、准备相关资料、自学必读材料、介绍教学程序、实践者讲课、现场交流讨论、教师现场小结、反馈上报成果 8 个阶段。

在中职计算机软件类课程的教学实践中，一般不单独应用参观教学法或现场教学法，而是结合专业课单项或综合实训任务，通过参观或现场观摩，让学生初步熟悉实训环境，为顺利完成实训任务奠定基础。

2. 应用要点

1）目标要明确

要根据教学内容的特点确定教学目标，合理安排教学内容，精选参观的对象或教学现场。

2）准备要充分

一是根据教学目的选择适合参观的对象或教学场所，事先做好联系；二是根据教学要求确定重点，是整个生产工艺流程还是某台先进设备；三是使学生明确学习目的、内容、要求及注意事项（纪律、安全等），以免形成走马观花或出现不测之事。

3）指导要到位

一是教师应及时引导学生认真观察主要事物、部位或现象，启发学生发现问题、提出问题，对此，或当场解答，或暂时存疑；二是教师要指导学生注意收集资料，必要时做些文字记录或绘制草图；三是邀请现场人员做必要的讲解或介绍。

4）总结要及时

一是组织讨论、座谈观感；二是指导学生整理材料，写出参观小结；三是布置作业，巩固收获，使通过参观获得的知识系统化。

3. 应用案例

“6S 现场管理”在中职计算机软件教学中的应用

一、案例背景

为培养具有综合职业能力，在软件生产、服务一线工作的高素质劳动者和技能型人才，目前，中职软件类专业基本上采用工学结合的模式，以服务为宗旨、以就业为导向的培养模式。首先，中职软件类专业学生的培养应该以顺利实现就业导向，就意味着学生必须具备相关的软件专业知识与技能，并积累初步的工作经验，因此，软件类专业课的教学过程实际上是一个“工作经验”与“技能学习”一体化的综合发展过程；其次，工学结合教育模式的目的是让学生学会工作，学生只有亲自完成一项或多项工作任务，才有可能学会工作。也就是说，在教育过程中，要让学生亲自经历结构完整的工作过程。因此，在中职软件类专业的教学过程中，需要通过参观软件企业的实际工作流程并在企业技术人员指导下参与某些实际的工作（比如软件架构分析、客户需求分析等），在这个过程中，如果使用某些先进的管理技术（比如 6S 现场管理）对于达到上述教育教学目标，将会起到明显的促进作用。

二、6S 现场管理的基本内容

“6S 现场管理”源于日本，由于在英语中 6S 管理中的 6 个单词，即整理（Seiri）、整顿（Seiton）、清扫（Seiso）、清洁（Seiketsu）、素养（Shitsuke）、安全（Security）均以 S 开头，故称为“6S 现场管理”。

整理是将工作场所的任何物品清楚地区分为有必要和没有必要的，有必要的留下来，其他的都清除掉。它是改善工作环境的第一步。其目的是塑造清爽整洁的工作场所，改善和增加作业面积，消除管理上的混乱，提高工作效率。

整顿是把留下来的必需的物品按规定位置摆放整齐，并加以清晰的标识。整顿的关键是做到定位、定品、定量，目的是使人和物放置方法标准化，减少寻找物品的时间，以提高工作效率。

清扫是将工作场所内看得见与看不见的地方清扫干净，保持干净、亮丽的工作场所，目的是稳定生产品质，有效防止工业伤害。

清洁是将整理、整顿、清扫进行到底，并制度化，目的是保持整理、整顿、清扫的3S 的成果，创造清洁的工作现场。

素养是说每位成员都应该养成遵守规则做事的良好习惯，培养积极主动的精神（也称习惯性）。素养是“6S”活动的核心，目的是培养有好习惯、遵章守纪的员工，营造团队精神。

安全是说要重视成员安全教育，每时每刻都有安全第一的观念，以防患于未然，其目的是在确保安全的前提下开展工作，建立安全生产的工作环境。

“6S 现场管理”的 6 个内容之间彼此关联，相互依存。整理、整顿、清扫是具体内容；清洁是将前面 3S 实施的做法制度化、规范化，并贯彻执行及维持效果；素养是企业对员工的基本要求，也是顺利开展“6S 现场管理”的基本保障；安全是工作顺利进行的基础，也是开展“6S 现场管理”的目标之一。在生产企业中实施 6S 管理，可以及时发现生产经营和管理过程中的各种问题，提高生产效率，稳定产品质量；同时有效减少浪费，防止事故发生，降低客户投诉率，为员工提供一个安全整洁、让人心情愉快的工作环境，最终有效地提高工作效率。

三、将“6S 现场管理”引入软件专业教学中的方法

（一）制度教育

“6S 现场管理”的思想精髓是从董事长到一线员工全员参与，只有起点，没有终点，让参与者逐步学会自觉遵守各项规章制度，养成良好的工作习惯。首先，学校应与企业联合制定细致、规范的参观或实训制度，并将“6S 现场管理”的原则贯彻于所制定的规章制度中，例如，制定《……专业参观教学管理制度》《……专业实训教学管理制度》等。其次，在参观或实训之前，组织学生认真学习相关制度，使学生在进入企业之前，明确参观、实习的日常工作规程、考核制度等问题。

（二）现场环境布置

在参观或实训的场所，按“6S 现场管理”的要求，清理与参观、实训无关的物品，对相关设备、物品进行归类，使得现场、工位变得干净整洁，创造一个一尘不染的参观、实训环境。同时，设计张贴一些安全警示标语、文化精神宣传标语、规章制度提示标语等，营造一个真实的工作环境（同时也是学习环境）。让学生时刻牢记 6S 规范，在实训中体会到浓厚的企业氛围，自觉维护和执行企业的规章制度，遵守劳动安全卫生规程，学会尊重他人劳动成果，养成良好的员工素养。

（三）教学过程（以参观法为例）

1. 预备工作

首先，学生在规定的时间在参观场所外整队集合，指导教师清点人数，统计出勤情况；清理学生随身用品，严禁携带无关用品；要求学生保证服装清洁、整齐，按规定佩戴校徽或其他标志。

接到进入参观场所的指令后，全体学生在企业技术人员与指导教师的带领下，依次排队进入参观场所，按规定的程序进行参观。

2. 过程管理

参观过程中，要按照教学要求，认真组织参观，及时解答学生提出的问题，发现问题及时处理。在参观期间，按照“6S 现场管理”规定，严格要求参观纪律，要求学生不做与参观要求无关的事情，遇到问题，举手向教师示意，爱护参观场所的设施，不在设施上涂写刻画。(对于实训课程，还应说明材料、工具领取和归还手续规范；在实训过程中，要将工具、材料、废弃物、测试仪器等放置于指定位置，摆放整齐、有序。这样可使学生养成良好的学习、工作习惯。)

参观结束后，要在指导教师引导下，从指定的位置有序地离开参观场所。

3. 成绩评定

参观结束后，应及时评定每位学生的成绩。可采用自评、互评的方式，让每位学生对照“6S 现场管理”规范初步评定成绩，然后又指导教师结合学生参观过程中的实际表现评定最终成绩，对于模范遵守“6S 现场管理”规范的学生给予相应奖励，对于表现不出色、甚至是出现违规的行为要给予一定的批评教育，甚至处罚。

5.5　行为导向教学法及其应用

5.5.1　行动导向教学法理论

1. 行动导向教学法的概念

我国职业教育界提及的“行动导向”译自德语 Handlungsorientierung，英语国家称之为 Action Oriented，其核心理念是注重关键能力的培养。自 20 世纪 80 年代起，“行动导向”成为德国职业教育和培训领域教学改革的主流。1998 年，德国联邦州文化部长联席会议通过并发布“学习领域”课程方案，确定了“以行动为导向”的教学法在职业学校教育改革中的基础地位，为职业学校和其他职业培训机构的教学成效开创了新的途径。

行动导向教学是根据完成某一职业工作活动所需要的行动以及行动产生和维持所需要的环境条件，以及从业者的内在调节机制来设计、实施和评价职业教育的教学活动。行动导向教学的目的在于促进学习者职业能力的发展，其核心在于把行动过程与学习过程相统一。它倡导通过行动来学习和为了行动而学习，是“由师生共同确定的行动产品来引导教学组织过程，学生通过主动和全面的学习，达到脑力劳动和体力劳动的统一”。它通过有目的地、系统化地组织学习者在实际或模拟的专业环境中，参与设计、实施、检查和评价职业活动的过程，通过学习者发现、探讨和解决职业活动中出现的问题，体验并反思学习行动的过程，最终获得完成相关职业活动所需要的知识和能力。在行动导向学习中，行动是学习的出发点、发生地和归属目标，学习是连接现有行动能力状态和目标行动能力状态之间的过程。

2. 行动导向教学法的特征

1）有利于手脑平衡

行动导向的学习试图保持动脑和动手活动之间的平衡，动手和动脑活动之间不是以直线上升的形式发展，而是两种动态交互影响伴随整个学习过程的。1991 年，杨克和迈耶（Jank 和 Meyer）概括了学校教育中行动导向学习的典型特征：行动导向教学是全面的；行动导向教学是学生主动地学习活动；行动导向的学习核心是完成一个可以使用或者可进一步加工或学习的行动结果；行动导向的学习应尽可能地以学生的兴趣作为组织教学的起始点，并且创造机会让学生接触新的题目和问题，以不断地发展学习的兴趣；行动导向的学习要求学生从一开始就参与到教学过程的设计、实施和评价之中；行动导向的学习有助于促进学校的开放。

2）符合建构主义理念

行动导向教学法的理论基础为行动导向学习理论和建构主义学习理论，行动导向学习理论和建构主义学习理论两者本质相同，建构主义学习理论是在行动导向学习理论基础上形成和发展而来的。行动导向学习理论着重探讨认知结构与个体活动间的关系，强调人是在主动、不断自我修正和批判性自我反馈的过程中实现既定学习目标，学习不是外部控制而是一个自我控制的过程。建构主义学习理论的主要观点认为，知识不是通过传授而是由学习者通过意义建构的方式获得的，认为“情境、协作、会话和意义建构”是学习环境中的四大要素，强调教学设计以学生学习为中心、情境作用、协作学习、意义建构等原则。行动导向学习理论和建构主义学习理论都认为学生是认知主体，是学习活动的积极参与者而不是被灌输的对象，学习是自我控制的过程，教师应从知识传授者角色转变为咨询者、指导者和促进者。

3）符合职校生身心特点

行动导向教学法符合职校生的智能特点。与普通高等学校的学生相比，一般来讲职业学生学习动机和学习策略都比较低，但是，职业生有形象思维占相对优势的特点。普通中小学教育重视的是数理逻辑智力和语言智能的发展，轻视甚至忽视其他诸如空间智能、音乐智能、运动智能、交往智能、内省智能等。与抽象思维能力密切相关的是数理逻辑智力，中小学阶段数理逻辑智力相对滞后的学生，由于得不到应有的鼓励，而放松甚至放弃有利于数理逻辑智力发展的活动，从而阻碍了抽象思维能力的发展。由于自我防御的心理机制，逃避有利于发展抽象思维能力的活动，作为一种补偿而选择有利于发展形象思维能力的活动。

现在的中职学生，绝大多数都是学业成绩尤其是理科成绩不甚理想的学生，也就是说，这部分学生的抽象思维能力在前期教育阶段没有得到充分的发展，抽象思维能力没有达到应达到的水平。就抽象思维和形象思维比较而言，这部分学生的形象思维能力具有相对优势。说“相对优势”并不是指抽象思维能力与形象思维能力的发展非此即彼的关系，其实二者是相互联系、协调发展的。抽象思维能力发展较好的学生，往往形象思维能力亦有较好的发展。但是，就抽象思维相对滞后的这部分学生而言，他们更在乎或更看重自己的形象思维能力的发展，他们更愿意、也更适应于接受适合形象思维的学习内容和教学方法。

4）适合培养技能型人才

行动导向教学法适合高素质技能型人才的培养。在与技能相关的英、德文词中，有 Skill（英）、Fertigkeit（德），常见的解释有技能、技巧以及熟练等意。德语对技能的释义为：“一种学会的或获得的行为成分。由此，技能的概念与被视为实现技能的前提条件的能力这一概念不同”（《德国百科词典》）。我国将技能定义为“通过练习获得的能够完成一定任务的动作系统”(《中国大百科全书·心理学卷》)，或“个体运用已有的知识经验，通过练习而形成的智力活动方式和肢体的动作方式的复杂系统”(《心理学大词典》)，以及“主体在已有的知识经验基础上，经练习形成的执行某种任务的活动方式”(《教育大词典》)。还有学者指出，“人们运用技术的能力就是技能，即人们直接使用工具‘操作’对象时所达到的某种熟练性、能力或灵巧度”(孙福万)。可见，这些定义“把技能界定在行动的领域，揭示了技能的本质特征”(张振元)。由此可见，技能的获得离不开行动，只有在行动中才能获得技能。

5）符合职业教育学习范式

姜大源认为，在职业技术教育中有 3 种学习范式：经典范式——基于行为理论和认知理论的学习范式；改革范式——基于行动理论和情境理论的学习范式；创新范式——基于整体理论的职业教育的学习范式。姜大源认为：“学习呈现一种复合而多面的结构。”行动理论也被称为行动调节理论，是认知理论的发展。行动理论将学习看作主体对自我行动调节的过程，指向目标定向和过程组织的动态行动能力的获取。以德国学者为代表的行动学习范式，强调学习过程中必须有行动的投入，借助基本工作技术（如参照、引用、构建、计划、合作与塑造等）实现实际行动，借助基本智力技术（如比较、归类、抽象和分析等）实现形式行动，进而实现行动的整体可存储、随时可复制、情境可迁移。行动理论是职业教育为了行动而学习和通过行动来学习，从而获取“咨询、计划、决策、实施、检查、评价”这一完整的行动学习范式理论基础。

情境理论亦被称为情境认知理论，是认知理论的发展，它将学习看作主体与学习情境互动的过程，指向参与实践和有效互动的实践活动能力的获取。以美国学者为代表的情境学习范式，强调学习过程必须有主客体的互动，通过创设物理的、生态的和社会的实践环境，实现在情境中的真实行动；通过参与实践共同体，实现从功能性学习情境中的边缘成员到活动系统的核心成员的转变，相互学习和促进，共享经验与成果。情境理论成为职业教育基于工作过程的学习，从而获得专业能力、方法能力和社会能力，进而从职业新手走向职业专家的学习范式的理论基础。

德国职业教育专家所建立的整体学习理论认为：学习是一个自组织和自调节过程，强调用发现学习取代接受学习、理解学习取代机械学习、自调节学习取代他调节学习。它有 3 个结构特征：一是认识结构，包括为理解现实世界和精神世界而必须获取的结构知识与客观联系以及处置方式和标准价值，涵盖陈述性知识的获取、程序性知识的转换和环境性知识的评价 3 个维度；二是启迪结构，包括为寻求解决问题的途径而必须借助心智操作将非完整的知识与思维过程予以连接，以及为实现从不满意的起始状态向预期的目标状态转换而必须借助的合适策略，即结构规律和演示规律；三是反思结构，包括为提高解决问题的能力而必须具备的对自我学习行动的检查与调节的执行过程，它产生于认知能力与探究能力的动态连接之中，是认识结构与启迪结构的支撑基础。整体理论的学习范式获得一种集成的效应，学习呈现一种复合而多面的结构。从教育心理学的观点看，行动学习和情境学习是整体学习的基础，三者都指向能力的获得，应该且可能成为职业教育的学习范式。

表 5.6 将行动导向教学法与传统（经典）教学法进行了比较。

表 5.6　行动导向教学法与传统教学法的比较

	行为引导（行动导向）教学法	传统教学法
教学形式	以学生活动为主，以学生为中心	以教师传授为主，以教师为中心
学习内容	间接经验和直接经验并举，在验证间接经验的同时，某种程度上能更多的获得直接经验	以传授间接经验为主，学生也通过某类活动获取直接经验，但其目的是为了验证或加深对间接经验的理解
教学目标	兼顾认知目标、情感目标、行为目标等教学目标的共同实现	注重认知目标的实现
教师作用	教师不仅仅是知识的传授者，更是学生行为的指导者和咨询者	仅仅是知识的传授者
信息传递方式	双向交流，教师可直接根据学生活动的成功与否获悉其接受教师信息的多少和深浅，便于指导和交流	单向教授，教师演示，学生模仿
学生参与程度	参与程度很高，其结果往往表现为学生要学	参与程度较低，其结果往往表现为要学生学
激励手段	内在激励为主，是从不会到会，在完成一项任务后通过获得喜悦满意的心理感受来实现的	外在激励为主，以分数为主要激励手段
质量控制	综合控制	单一控制

3. 行动导向教学法的应用

行动导向型教学法不是一种具体的教学方法，而是指导、组织整个教学过程的一种思路，包括以行动为导向的课程（模块）体系、以行动为导向的教学内容、以行动为导向的考核标准、以行动为导向的教学组织及行动导向的教学方法。具体说来就是以实际工作岗位专业能力和相关能力的要求来确定专业知识和专业技能等教学内容；参照工作流程来设计教学流程；参照岗位要求来确定考核标准；按照工艺流程来划分教学模块，以保证每个教学内容的相对完整，即按照“项目”的形式来组织教学；除了通过“讲”和“听”以外，师生双方以更多的“行动”来实施教学过程，即进行“行动导向教学”。前 4 个方面最终要通过教师来实现，并且主要集中在课堂上实现。行动导向教学法的核心理念是用行为来引导学生、启发学生的学习兴趣，让学生在活动中自主学习，培养学生的关键能力。行动导向教学法的关键是每个教学环节的可操作性、可行动性，教师要事先根据学生特点及教学内容，设计可由学生直接参与的教学环节，即以行动为导向的行动环节。

在“行动导向”教学理念的指导下，教师需要根据不同的教学内容、不同的教学目标、不同的教学对象，采用不同形式的行动导向教学法。常见的行动导向教学形式有“角色扮演法”“头脑风暴法”“案例教学法”“问题教学法”“情境模拟法”“引导课文法”“六步教学法”“四步教学法”等。

行动导向教学法的出发点是培养学生的职业行动能力，主要包括方法能力、社会能力和专业能力。德国职业教育研究者认为，方法能力、社会能力和专业能力不是位于同一平面上的，而是有层次的，其中方法能力应处于最高层。我国职业学校教师更专注专业能力的培养，而对方法能力和社会能力的关注度较低。关注方法能力与信息社会对职业人的要求、社会对创新的要求相一致，可以满足职业人可持续发展，所以不仅要把专业能力作为职业技术教学的培养重点，更要把方法能力作为培养重点。

运用行动导向教学法的难点在于学习情境的开发，即把行业工作领域与学校学习的学习领域集成转化，而要开发出适应性强的学习情境，关键在于职业学校教师教学理念的转变，教学能力的培养和提高，要求教师具有跨学科的能力，不仅要具备扎实的专业知识与娴熟的技能，还要了解相邻学科、相关学科及跨学科的知识与技能。因此，教师的工作方式需要做出根本性的改变，必须与同事共同合作，与相关行业的从业人员有效合作，具有团队合作的能力，并关注其他专业领域的发展。一种常见的行动导向教学流程如图 5.1 所示。

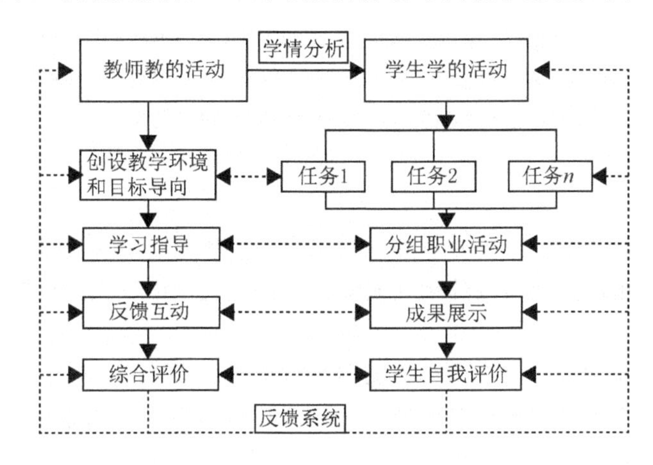

图 5.1　一种行动导向的教学流程图

职业学校培养的是高素质技能型人才，强调“融‘教、学、做’为一体”，提倡“任务驱动、项目导向、顶岗实习等有利于增强学生能力的教学模式”，行动导向教学法从微观层面实现了“教、学、做”一体，理论和实践一体化。学生主动学知识、自觉练技能，教师努力学习、积极思考、精心施教，学生的认知需要上升为情感需要，教师的职业需要上升为职责情感，推动了教师“乐教”和学生“乐学”的和谐氛围形成。所以，行动导向教学法适合于职业学校学生的智能特点，适合于职业技术人才培养，适合于职业教育的学习范式，是职业技术教学的必然选择。

5.5.2　场景模拟教学法

1. 教学法简介

场景模拟教学法又称模拟实习法或模拟练习法，是学生在教师的指导下，在模拟的工作环境中，扮演实际工作环境中的“角色”，从事有关职业内容的一系列角色活动的一种教学法。职业学校的有些专业，因专业性质特殊，学生直接到一些单位去顶岗实习有困难，必须先让学生在学校模拟的环境中进行综合训练，以提高学生的实际工作能力、增强顶岗实习的适应性。如软件类专业经常通过模拟环境进行大型软件应用的教学。

模拟教学具有教师主导性、学生主体性、教学实践性、环境模仿性和条件真实性等特点。模拟教学可使学生提早体会“职业岗位”，了解职业需求情况，增强学习兴趣和信心；增强学生发现问题、分析问题和实际动手的能力；培养学生的社会适应能力以及与人交往、协作、沟通和寻求解决问题的途径和方法等；能强化学生的参与意识和主体地位；可节省贵重和稀有的材料、设备，保证实习的安全，避免在真实条件下可能发生的危险和不良后果，减少因错误操作造成的损失。

运用模拟教学法的基本要求如下：

（1）必须建设好模拟教学环境。运用模拟教学法的关键在于建设好模拟教学环境。必须按照专业的特点、教学的内容与要求，设置模拟教学室。模拟的环境力求逼真，使学生一进入模拟室，就能很快进入“角色”。

（2）教师要先讲清模拟练习的内容与要求，并为学生做出示范。

（3）在模拟练习中，教师要严格要求学生，发现问题要及时纠正，以提高练习的实际效果。

（4）做好总结。模拟练习结束时，教师要总结成绩，指出存在的问题，同时按评分标准，逐项为每个学生打分，鼓励学生继续努力，以达到预定的目标。

2. 教学法应用

数据库实训课程是中职软件专业的常见综合独立实践环节，采用工作情景模拟教学法，通过情景创设方法、角色扮演、教师指导的综合训练方式，可以收到较好的教学效果。

1）案例背景

数据库实训课程是中职学生在学习过某种程序设计语言和数据库技术课程的基础上，运用软件开发环境和数据库技术设计开发具有一定实用性数据库应用系统的综合性的独立实践环节。该课程为进一步提高学生的编程能力、分析解决问题的能力及综合素质，一般都要求学生会用软件工程的思想和方法设计开发功能较完整的实用程序，并要求学生在分工协作能力、书面表达能力和口头表达能力方面都要得到锻炼。所以这类课程在计算机软件和数据库技术类课程中占有重要地位。它上联程序设计类和数据库技术课程，是该类课程的实践应用，下接企业定岗实习，具有承上启下的作用。通过对该课程的实施过程的工作情景模拟，将数据库软件项目开发过程和项目组工作情景引入课堂，使学生在近似于实际工作过程的情景下，扮演相关角色，完成相关任务，为学生今后走上实际工作岗位，开发实际项目积累经历和经验，为评价学习效果提供依据。

2）创设工作情景

数据库实训课程的目标是：学生通过调研获取某个应用领域或环境下的数据库应用系统的需求，分析需求，使用所学知识和技术，设计开发实现有一定实用性的数据库应用系统。整个过程应体现了软件工程的思想和方法，运用了数据库技术和应用程序设计开发技术，并涉及软件项目开发管理技术。本例通过数据库应用系统设计开发过程中的需求分析、设计开发、编码和测试3个重要环节来创设情景。

（1）需求分析

需求分析是软件开发过程中很重要的一个环节，后续的设计开发等都要基于需求的结果，若需求获取不正确或不完整，在设计和实施的过程中想要弥补，将会造成项目效率的降低和成本的增加。因学生无实际开发经历，这个道理无法体会，在设计开发应用系统之前，普遍忽视需求分析的重要性。所以应将该环节作为学生“走上”工作岗位、体验工作过程的第一步。

针对需求分析目的和获取途径创设工作情景。需求分析析的目的是获取用户的数据需求和功能需求信息，即获取哪些需要的信息（What），获取途径包括获取信息的来源渠道（Where）及获取的方法和手段（How）。

设置用户。可设置两种用户，第 1 种可以是同班同学，一组同学是另一组同学的用户，提出需求；第 2 种为指导教师指定题目中的实际用户或学生自拟题目中的实际用户，本案例主要从模拟角度阐述工作过程，所以主要侧重于第 1 种用户。

设置多种获取途径，可采取用户访谈、用户调查、现场观摩、从行业标准和规则中提取、需求讨论会等多种形式，从两种用户那里获取需求信息。用户访谈可模拟用户见面会、需求说明会的场景，让两组学生分别扮演用户和分析人员，提出需求和记录需求；用户调查可让学生设计问题调查问卷，发给用户，让其填写；为更直观地了解客户需求，比如对于“教务信息管理系统”这个题目，可让学生观察教务教师的工作流程；为学生提供或让学生自行调研一些行业的标准和业务规则，让学生从中了解用户的需求；最后，可采取召开讨论会的形式，让学生分别装扮用户、分析设计开发人员，坐在一起讨论需求，分析设计开发人员应先准备好问题与“用户”进行逐项专题讨论，并在此基础上构思解决方案，在此过程中将所有的想法、问题和不足记录下来，形成一个要点清单，作为后续需求分析的依据。讨论会记录模板如表 5.7 所示。

表 5.7　讨论会记录模板

讨论会记录				
时　　间		地点		
参会人员				
讨论主题				
会议角色分工	主持人	记录员	报告人	提问者
会议详细记录				
工作角色分工				
角度安排				

注：角色分工包括会议的主持者（Leader）、记录者（Recorder）、会议的报告人（Reporter）以及提问者（Questioner），结果和成果中包含设计目标和设计方案；会议记录一般在 1000 字左右。

（2）设计开发编码

该环节主要包括数据库的概念结构设计、逻辑结构设计、物理结构的设计和数据库实施，以及应用程序的概要设计、详细设计、编码和试运行、调试等，是应用系统开发的主要工作环节。在实际项目开发中，项目组经常会采用封闭式集中开发的形式。为了学生能够在实际岗位中适应这种形式的工作，可在课堂上模拟该工作情景。

在考勤上模拟工作考勤制度，学生实训时间从早 8 点到下午 4 点，中午有半个小时的吃饭时间。早 8 点前有管理人员（学生）在教室门口负责签到，模拟工作中的上班打卡；晚到学生要根据迟到时间的长短扣除相应平时出勤分数，模拟工作中扣工资和奖金；工作时间严格控制学生出入次数和时间，控制手机、网络等的使用；下午 4 点之后，同样模拟工作实景，严格下班时间。看似很残酷的考勤制度，实际上是让学生真正体会职场的严格制度和工作艰辛。

开发过程中严格监控工作进度。每组下午“下班”后，要提交每天的开发日志，如表 5.8 所示。其中要明确说明当天的进度是否完成，若未完成，要给出理由和解决办法。

表 5.8　开发日志模板

开发日志				
题　目			组号	
成　员				
时　间		地　点		
时间段	组员工作内容			
	张三	李四	王五	赵六
成果与收获				
是否能按进度完成任务	是 □ 否 □	未按进度完成的原因		
遇到的问题及解决方法				
参考资料使用				

注：每天每组提交一份开发日志，一般在 800 字左右。

组长签字__________

（3）测试评审

在开发工作的最后一天，每个开发小组要提交系统和相关文档。该系统必须经过“用户”的测试。每组在提交系统前，可组织“用户”测试验收，给出测试验收报告，这个过程教师可不参与，让学生自行组织完成。在提交系统后，教师组织学生进行所有系统的总评审。各组以组为单位，每个学生以口头报告的形式（可借助 PPT）讲解和演示实训内容和成果，包括设计目标、设计方案、开发技术、系统运行效果等，每名学生、教师提 1～2 个问题，其他同学提问 1～2 个问题。该过程模拟实际工作中的项目验收时的专家评审环节，主要锻炼学生口头表达能力。

3）角色扮演，在整个工作过程中，每个组扮演着两类角色，一类为用户；另一类为组中的每个学生分别扮演系统开发过程中的开发方的各种角色。具体角色说明如下：

- 用户

用户提出需求并和教师一起监督系统的开发过程，并在结束时验收评审开发成果。

- 项目经理（组长）

与实际工作中的项目经理不同，他除了负责整个系统从需求分析到提交验收的整个过程的组织、分工、管理和协调之外，还必须参加系统的设计和开发。

- 需求分析师

完成系统的需求调研，参与需求讨论和分析，完成需求规格说明书等的编写。

- 开发人员

根据需求分析师提供的需求规格说明书，完成功能模块的设计和系统编码、运行和调试，实现系统的功能和特性。

- 测试人员

测试分为开发方的测试和验收方的测试。本组学生作为开发方，进行系统的功能测试、集成测试、系统测试等；而用户作为验收方，主要进行验收测试。在测试前，都需要制定测试计划，设计测试用例等。

● 美工

负责美化系统界面，每组可选派喜欢美术的学生担当此角色。

● 文档编辑

职责各种文档的编写，每组可选派文笔较好的学生负责，但最好让所有学生都参与文档的写作，从而锻炼每个学生的书面表达能力。

需要说明的是，上述角色分工仅仅是每个学生主要负责的职责内容，系统从需求分析开始的所有环节，每个学生都必须参与，特别是设计和编码过程，每个学生要负责相应模块的设计和实现，避免造成如负责文档编辑的学生只负责写文档，不参与其他工作，从而导致数据库实训课程对于他来说变成了文档写作课的问题。

4）教师职责

在整个工作情景模拟过程中，教师的位置应处于次要地位，学生是主角，教师是配角，仅仅协助各开发小组完成实训任务。

● 明确角色和任务

引导每个学生明确自己的角色和任务，提醒和引导学生成功扮演相应角色，起到一个导演的作用。

● 跟踪监控工作过程

跟踪系统设计开发的全过程，特别是引导学生按照软件工程的过程和步骤完成实训任务。通过旁听需求讨论会和检查讨论会记录，监控系统的实现目标和开发方向；通过检查开发日志，监管系统质量和进度；通过检查考勤情况，监控遵守和执行规章制度的情况；通过参与评审，监控最终系统的效果和质量。

● 指导和帮助需求分析阶段

负责为学生提供各种文献资料或查阅文献资料的途径，联系相关工作现场，帮助学生制定调查问卷和讨论主题，提供需求规格说明书标准，并根据学生的讨论会记录和需求规格说明，给出建议和意见。

设计开发编码阶段帮助解决学生自己不能解决的问题。测试运行评审阶段，帮助学生规范测试过程和测试报告的书写，参与评审答辩，帮助学生完善系统的功能和性能。同时还可能扮演解决工作中的矛盾和纠纷的仲裁者。

观察每个学生在工作过程中的表现，包括出勤、工作态度、参与情况、工作量，通过评审其所负责部分的系统设计和开发质量，给出对每个学生的总体评价或总评成绩。

5）案例评价

工作情景模拟教学法应用于数据库实训课程，是对实训课程的科学改革。该方法既实现了课程的目标、达到了课程的要求、完成了课程的内容，又使学生在扮演不同角色的过程中，体验到真实项目开发的工作过程、工作场景和相关制度规则及规范，让学生对未来职场有感性的认识和了解，为选择职业方向作参考，为走上软件项目开发工作岗位做实战准备。同时工作情景模拟教学法的实施也为教师科学合理地评价学生实训过程和成果提供了可靠的依据。

5.5.3 案例教学法

1. *教学法简介*

案例教学法就是指教师选用专业实践中常见的、具有一定难度的典型案例，组织学生进行分析和讨论，提出解决问题的策略的教学法。在这里，案例是关于实际情境的描述，它叙述的是一个完整的、有代表性的真实事件。

案例教学有课堂教学和实践教学之分。案例运用于课堂教学，一是理论阐述前的案例引路，引导学生在悬念中探索解决矛盾的方法和寻求问题的答案；二是在理论阐述中，举出案例佐证，以帮助学生加深对理论的理解；三是案例运用于实践教学，主要是提供高度仿真性的模拟情景和背景资料，组织案例的分析与讨论，这更能使学生得到实际锻炼，更有利于把知识转化为能力。案例教学可有一种结论，也可有多种结论，但通常没有唯一正确的标准答案，只要能抓住问题的实质，分析方法对路，逻辑推理正确，就可以予以肯定。为提高案例教学效果，教师必须精密策划、精选教案、精心安排。案例教学其典型过程有 4 个环节。

（1）学生个人阅读案例与分析准备。通常是在课外事先进行的。此环节教师的工作，主要是布置启发思考题与推荐参考文献、网上信息，以及要求和指导学生写分析提纲。

（2）小组讨论。有助于学生畅所欲言，充分交流。小组讨论应争取形成共识，并进行学习任务分工。学习任务分工是指在查阅参考文献、图表绘制等工作上进行分工以及推举在班级讨论中以全组名义发言的代表。教师一般应允许同一小组中学生的书面报告使用同样的图表，以鼓励学生锻炼群体协作能力，但书面报告必须由个人分别完成。

（3）个人书面报告。口头发言不能代替书面分析，后者不但能锻炼书面表达力，而且可使分析更有条理、更精确、更具逻辑性。考虑到书面报告有一定的工作量，所以教师可要求每个同学只完成几个案例的分析报告。

（4）全班课堂讨论。这是师生所作的努力的共同集中表现，也是教学功能发挥最完整、最强烈的环节。典型的课堂讨论常包括下列各阶段：首先是“摆事实”，即让学生简要地回顾案例中的主要情节。然后开始“找问题”，问题可能不止一个，这就要找出主要问题与次要问题；然后开始“查原因”，即追查问题产生的根源，“根源”可能是多方面的，要逐一剖析，分清主次；最后是对症下药地列出针对性的对策，“对策”当然不止一种，这便要综合分析，权衡利弊，以便做出正确的“决策”。

案例教学过程中，教师需要注意：第一，要训练目标明确。第二，要把握师生角色。在案例教学中，学生是主体，教师是主导。教师不能以自己的结论代替学生分析讨论，而应以组织者的身份积极为学生服务。只有在必要时，方可给以适当的暗示、提示、点化和引导。第三，创造良好气氛。引导学生畅所欲言，同时教师又需控制局面，使讨论不偏离主题。第四，案例教学不能完全替代系统的理论教学。第五，坚持教材为主。案例是完成教材讲授的辅助手段，是教材内容的补充。它只有与教材内容完美结合，才能启发学生的思维，对日后的工作实践起到指导作用。

2. *教学法应用*

Visual Basic 程序设计课程是大多数中职软件类专业开设的程序设计基础课，是一门集灵活性、实践性、综合性于一体思维课程。中职生以形象思维、感性思维见长，缺乏成熟的逻辑思维能力，一般来说，Visual Basic 是作为中职生的第一门程序设计课程，此时的学生对程序设计也比较陌生，这在某种程度上成为学生学习的障碍。要达到较好的教学效果，必须选取适当的教学法。

学习 Visual Basic 程序设计，必须掌握程序设计的 3 种基本结构：顺序结构、选择结构和循环结构。选择结构是程序设计中控制程序流程非常重要的一种结构，在三种结构的学习中具有承前启后的作用，“前”是对顺序结构运用的深化认识，“后”是为学习循环语句做铺垫。IF 语句是选择结构的一种实现语句，在教学过程中如何突破 IF 语句的重点、难点，帮助中职生理解 IF 语句的执行过程，掌握 IF 语句的应用，提高中职生逻辑思维能力，是我们在教学中应该思考的问题。

当一个问题涉及对条件进行分析、比较、判断，判断条件所得的结果不同时，处理问题的方式也要相应不同，这时就要用选择结构来解决问题。基于中职生的认知特点，如果用一些能引起学生兴趣的，又特别贴近学生日常生活的例子来分析选择结构，学生定能轻松愉快地接受、理解，同时印象深刻，从而加强学习效果。

本案例针对 IF 语句教学的各主要环节，精心选取一些生活案例，促使学生在学习过程中积极思考，培养学习兴趣，提高学习主动性，帮助学生有效地学习 IF 语句的使用方法。教学中，以启发、引导贯穿始终，创造学生自主探究学习的平台，使学生由“要我学”转变为“我要学”，提高课堂的学习效率。

1）案例情景

中职生的认知特点以识记、联想为主，而程序设计课程侧重于逻辑思维的训练与应用，所以中职生普遍会感觉程序设计比较困难，也缺乏相应的学习兴趣。如果按传统的教学法，直接讲授语句格式、语句功能，学生会觉得枯燥无味毫无兴致。结合学生的实际情况，设计一个有趣的案例情景，引起学生的关注及兴趣，既渲染了课堂气氛，也为 IF 语句的应用埋下伏笔，设置了悬念。

比如，展示一幅有极胖、极瘦两种体型的人物图片，引入体型判断问题，如图 5.2 所示。分析体型判断问题的解决过程，总结生活中判断、选择类问题的特点，指出 VB 中 IF 语句的主要功能就是解决类似的判断、选择性的问题，从而引入本课主题——IF 语句的学习。

图 5.2　胖子与瘦子

IF 语句从功能上可以分为单分支、双分支和多分支 3 种结构。IF 语句的学习主要在于把握 3 种结构，IF 语句的语句格式、语句功能和语句应用。语句格式是识记性的内容，提醒学生在学习的过程中注意 3 种格式的书写区别，进行对比记忆印象会更深刻。语句功能和语句应用是学生学习中的重点和难点，对这两部分分别精心选取了一些学生身边的、能引起兴趣的生活小实例，通过这些有趣实例的分析，帮助学生更好地理解、掌握 IF 语句的功能和用法，并力争达到灵活运用、解决生活实际问题的高度。

2）案例设计与分析

兴趣是学习的原动力，抛开晦涩难懂的概念和语法，用带有旋律的歌词实例来焕发学生的学习热情。将各语句功能同生活中学生熟悉的、能带来快乐的选择性歌词语句类比，这些语句是学生一听就能明白的，这样，可以在轻松愉快的歌词赏析中将语句功能这个难点化解。各分支结构的类比语句如下：

（1）单分支结构。类比生活中的语句：“如果幸福，那么拍拍手”，并把它写成对应的单分支 IF 语句。格式如下：

```
If 幸福 Then
    拍拍手
End If
```

或单行格式：

```
If 幸福 Then 拍拍手
```

它的执行过程和我们听到“如果幸福，那么拍拍手”这句话后的行为反应是一样的。程序执行时，先判断条件幸福是否成立，如果成立，执行语句“拍拍手”，否则什么都不用做。执行流程如图 5.3 所示。

通过对比分析，可以让学生自己轻松地总结出单分支语句的执行特点：只有一种执行结果。

（2）双分支结构。类比生活中的语句：“如果幸福，那么拍拍手，否则跺跺脚。”写成对应的双分支 IF 语句格式如下：

```
If 幸福 Then
   拍拍手
Else
   跺跺脚
End If
```

或单行格式：

```
If 幸福 Then 拍拍手 Else 跺跺脚
```

它的执行过程和我们听到“如果幸福，那么拍拍手，否则跺跺脚。”这句话后的行为反应是一样的。程序执行时，先判断条件幸福是否成立，如果成立，执行语句“拍拍手”，否则执行“跺跺脚”语句。执行流程如图 5.4 所示。

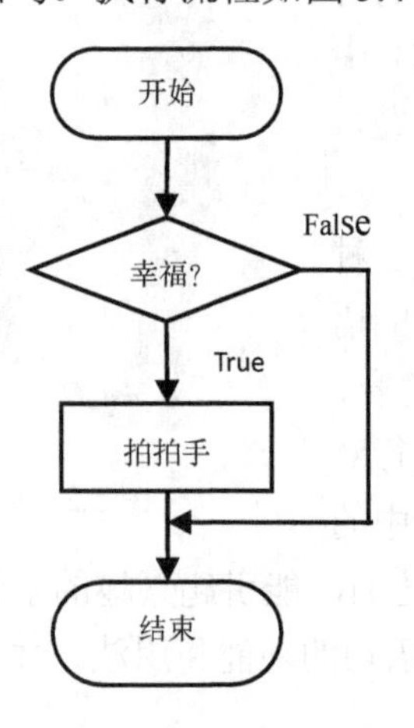

图 5.3　单分支 IF 语句

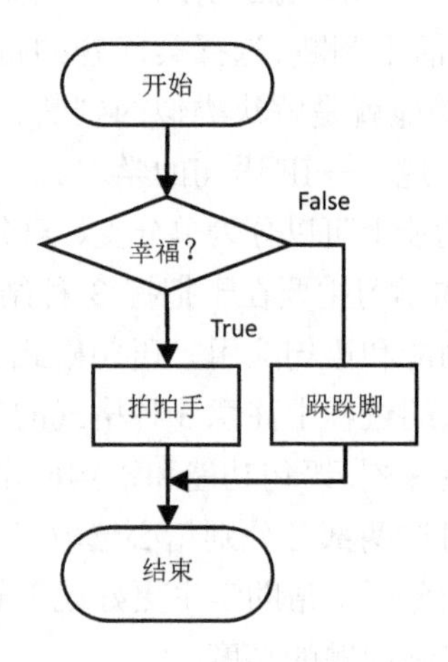

图 5.4　双分支 IF 语句

从流程图中看到双分支语句有两种执行结果，有部分学生可能不清楚两种结果能不能同时出现，简单分析一个人听到“如果幸福，那么拍拍手，否则跺跺脚。”这句话后的行为，可知一个人只能从两种结果中选择一种。因此可总结出双分支语句的执行特点：有两种执行结果，但某一次执行中只能出现一种执行结果。

（3）多分支结构。类比生活中的语句："如果幸福，那么拍拍手；否则，如果开心，那么跺跺脚；否则，……；如果温暖，那么挤挤眼；否则伸伸腰。"不过，在这里我们要首先假设"幸福""开心""温暖"等条件中的任何两个都不能同时出现。它对应的 IF 条件语句为：

```
If 幸福 Then
    拍拍手
Else If 开心 Then
    跺跺脚
    ……
Else If 温暖 Then
    挤挤眼
Else
    伸伸腰
End If
```

它的执行过程和我们听到"如果幸福，那么拍拍手；否则，如果开心，那么跺跺脚；否则，……；如果温暖，那么挤挤眼；否则伸伸腰"这句话后的行为反应是一样的。程序执行时，如果条件 1"幸福"成立，执行第一分支的"拍拍手"语句，IF 语句结束，其他分支不再执行； 如果条件 1"幸福"不成立再接着判断条件 2，如果条件 2"开心"成立，执行第二个分支的"跺跺脚"语句，IF 语句结束，剩余的分支不再执行；依次类推，当前面的条件都不成立时，执行 Else 分支的"伸伸腰"语句，执行流程如图 5.5 所示。

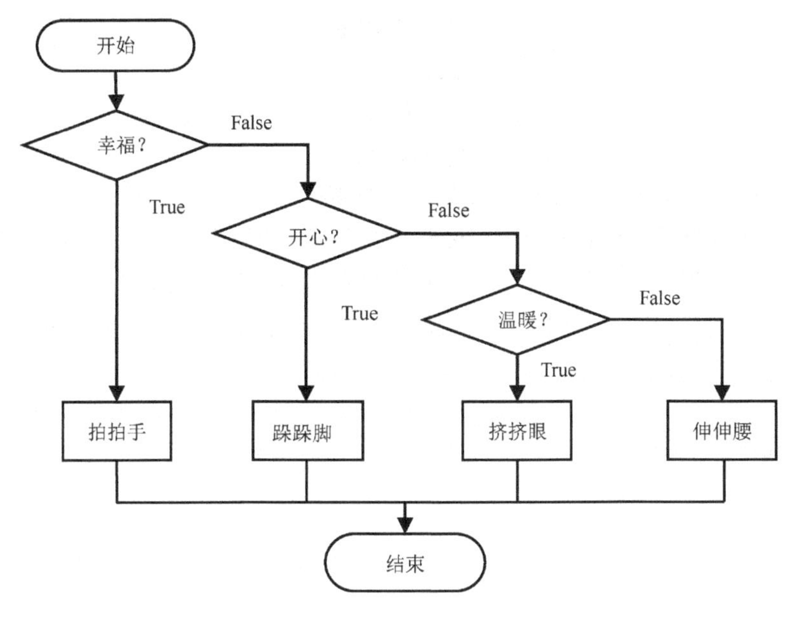

图 5.5　多分支 IF 语句

3）能力培养

如何灵活应用 IF 语句来解决实际问题，是学生学习中需要突破的一个难点。面对要解决的问题学生往往不知道该选择哪种分支结构的 IF 语句。为简化学生解决问题的过程，我们根据各分支结构 IF 语句的执行特点，总结出一个选用分支结构的“公式”。选用的思想是：根据问题需要出现的执行结果的总数目进行判断，如果只有一种执行结果，选用单分支结构；如果有两种执行结果，选用双分支结构；如果有 3 种或 3 种以上执行结果，则选用多分支结构 IF 语句。同时，我们选用一个学生都比较感兴趣的“体型测试程序”对“公式”进行验证。根据体型测试的实际情况，设计了 3 个问题，分别对应单、双、多 3 种结构，从易到难，层层递进，以满足不同层次学生的需求。目前体型测试比较通用的方法是对体重指数进行判断，体重指数由下面公式计算得到：

体重指数（BMI）=体重（公斤）/身高（米）的平方

评判标准为：BMI＜19 为偏瘦，BMI 介于 19～23 之间为健康体重，BMI＞23 为超重。

问题 1：春节后，用户希望程序给出是否超重的提示。

分析问题，程序只需“超重”一种执行结果，根据“公式”应选用单分支 IF 语句实现。由体型测试标准知：显示”超重”的条件为体重指数大于 23。对应的 IF 语句为：

```
If  BMI ＞ 23 Then
     超重
End If
```

问题 2：希望程序给出超重和未超两种提示。

程序要求有两种执行结果，根据“公式”，两种结果应选用双分支 IF 语句实现。条件的确定需要根据第一个分支的结果判断，第一分支的结果如是“超重”，则条件应为“BMI ＞ 23”，如是“未超”，则条件应为“BMI＜=23”。其程序伪代码如下：

```
If  BMI ＞ 23Then
    超重
Else
    未超重
End If
```

```
If  BMI ＜= 23 Then
    未超重
Else
    超重
End If
```

问题 3：希望程序给出超重、标准和偏瘦 3 种提示。

由问题知：程序共有 3 种执行结果，根据“公式”，3 种结果需用 3 分支结构 IF 语句实现。3 个分支对应 3 个结果。将条件从小到大或从大到小进行排序，然后依序填各条件及结果。程序在环境下具体实现时，通过调用不同的窗体来显示不同的提示结果。程序实现代码如下：

```
If  BMI ＞ 23 Then
    超重
Else If  BMI ＞ = 19 Then
    标准
Else
    偏瘦
End If
```

在 VB 环境下运行程序，并分别检验 3 种情况。

输入一负数查看程序运行结果，通过结果的不合理性引入让学生思考的问题：“输入数据不合法时如何处理?”

4）案例小结

对学生较难掌握的选择结构，采用案例教学法，教学案例从学生的实际情况出发，根据现有学生的基础，结合简单、有趣的生活实例，引导学生进行探索式学习。问题从学生对体型测试的关注入手，过渡到课题的研究学习。原本枯燥无味的程序设计，在简单、形象的生活实例下变得生动、有趣，激发了学生对程序设计的求知欲，提高其学习兴趣，形成积极主动学习程序设计的态度，督促学生课后搜集生活中的选择结构实例，并尝试用 IF 语句编写相应程序。促使学生对选择结构 IF 语句举一反三，在生活中灵活应用，提高学生用 IF 语句解决实际问题的能力，加强学生对程序设计的理解力，从而促进学生对问题解决方法和思想的理解与掌握，从而提升学生的问题解决能力，让学生在按照一定流程解决问题的过程中，去体会和理解程序设计的思想，而且也为嵌套选择结构和 Select 语句的学习打下基础。

5.5.4　项目教学法

1. 教学法简介

项目教学法通常也被称为项目作业法，是职业教育教学活动中最典型、最有效的行动导向的教学法之一，它充分体现了行动导向教学的真实性、完整性和协作性学习的原则。项目教学法是指在教师的指导下，学生通过完成一项完整的“项目”工作而进行教学活动的教学法。将一个相对独立的项目，交由学生自己处理。从信息的收集，到方案的设计、项目的实施及最终的评价，都由学生自己负责。学生通过该项目的进行，了解并把握整个过程及每一环节中的基本要求。这里的“项目”是指以完成一件具体的、具有实用价值的产品为目的任务。一般而言，所有具有整体性特征并有可见成果的工作皆可作为“项目”，如软件产品展示、信息系统开发、某种应用软件开发等。中等职业学校的课程设计、专业实训可以视为“项目”教学的特例。

项目教学具有明显的实践性、独立性和主体性等特点。它是产教结合的一种具体实践。项目教学法要求教师充分接触社会、企业，广泛收集信息，提出项目任务，在与学生共同讨论、确定各自目标和任务的前提下，由学生根据学到的知识、已有的专业能力，独立自主地或在教师帮助下实施和完成项目。项目的完成既要接受教师的评判，更主要的是要接受社会的评判，要看市场的反映，要体现一定的经济效益。

项目教学法一般按照以下 5 个教学阶段进行：

（1）确定项目任务。通常由教师提出一个或几个项目任务设想，然后同学生一起讨论，最终确定项目的目标和任务。

（2）制定计划。由学生制定项目工作计划，确定工作步骤和程序，并最终得到教师的认可。

（3）实施计划。学生确定各自在小组中的分工以及小组成员合作的形式，然后按照已确立的步骤和程序工作。

（4）检查评估。先由学生对自己的工作结果进行自我评估，再由教师进行检查评估，师生共同讨论、评判项目工作中的问题、学生解决问题的方法以及学习行动，通过对比师生评价结果，找出造成结果差异的原因。

（5）归档或应用。项目工作结果应该归档或应用到企业、学校的生产教学实践中。

采用项目教学时，应注意将某一教学课题的理论和项目的实践活动结合在一起；与软件企业生产过程或实际的商业活动结合在一起；应尽量让学生自行组织、安排自己的学习或操作，学生应有较强的独立工作能力；要根据学生的水平选择有适当难度的项目，既能应用已有知识、技能，又能运用已有知识与技能在一定范围内解决未遇过的实际问题。

2. 教学法应用

.NET 平台是微软公司的软件开发平台，具有开发界面友好、学习周期短、具有联机中文参考文献、与 Windows 操作系统兼容性好的优势。而且微软公司声明，未来的.NET 将会是跨平台的，因此成为很多中小型软件企业的首选开发平台。

目前，.NET 平台在高等职业学校的软件技术专业中已经普遍使用，相信随着中等职业学校软件专业的发展，在中职软件类专业实施基于.NET 的课堂与实训教学这一做法很快就会普及。

1）项目选取

通过走访企业、查询招聘网站，开展广泛深入的调研，根据职业岗位和企业真实项目研发的工作过程，确定典型工作任务和岗位能力，进而反推出本课程的培养目标。根据课程目标让学生自己选定学习项目，可以从自主创业的角度选择生源地的特色食材、特色旅游等题材的网站，也可以从开发公司的角度为某小型企业开发网站，以确保我们的课程内容与“学生的就业意向”和“企业的用人需求”无缝对接。

最终项目名称确定为“.NET 实训课程设计”。

2）项目设计

按照行业实际工作流程，从网站的功能需求分析→效果图设计→网站母版设计→数据库设计→网站功能模块的实现→网站的发布测试，提炼开发流程的各个阶段所对应的知识与技能，根据项目各模块的设计来组织课堂教学。

3）项目组织

4 个学生结成一组。每两个小组完成相同题材的网站作为对照。让学生在网站开发过程中根据自己的特长和求职意向分别扮演“客户”“项目经理”“程序员”“设计师”，分工合作完成各自的网站开发。在网站开发过程中，每个成员各司其职，只有团队作战才能完成整个项目。随着课程的进展，学生角色是可以变换的，到最后所有人都能理顺整个项目研发的过程。

4）项目实施

学生根据制定的项目实施计划来完成任务。教师在此过程中要巡回指导，并适时提供咨询和建议。每个学生可以根据自身的经验，给出不同的解决任务的方案或策略，而且对于复杂的教学项目，还可以采用小组合作的方式完成，实现从学习者到工作者的角色转换，进一步培养学生的合作、沟通与人际交往能力。在本环节，要求学生在制定项目实施计划和任务书的基础上，编制程序，完成上述任务。对出现的问题进行分析，教师提供完善意见，学生修订程序。本例以表 5.9 所示的内容进行项目的实施。

表 5.9　.NET 实训课程设计项目的实施

模块编号	模块任务	师生活动	技能内容与要求	学时
1	认识.NET	教师对学生进行专业引导	让学生了解该项目的学习目的、学习方法，鉴赏以前学生的优秀作品	2
2	项目选取（客户、美工、程序员）	学生简要解说项目思路	网站定位、风格与功能	2

续表

模块编号	模块任务	师生活动	技能内容与要求	学时
3	素材搜集（客户、美工）	学生选择媒体素材（文字、图像、影音等）；学生汇报素材搜集的过程与体会	掌握利用搜索引擎搜集并标记素材网站的方法	4
4	系统设计（美工、程序员）	教师根据项目实际需求讲解：效果图、页面模板设计要点；网页内容选择原则；学生分组制作并展示结果	美工熟练使用Photoshop裁剪图片，在Dreamweaver中使用DIV+CSS布局与美化网页；程序员掌握在Dreamweaver中结合html制作站点地图、导航控件、模板页的方法	8
5	详细设计（美工、程序员）	教师讲解所需的.NET知识点：软件结构、数据库建模；学生设计并实现各子项目，并展示子项目的运行效果	理解并掌握三层Web架构；掌握数据库的创建与连接；掌握根据数据表创建实体类的方法；掌握.NET标准控件、数据控件、第三方插件、服务器验证控件、AJAX	36
6	网站部署	教师讲解Web系统跟踪调试与Web站点安全发布技术	掌握Web站点的安全发布 掌握在局域网内实现动态网站	4
7	项目汇报	学生展示作品、小组之间互评，教师重点点评	培养良好沟通、协商的能力	6

5）项目评价

项目教学不是追求学习成果的唯一正确性，评价项目解决方案的标准并不是“对”或“错”，而是“好”或“更好”。评价过程中不仅要进行结果评价，还要进行过程评价；不仅要进行个体评价，还要进行小组的评价；不仅要进行技能评价，还要进行素质评价和学习方法的评价。具体的评价措施如下：

（1）根据学习内容评价。

学习内容评价不仅要评价知识的掌握，更要评价知识应用到实际工作中的能力和职业素质。在进行学习评价时，设置一个汇报和答辩的场景，各项目组分别以任务的实现为主线，全组成员一起进行汇报和答辩，其他组的同学和教师可以进行现场提问，通过这样的汇报和答辩过程，能够了解项目组解决实际问题的能力，学生对知识的掌握程度，根据项目要求，给出学生互评成绩。在了解其他项目组完成情况和任务（或项目）总结的基础上，反过来对自己组的作品有了更清楚的认识，可以得到准确的自评成绩（可以是改进后的自评成绩）。通过答辩，既锻炼了学生的演讲能力，现场解决问题能力，也加强知识的交流，加深了对知识的掌握。

（2）根据学习过程评价。

以学习过程评价为主，兼顾结果评价。任务评价主要评价学习者是否依据职业规范参与到项目组的活动中去，互帮互助、相互促进，共同完成学习目标。项目评价：以评价项目的结果为主，兼顾学习过程。项目评价主要评价每个项目组或每个人的最后成果，通过展示成果、答辩来查看对知识的掌握、知识的应用能力和职业素质。

本案例采用“工作过程化”的思路，以知识点为核心，进行理论教学、实践教学及考核。遵循态度+过程+能力原则，注重过程，以作品为主检验学生的动手能力。采用形成性考核和终结性考核相结合的方式：

① 形成性评价1（平时表现与考勤）：占20%。

主要考察学生的学习态度是否端正，缺勤30%以上不允许参加正常的期末考试。

② 形成性评价2（阶段考核）：占40%。

当完成一个较为完整的模块后分别进行一次答辩，可以采用 PPT 辅助展示思路。

① 以个人为单位考察学生基础知识掌握情况，计入学生个人平时成绩。

② 以小组为单位考察学生的合作能力、交流能力、学习能力、评价能力等，并分别计入小组和个人的平时成绩。

（3）终结性评价（项目完成后的答辩）：占 40%。

① 主要考察学生的团体合作能力、分析能力、知识迁移能力、创新能力。

② 根据作品完成情况和每个成员各自的任务完成情况，分别给出小组成绩和个人成绩。

总成绩 = 形成性评价 1（20%）+ 形成性评价 2（40%）+ 终结性评价（40%）

6）项目拓展

在学生已有知识基础上归纳总结出类似项目的一般实施过程，并结合后续项目的实施，进行理论知识拓展、相关原理深化与技能拓展训练。在本环节，教师在学生已经掌握相关概念、基本原理和实践操作技能的基础上，就一些最新技术进行介绍，对学生的实践知识进行理论的升华。需要说明的是，上述项目教学流程中的“知识铺垫”和“知识拓展”两个环节不是必须要求的，要根据项目的层次关系、难易程度和后续学习的需要，进行灵活处理。只是对于较为复杂的综合实践项目，在项目实施时才采用小组合作的教学方式进行教学，而对于培养学生基本职业能力和专业方法能力的教学项目，最好在教师指导下由学生独立实施和完成。

7）案例小结

通过“项目教学法”在“. NET 实训课程设计”的实施，使学生的学习风气有很大的改观，由被动学习转变为主动去寻求问题的解答。通过对学生进行问卷调查， 普遍感觉学到了很多书本上没有的知识，满意度达到 80%以上。实践证明，项目教学法能充分调动学生的学习积极性，实现了教学目标，为学生就业打下良好的基础。

5.5.5 任务驱动教学法

1. 教学法简介

所谓“任务驱动”，就是在学习的过程中，学生在教师的帮助下，紧紧围绕一个共同的任务活动中心，在强烈的问题动机的驱动下，通过对学习资源的积极主动应用，进行自主探索和互动协作的学习，并在完成既定任务的同时，引导学生产生一种学习实践活动。“任务驱动”是一种建立在建构主义教学理论基础上的教学法，它要求“任务”的目标性和教学情境的创建，使学生带着真实的任务在探索中学习。在这个过程中，学生还会不断地获得成就感，可以更大地激发他们的求知欲望，逐步形成一个感知心智活动的良性循环，从而培养出独立探索、勇于开拓进取的自学能力。

“任务驱动教学法”是一种建立在建构主义学习理论基础上的教学法，它将以往以传授知识为主的传统教学理念，转变为以解决问题、完成任务为主的多维互动式的教学理念；将再现式教学转变为探究式学习，使学生处于积极的学习状态，每一位学生都能根据自己对当前问题的理解，运用共有的知识和自己特有的经验提出方案、解决问题。

建构主义学习理论强调学生的学习活动必须与任务或问题相结合，以探索问题来引导和维持学习者的学习兴趣和动机，创建真实的教学环境，让学生带着真实的任务学习，以使学生拥有学习的主动权。学生的学习不单是知识由外到内的转移和传递，更应该是学生主动建构自己的知识经验的过程，通过新经验和原有知识经验的相互作用，充实和丰富自身的知识和能力。

任务驱动教学法的基本教学流程包括以下 4 个步骤：

1）创设情境

使学生的学习能在与现实情况基本一致或相类似的情境中发生。

需要创设与当前学习主题相关的、尽可能真实的学习情境，引导学习者带着真实的“任务”进入学习情境，使学习更加直观和形象化。生动直观的形象能有效地激发学生的联想，唤起学生原有认知结构中有关的知识、经验及表象，从而使学生利用有关知识与经验去“同化”或“顺应”所学的新知识，发展能力。

2）确定任务

在创设的情境下选择与当前学习主题密切相关的真实性事件或任务，作为学习的中心内容，让学生面临一个需要立即去解决的现实问题。

任务的解决有可能使学生更主动、更广泛地激活原有知识和经验，来理解、分析并解决当前问题，问题的解决为新旧知识的衔接、拓展提供了理想的平台，通过问题的解决来建构知识，正是探索性学习的主要特征。

3）任务实施

通过学生的自主学习、协作学习，分析并完成任务。不是由教师直接告诉学生应当如何去解决面临的问题，而是由教师向学生提供解决该问题的有关线索，如需要搜集哪一类资料、从何处获取有关的信息资料等，强调发展学生的“自主学习”能力。同时，倡导学生之间的讨论和交流，通过不同观点的交锋，补充、修正和加深每个学生对当前问题的解决方案。

4）学习评价

学习效果的评价主要包括两部分内容，一方面是对学生是否完成当前问题的解决方案的过程和结果的评价，即所学知识的意义建构的评价，而更重要的一方面是对学生自主学习及协作学习能力的评价。

2. 教学法应用

在软件专业的集知识性与技能性于一体的课程中，采用任务驱动可以收到更好的效果。下面以中职 Excel 的教学为例来说明该方法的应用。

Excel 是中职办公软件课程的基本教学内容，为了让学生了解 Excel 在现实生活中的应用价值，课前可以让学生分组收集比较感兴趣的、日常生活中常用的数据表，如零用钱统计表、学生成绩表等。然后小组讨论收集到的数据需要实现哪些功能，激发学生学习 Excel 的兴趣。最后选择与学生密切相关的零用钱统计表作为任务，让学生帮教师完成设计“零用钱统计表”的任务，任务内容包括姓名、各项费用开支、合计、平均值等。

在学生明确学习任务之后，把教学目标分解成若干子任务：

任务 1：格式化表格单元格：设置工作表背景——设置表头、单元格的边框底纹、字形、对齐方式、平均值保留两位小数。

任务 2：公式函数计算的应用——求出每个学生的总计支出、平均支出。

任务 3：合计字段的筛选——筛选出合计在 150～200 的记录。

任务 4：支出排序——按平均支出降序排序。

1）分析任务

该任务具有以下特点：学生迫切想知道学习成绩总表中的总成绩、平均成绩排名是怎么做出来的，对任务有极大的参与热情；班级学习成绩数据的统计会用到很多函数；制作表格的过程中会用到学生已经具备的单元格格式化、设置条件格式等知识，还会用到函数、排序、筛选等新知识。此任务需要用很多 Excel 知识，能提高学生的综合应用能力。完成此任务有助于解决现实生活中的实际问题，如职工工资表、统计考勤表等，从而激发学生的学习兴趣。教师将制作好的表格展示给学生，师生一起分析表格中的知识点，复习表格中的旧知识，如标题的设置、列宽改变等，然后分析表格中的新知识，如姓名列数据，通过输入方法可以完成，但资料中已有姓名列，如果不用复制的方法得到，还有什么方法呢？表格中的数据反复出现，除了采用复制法，还有没有其他比较简单的方法？这些问题提出来，激发学生的学习积极性。

2）实施任务

通过对任务的分析，学生对本节课的知识点有了明确的认识，学生主动参与学习，自主设计格式。教师在此过程中起主导作用，激发学生的探索欲。

（1）创设情境

学生运用已学知识将表格中的标题居中，制作表头，变化列宽。对这些问题学生很容易解决，可以让学生比赛，看哪组操作得又快又好，从而激发学生的兴趣。学习条件格式时，班级学期成绩表中的数字密密麻麻的，要把全班及格成绩与不及格成绩区分开来，如何操作呢？让学生自主探究处理的方法，比如把不及格的数字设置为红色字体。对完成得又快又好的学生给予奖励，对没有顺利完成的学生给予鼓励。通过创设情境，激发学生的兴趣，这种方式不仅能使学生产生心理效应，还能激发学生学习的积极性。

（2）展开任务

每个学生都是一个独立的个体，学生自身存在很大的差异，计算机水平也参差不齐，一些学生理解力强，操作能力强，能很快地完成任务，可以胜任难度更多的任务，以激发他们的挑战欲。而有的学生操作能力差，完成任务有一定的难度，学习公式与函数时，有的学生就因为操作不熟练而出现错误。针对这种情况，可以让学生采用互帮互带的方式，让学习好的学生指导、帮助学习稍差的学生，这样既能让优秀学生体验当“小教师”的快感，又能让学生互相帮助，共同进步。

（3）延伸拓展

任务教学法注重学生在学习过程中的探索，教师不给出具体的答案，而是给学生提供发展的平台，引导学生探索，学生在探索中发现问题，找到解决问题的方法。如学生运用筛选方法时，对于“自动筛选”学生有一定的认识，很容易完成。在完成“高级筛选”的过程中，对学生的疑问教师可以引导学生自主探究“高级筛选”的方法，找出更多的条件记录的方法，学生会感觉比较新鲜，积极性和主动性高，很快以极大的热情投入到探究中，从而培养学生的自主学习能力与创新能力。

（4）教学评价

任务驱动法能培养学生敢于面对问题、自主学习的能力，同时通过分组，学生能体验合作学习的快乐，培养学生的团结协作精神。在完成任务的过程中，对表现积极的给予表扬，对没有顺利完成任务的，学生一起帮助他们完成，并给予鼓励。评价任务是以学生在完成任务的过程中是否掌握新知识、是否能深入理解、灵活应用新知识为标准，因此评价要注重鼓励学生，激发学生的热情。

对一些基础好、学习兴趣比较高的学生，完成任务后，对延伸的知识很感兴趣，对这些学生，教师要把握好时机对他们提出拓展任务，高级筛选、求和函数在不同情况下的使用技巧。这样学有余力的学生课后还可以继续探索，体验成功的喜悦。

5.5.6　角色扮演教学法

1. 教学法简介

角色扮演法也是一种基于行动导向理念的教学法，其本质是一种情景模拟活动，创设一种与所要讲授的知识相似的情境，将学生安排在模拟的、逼真的情境中，要求学生处理可能出现的各种问题，从而加深学生对所学知识的理解。其实施过程包括角色认知、角色设计、角色扮演、观众评论、角色改进等步骤。强调实践教学的程序性、操作性和模拟性，该方法对于培养学生的业务操作技巧和提高任职能力具有良好效果。例如在软件营销课程中讲到采购谈判技巧的内容时，可以将学生分成若干小组，分别扮演供应方和采购方，让学生灵活地学到报价技巧和还价技巧：敲山震虎、压迫降价等。学生学习积极性非常高，角色扮演过程投入逼真。

“角色扮演”式教学法是基于情境的学习，学生根据教师创设的情境，在情境中扮演一定的角色，体验所扮演角色，思考如何在情境中分析问题，并解决问题，从而让所学知识应用于实际生活中，培养学生探究能力。“角色扮演”式教学法是以学生为中心的教学方法，在整个教学过程中不断体现学生为主体，教师为主导的学习方式。它把师生间的交互、学生间的交互贯穿在教学始终，学生在角色扮演过程中进行深入思考，提高了沟通交流能力，使学生高阶思维能力得到发展。“角色扮演”式教学法要求教师对其所创设的情景进行精确设计，现场指导和阶段性总结，要掌控整个学习过程，教师要对学生在扮演过程中遇到的问题充分预估，并能快速反应并形成对策。教学结束后，学生享受教学过程，并充分理解和掌握知识与技能，最终形成良好的学习习惯和正确的情感态度价值观。“角色扮演”式教学法有助于培养学生的创新能力、团队协作精神和合作能力。

角色扮演法的实施一般包括下列步骤：

（1）确定项目。教师要选择合适的模拟项目，精心设计角色扮演过程。

（2）分配角色。教师鼓励学生自愿扮演角色。如果有的角色无人问津，教师可暗示某人扮演。

（3）明确任务。根据不同角色分配合适的任务（此步骤可与步骤 2 合并）。

（4）模拟表演。在角色确定、任务明确的前提下，教师协助学生了解自己所扮演的角色特点，鼓励学生根据所学知识和自己的理解进行沟通、表演。

（5）分析评论。当扮演者觉得无法继续表演下去，或者指导者认为已经达到目的时，随时可以停止表演。教师要让扮演者说出自己的感受，并请学生发表意见。（根据实际，此步骤可省略）

（6）互换角色。为加深学生对角色的体验，可以让表演者互换角色重演，这样可以从不

同观点去看当时的情境，增进自我反省的机会。（根据实际，此步骤可省略）

（7）总结指导。在模拟表演结束后，教师和学生应有针对性的展开讨论，评价教学活动过程中的体会与感受。

在软件专业相关课程教学实践中，学生通过不同角色的扮演，体验自身角色的内涵活动，又体验对方角色的心理，充分展现出现实社会中各种角色的“为”和“位”，从而达到培养学生社会能力和交际能力的目的。角色扮演和案例教学的最大区别在于，前者以“人”为中心，后者则以“事件”或与人有关的“事实”为纽带。在软件专业的教学中，此种方法主要用于软件项目调研、软件产品营销、软件测试、软件系统分析、软件系统维护等职业领域的教学。

2. 教学法应用

角色扮演法在 CorelDRAW 教学中的应用

一、案例背景

CorelDRAW 是一款操作性很强的图形图像处理软件，该软件是集平面设计和电脑绘画功能为一体的专业设计软件，其应用领域非常广泛，深入应用于各行各业，深受平面设计类企业的青睐。熟练掌握 CorelDRAW 的学生能够从事广告设计类职业。

在该软件的教学中，教师要利用多种教学方法使学生掌握 CorelDRAW，能够使用 CorelDRAW 独立完成广告设计、包装设计、造型设计等任务。为学生将来步入社会从事相关工作奠定坚实的技能基础。

二、教学法引入

在图形图像处理软件的教学中，可采用的教学方法有案例教学法、项目教学法等，这些方法一般采用教师主讲、学生实践的方式开展教学活动。一种典型的教学模式是教师首先利用多媒体网络教室的教师机控制学生电脑，向学生详细讲解项目或案例的实施步骤与具体操作方法，然后要求学生自己动手操作，学生凭借机械记忆，根据教师的讲授方法模仿。在此种教学模式下，学生在课堂上一般都可以顺利完成某个项目或案例，但一段时间过后就会将所操作过的内容忘记。这种教学方法虽发挥了教师的主导作用，却忽略了学生的主体作用。

角色扮演教学法是以学生为中心、在教师指导下根据教学目的要求和任务要求扮演相应角色，完成相关任务的一种提高学生参与积极性的教学方法，能调动学生学习的积极性，提高学习热情，有利于学生能够尽快适应未来平面设计工作。使用角色扮演法教学，学习者能够站在所扮演的角色的立场上去看待、思考并展开行动去处理问题。

三、教学法实施过程。

（一）确定项目：“食品包装盒设计”

（二）角色分配

角色一：平面设计师（侧重设计）

角色二：客户

（三）模拟表演

第一步：自我介绍与推荐。双手递名片、礼貌握手、自我介绍（设计师职务、从业年限、擅长风格、代表作品）。

第二步：客户信息收集与分析。食品材料、消费人群、消费档次、内部结构、包装材质。

第三步：设计原动力。主要体现在造型和外观图形两个方面。用最负责任的态度介绍并拿出精彩的设计说明和设计图，通过沟通、交流，根据客户喜好和实际情况向客户推荐适合的包装设计，让客户接受我们的设计理念。

第四步：介绍设计图之外的其他设计理念。主要把握消费者的心理策略，从心理上捕捉消费者的兴奋点和购买欲。让客户充分了解每个细节，每个步骤。

第五步：记录客户意见，反复修改设计图，最终定稿。

（四）教学小结

通过角色扮演法教学活泼轻松，让学生参与企业实战项目更能掌握和巩固所学知识。这种教学形式能调动学生的积极性和创造性，激发学生学习的兴趣，培养了团队合作精神，提高了学生的自信心，增强了学生的成就感。这样的课堂教学使枯燥乏味的学习变得生动有趣，从而使技能训练更加有效。

通过在技能训练过程中加深学生对专业知识的理解和应用，既能让学生学以致用，又培养了学生的综合职业能力，对于学生将来走向社会起着非常大的帮助作用。

教学有法，教无定法，贵在得法。教学没有固定的教学方法，CorelDRAW 的教学方法的运用应因人而异。教师要不断学习和钻研，不断提升自己的专业技能和素养，以学生的主体实践为中心，培养学生的创新素质和健全人格，把当前社会对专业岗位的能力要求与自己的教学结合起来，对教学过程中遇到的问题进行认真分析和总结，并应用于实践，才能真正提高课堂教学的效果，让中职软件类专业学生毕业后顺利找到合适的工作岗位。

5.5.7　引导文教学法

1. 教学法简介

引导文教学法是一种源自于德国大型企业的行动导向教学法，它的基本原则是根据企业传授实践技能的方式不断发展演变而来的，引导文教学法是一种面向实践操作、全面整体的教学方法，通过此方法进行学习后，学生可掌握对一个复杂的工作流程进行策划和操作的能力。引导文是一种专用的教学文件，常常用于教学中一项实际工作任务的前期准备阶段和后期实施，引导文教学法的实施实际就是指导学生的自我学习过程。技术类或实际操作类专业课教学普遍面临着来自工作实践的知识及工作过程与教学内容及教学过程紧密相关的问题，引导文教学法可帮助教师更好地解决这个难题。在实际实施引导文教学法时，教师通过让学生独立制订工作计划和自己控制工作过程，引导学生自己独立完成学习中的工作任务。“独立”既可以是在某一时间段一个学生的独立自我学习，也可以是另一时间段几个学生组成的学习小组。单个学生的独立自我学习更有利于培养单个学生的独立工作能力，学习小组则更有利于培养学生的社会能力。

引导文教学法的基本原理在于引导学生尽可能多地独立自主学习。引导文通常由引导性信息来源、引导性问题、工作计划（表）、检查表等组成。德国职业教育联邦研究所对引导文教学法理论描述的核心是基于“工作中完整的行为的模型”。“完整的行为的模型”描述了专业工人如何实施一个完整的工作任务。只有当专业工人“被希望的状态”能用“完整的行为”来描述时，其被培训的方法才能相应地合理地构造出来。按照德国联邦职业教育研究所的方案，一个“完整的行为的模型”包括资讯、计划、决策、实施、检查、评估共 6 个阶段。正是基于以上的研究基础，随着各行各业对于新兴职业（软件编程员、软件测试员等）的依赖，近年来，德国职业教育研究人员不仅满足于引导文教学法的运用，而是从引导文教学法引向了一种据说是具有“更加全面完整性”的“学习领域”方案的研究。引导文教学法已经成为了新的职业教育研究的基础之一，并成为新型职业教育教学方法的一个组成部分。

2. 引导文的种类

在引导文教学法的教学实践中，引导文具体名称很多，但大致可以分为项目工作引导文、知识技能传授性引导文、岗位描述引导文三类。

1）项目工作引导文

这种引导文的作用是建立项目和它所需要的知识能力间的关系，即让学生清楚完成任务应该懂得什么知识，应该具备哪些技能等。在计算机软件类专业中，典型的项目工作引导文可能是一个独立的软件产品开发的规范流程、开发一个能独立完成特定要求的应用软件的规格说明、一个软件测试的说明书等。

2）知识技能传授性引导文

这种引导文的主要功能在于使学生不仅学习了知识，而且真正地知道此知识在实际工作中的作用，比如文字处理系统中的学习指南就是一种典型的例子。

3）岗位分析引导文

此种引导文可帮助学生学习某个特定岗位所需要的知识、技能，以及有关劳动、作业组织方式的知识，如与某种工作岗位有关的工作环境状况、劳动组织方式、工作任务来源、工序情况、安全规章、质量要求等。如模块测试员、程序员、网页美工等岗位的任务说明书就是典型的岗位分析引导文。

由于每个工作岗位的具体要求随着形势的变化而不断发生变化，因此开发符合实际情况的引导文常常有一定的难度。

3. 引导文的构成

引导文的形成，决定着教学所需要的教学组织形式、教学媒体和教材等。尽管不同的职业领域、不同的专业所采用的引导文不尽相同，但总的说来，引导文至少应由以下几部分构成。

（1）任务描述：多数情况下，引导文中的任务描述，即一个项目或范围相当的工作任务书，可以用文字的形式，也可以图表的形式表达。

（2）引导文中常包含一些问题，按照这些问题学生应当做到：

① 想象完成工作任务的全过程；

② 设想出工作的最终成果；

③ 安排工作过程；

④ 获取工作所需要的信息；

⑤ 制定工作计划。

（3）学习目的的描述：学生应能从引导文中知道他能够学习到什么东西。

（4）学习质量监控单：学习质量监控单的目的是使学生避免工作的盲目性，以保证每一步骤的顺利进行。

（5）工作计划。

（6）工具需求表。

（7）材料需求表。

（8）时间计划。

（9）专业信息：专业信息可以作为引导文的组成部分，但是为了更好地促进学生做作业能力的发展，教师不给学生提供现成的信息材料，而只是提供能够打通获取这些信息的渠道，这样可以培养学生独立获取专业信息的能力以及与这些信息占有者打交道的交际能力或社会能力。

（10）辅导性说明：指出在其他专业文献中找不到的有关工作过程、质量要求、劳动安全规律、操作说明书等。

4. 引导文教学法的实施

在引导文教学法中，培养学生的独立工作能力是一切教学活动的基本出发点。这种教学法的教学过程一般可分为 6 个阶段。

（1）获取信息（回答引导问题）。

（2）制定计划（常为书面工作计划）。

（3）做出决定（与教师讨论所制定的工作计划及引导问题的答案）。

（4）实施计划（完成工作任务）。

（5）控制（根据质量监控单自行或由他人进行工作过程或商品质量的控制）。

（6）评定（对质量监控结果和将来如何改进不足之处进行讨论）。

5. 引导文教学法的特点

（1）在引导文教学法中，培养学生独立工作能力是一切教学活动的基本出发点；

（2）教师的行为局限在准备和收尾阶段，而不是教学过程中；

（3）在所有的阶段中，学生的行为都是独立（或尽量独立）的；

（4）引导文教学法是一种在理论上近于理想化的、全面系统的能力培训的方法；

（5）在整个教学过程中，学生的行为是主动的。

目前的教学实践表明，这种以自学为主的学习方式有以下突出的优点：

（1）能极大地激发学生的学习欲望，充分调动学生学习积极性，促使学生独立学习能力的发展；

（2）通过学生的独立提出问题、解决问题，可以帮助学生建立起知识与技能问题的内在联系，实现真正意义上的理论与实践的统一；

（3）通过自学后的测验与谈话，教师可确定学生理解的程度并进行必要的补充；

（4）能力较强的学生主要通过自学来学习，教师可以抽出更多的时间帮助能力较差的学生，做到了真正意义上的面向全体学生；

（5）通过与他人进行专业信息交流和共同制定工作计划，培养了学生的合作能力和其他社会能力；

（6）培养了学生毅力、责任心、获取书面信息的能力，独立制定计划的能力，自行组织和控制工作过程以及检验工作成果的能力。

但与传统的传授式教学相比，引导文法花费的时间较多；由于每个工作岗位的具体要求随着形势的发展而不断有新的变化，因此开发符合实际情况的引导文常常有一定的难度。

6. 引导文教学法的适用原则

只有具有最终产品或可检验工作成果的教学过程，才能采用这种教学模式，因此软件领域中项目式的工作最适合采用引导文法。

7. 教学法应用

引导文教学法在 Photoshop 教学中的应用

一、案例背景

图形图像处理是中等职业学校软件类专业的必修课之一，主要培养学生使用 Photoshop 设计、美化图形图像作品的实际能力。立体包装盒制作是一个典型的技能应用案例，该案例操作复杂、设计难度较大。本案例以立体包装盒制作为例，从学习任务、课型分析、应用过程分析和教学反思三方面探讨引导文教学法在图形图像处理这门课的应用。

二、教学分析

（一）学习任务与课型分析

从教学内容看，立体包装盒制作并不是单一学习 Photoshop 操作工具以及命令，而是一个综合运用的实际案例。要求学生综合运用 Photoshop 中缩放、变换、透视、扭曲、变形等工具，并运用透视原理的知识，将包装平面展开图制作成立体包装盒的效果。

从教学目标看，在本次教学任务中，“立体”是一个重要的评定指标，因此，对透视原理的理解，需要学生观察、探索，然后讨论、分析，运用 Photoshop 技能将平面展开图进行变形，最后利用阴影来增强立体效果。学生虽然已经掌握了 Photoshop 的基本工具，但在实际操作中缺乏运用，面对这样的学习任务，学生需要在老师的协助下，通过引导文和工作指引来完成任务。因此，本学习任务采用了以学生为中心的引导文教学法，教师引导学生通过小组合作的方式学习理论知识，观察、探索、讨论、分析立体包装盒的制作流程以及“立体”效果的表现手法和技巧。

（二）课程结构分析

如图 5.6 所示，为顺利完成“立体包装盒制作”的教学目标，共设计了 3 个阶段，包括 11 个教学活动，以确保教学过程有计划、有步骤、有层次地进行，其目的是培养学生自我学习、模仿、知识迁移的能力。

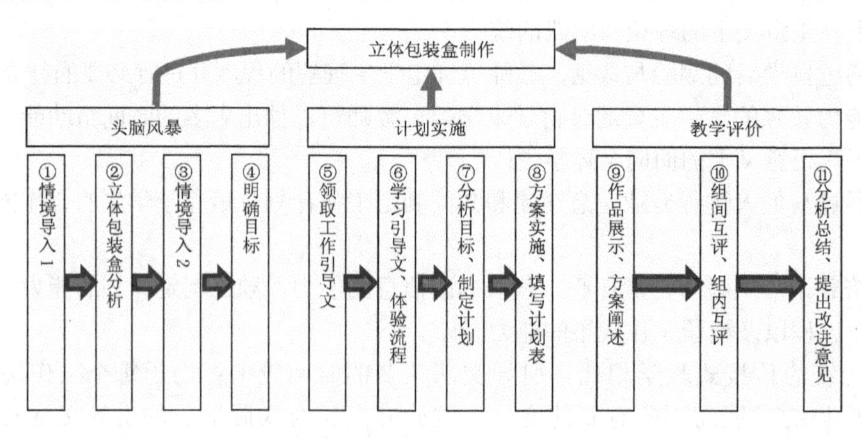

图 5.6 “立体包装盒制作”课程结构

在图 5.6 中，活动①②③④是通过头脑风暴的方式让学生知道立体包装盒的评价要素，并且让学生建立立体包装盒的构思；活动⑤⑥⑦是要求学生阅读工作文件，根据引导性问题和所提供的学习资料，在老师的引导下，体验立体包装盒的制作流程，明确操作要点，制定出计划；活动⑧是根据制订出的计划方案，完成立体包装盒制作；互动⑨⑩⑪通过学生展示、组间互评、组内互评的方式，让学生认识自己作品需要改进的地方，通过分析总结，突破教学的重点、难点。

三、教学过程

教学过程如表 5.10 所示。整个教学过程中均采用以学生为中心的理念控制教学流程，最大限度地激发学生的动手能力，教师在整个教学活动中监督、指导学生，给学生制定的计划提出意见，培养学生的自学能力和探究能力。学生能否完成立体包装盒，取决于工作文件（引导文）的制定。

表 5.10　采用引导文教学法的“立体包装盒制作”的教学过程

教学内容	教师活动	学生活动	教学目标 与设计理念
包装盒立体图评价标准，简单的透视原理	设置情景 1：学校举行的平面设计大赛，已经圆满结束。你是平面设计大赛的评审，请你挑选出满意的作品 1．组织学生选出大家公认的优秀作品 2．询问：你们为什么会选择它，请说出你的理由，并记录学生的评价标准 3．提炼评价标准 设置情景 2：假如你是大赛的一个设计者，请你根据提供的平面图，在 40 分钟内制作出平面图的效果图。展示一些几何体和立体包装盒作品的效果图，引导学生通过查阅资料完成工作指引文件	学生观察评选出最佳作品。回答教师提出的问题 学生通过查阅书籍，学习有关资料完成工作任务书 学生自由观察，并讨论。学生学习有关资料并完成工作文件	用头脑风暴法，引导学生提炼评价标准 学生通过观察、探索，在教师的引导下得出立体包装盒的透视原理
学生自学立体包装盒制作方法，体验流程	1．确定分组原则以及各个成员角色 2．提供学生需要的资料和素材，进行必要的说明和演示，并指导学生体验制作立体包装盒的流程，各个小组制订出合理的计划表	学生分组，选出组长，并进行分工 查阅相关教材、资料，观看相关视频，明确流程，制订工作计划	通过分组，让每个学生都有事情做，体会到分工合作 学生通过阅读资料和观看视频，明确流程，掌握制作立体包装盒的方法
计划实施	1．指导学生填写计划表和工作任务书 2．监督学生，并维护秩序	学生按照计划分工实施作品、填写进度	培养学生实施计划的能力
成果评价	组织学生参加评估，然后小组对每个人进行评分	学生展示自己的作品，其他小组成员给予评价	培养学生的表达能力和自信心

本案例用到的部分工作指引文件（引导文）如下：

1．工作任务（规定时间总共约 4 学时）

根据所提供的资料，利用素材，制作一个立体包装盒效果图。

有关制作立体包装盒的说明如下。

（1）任务相关技能以及资料：

① 实物几何体图片。

② 立体包装作品展示。

③ 可能用到的 Photoshop 工具：选区工具、移动工具、变形工具、图层蒙版、羽化工具、填充工具；辅助工具：参考线、网格、标尺。

④ 野猪肉包装盒设计步骤。（提供相关设计步骤与视频演示）

（2）检查这些资料的完整性。

（3）遇到困难请先独立思考，寻找解决方案。

（4）根据学过的知识和技能能够完成一个立体包装盒。

（5）书面记录小组的讨论结果以及立体包装盒制作的大概过程和所用到的工具。

（6）所设计完成的立体包装盒，要保持图层的独立性和完整性，合理运用蒙版和盖印图章。

2. 工作过程引导

（1）Photoshop软件是否正常运行？用于设计立体图形所需要的素材和完成作品所需要参考的资料是否完整？

（2）观察实物，我们观察到的立方体最多可以看到几个面？

（3）效果图中观察到的图形形状和实际的形状是一样的吗？

（4）效果图中光线角度和观察角度是一致的吗？

（5）Photoshop是平面编辑软件，要表达立体效果通常使用几个面来表达？

（6）你所观察到的几个面，它们的亮度一样吗？有什么变化？

（7）你打算用什么方法来表现所观察到的包装盒的几个面的异同？

（8）观察立体包装盒设计图，它们的背景有什么特点？

（9）增加包装盒的立体效果有哪些？

（10）在完成任务的过程中，应该严格遵守计算机实验室的管理制度，注意安全。

工作文件是引导文教学法的精华所在，它的制定决定了立体包装盒的制作效果。因此，课前资料的准备尤为重要。从这方面看，引导文教学法并不是“放羊”，而是学生按照教师的计划进行活动，主线是学生手中的工作文件。

四、案例总结

“立体包装盒制作”学习任务运用了“引导文教学法”展开教学。与传统教学模式不同的是：引导文教学法是“以学生为中心，以行动为导向”。在教学过程中，学生为主，教师为辅，要求每个学生都参与到活动中来，注重培养学生的自我学习能力和知识迁移能力，大大提高了教学效果。

本案例围绕学生自学能力的培养，引导学生参与创造性思维训练，通过头脑风暴提升学生的发散性思维。在立体包装盒制作中，各小组通过对工作文件的阅读，灵活自主地选择立体效果图的实现，不仅深化了学生对知识技能的理解和掌握，而且在合作学习中培养了学生的沟通能力和团队合作能力。

行动导向教学法的实施，培养了学生自我学习的能力和团队合作能力，同时把教师从以教师为主导的课堂上解放出来，使教师可以集中精力进行课程分析和教学活动设计，大大提高了教学的有效性。

思考题

1. 如何选择教学法？适合中职软件教学的方法有哪些？
2. 行动导向教学法的基本理念是什么？举例说明一个行动导向教学法的应用。
3. 举例说明案例教学法在中职软件专业教学中的应用。
4. 举例说明项目教学法在中职软件专业教学中的应用。
5. 举例说明任务驱动教学法在中职软件专业教学中的应用。

第6章　中职软件类专业教学设计

【学习目标】

1. 了解教学设计的含义，掌握典型软件类课程教学设计的方法。
2. 掌握中职软件类课程教学设计的常见类型。
3. 掌握教学模式的概念及中职常用典型教学模式。
4. 掌握基于任务驱动的教学模式在中职软件类课程教学中的应用。
5. 掌握基于项目学习的教学模式在中职软件类课程教学中的应用。
6. 掌握基于工作过程的教学模式在中职软件类课程教学中的应用。

中职软件类专业中包含大量操作性与实践性很强的专业课程，在教学设计和教学组织形式上，都应该体现出职业教育教学设计的特点，充分体现中职软件类专业的培养目标。本章以中等职业学校软件类课程的教学实践为核心，在简要介绍教学设计概念、教学系统构成要素、常见教学设计模式的基础上，结合现代职业教育思想与理念，以案例的方式介绍中职软件类课程的教学设计方法。

6.1　教学设计基础

1. 教学设计的内涵

对于教学设计的概念，目前在教育教学理论界还存在着不同的阐释，基于学科领域与研究视点的差异，不同学者对“教学设计”的解释存在较大差别。本书采用系统观的定义：教学设计（Instructional Design，ID）也称作教学系统设计（Instructional system Design，IsD），是一种以获得优化的教学效果为目的，以学习理论、教学理论和传播理论为理论基础，运用系统方法分析教学问题，确定教学目标，建立解决教学问题的策略方案，试行解决方案，评价试行结果和修改方案的过程。教学设计过程实际上就是为教学活动制定蓝图的过程。

教学设计是一个应用和决策定向的领域，它需要应用许多基础理论作为制定决策的依据。教学系统设计的理论基础不是少数人实践经验的总结，而是建立在已被实验研究所证实的科学理论的基础之上的，这些科学理论主要包括学习理论、教学理论、传播理论和系统理论。

教学设计的许多原理和方法直接源自这些理论，了解这些理论有利于设计者准确地把握和灵活地应用教学设计的原理和方法。通过掌握这些理论，教学设计人员就能够在共同的专业视野或背景中理解教学设计的内容。

通过教学设计，教师可以整体把握教学活动的基本过程，可以根据教学情境的需要和教育对象的特点确定合理的教学目标，选择适当的教学法、教学策略，采用有效的教学手段，创设良好的教学环境，实施可行的评价方案，从而保证教学活动的顺利进行。另外，通过教学设计，教师还可以有效地掌握学生学习的初始状态和学习成果，从而及时调整教学策略、方法，采取必要的教学措施，为下一阶段教学奠定良好基础。

教学的目的在于有效地促进学生的学习，通过促进学习者的学习而促进其发展。而教学设计作为联系教学理论与教学实践之间的桥梁，其目的也指向学习者个体的学习。自教学设计诞生之日起，促进学习者的学习与发展就是设计者与教师的共同追求。

“促进学生的学习”包含着两层意义：一是通过创设教与学的系统，帮助学生最大限度地获取社会文化知识和专业知识；另一层含义在于帮助学生学会学习。其关键在于认知策略的掌握。帮助学习者获取知识是教学系统设计的直接目的，而帮助学习者学会学习则是教学系统设计的最终指向。

2. 现代教学设计系统的特征

教育学专家裴新宁教授指出，现代教学系统的本质是一个以学习者为中心的学习系统或学习环境，在此视角下，教学系统设计的本质就是建构一个能让学习者进行高效学习的系统的过程。这个系统包含学习者、动力、资源、活动和媒体 5 个基本要素，它们分别构成了相互作用、相互促进的两个部分：学习者系统和学习环境系统。这些基本要素在运行时构成了 5 个运行子系统：学习者自身准备系统、学习动力维持系统、学习活动系统、学习资源系统、媒体传输系统如图 6.1 所示。它们相互交织，形成了一定的嵌套关系，但不是简单的包含关系。动力维持、学习资源、学习活动和媒体传输组成了学习环境系统，其中包含了所有促进学习者学习的资源和过程，其功能在于为学习者的学习提供不同的给养。

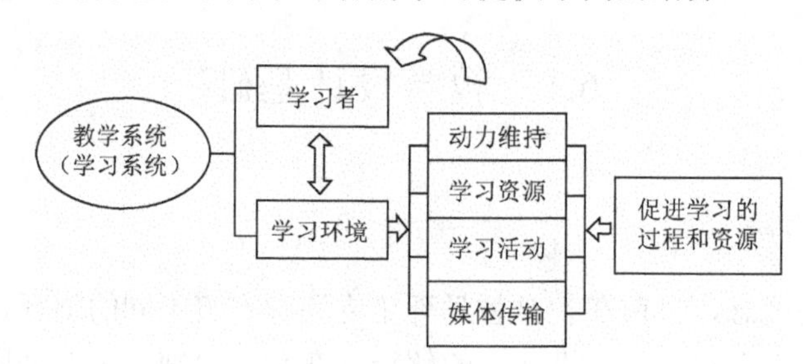

图 6.1　以学习者为中心的学习系统

对于图 6.1 中的 5 个子系统，学习者自身是无法设计的，只能对它进行分析。子系统是整个教学系统的基础，其只能通过与外部环境的互动获得给养，进而进行自组织式的提高（自主发展）。基于此，教学系统设计的实质就是对学习环境的设计，即对支持学习者自主学习的资源和过程的设计。而处于环境系统中的学习动力维持系统对学习者以及其他 3 个环境子系统均有渗透，是整个教学系统得以运作的内在动力，绝非可以脱离其他子系统而单独设计。因此，教学设计的具体对象就是学习资源、学习活动和媒体传输 3 个子系统。

裴新宁通过对教学设计系统要素分析，指出现代教学系统设计具有以下特征。

1）强调以学习者为中心

“学习者中心”表达的是以人为本、基于学习与知识创新的现代教学设计理念。“学习者中心”意在强调把学习者而不是把符合某种教学设计模型的程序作为教学设计活动的聚焦点，一切设计活动均围绕有利于学习者学习与发展的教学实践而展开，而不是依照设计的流程而展开；“学习者中心”的教学设计关注人类学习研究的新成果，并以教育发展的系统科学观为基本依据；“学习者中心”的教学设计强调要以学科内容知识为依托，通过设计各种促进学习的过程和资源，帮助学习者有效地解决问题，引导他们树立创新意识，实现整体和谐发展。

一言以蔽之，有利于学习者的学习与发展，既是现代教学设计的基本出发点，也是现代教学设计的目的地，达成这一追求的道路在于：通过对课程教学的重构，实现对学习的重构。

2）强调学习系统的目标导引性

界定明确的项目（如教学任务）目标是教学设计过程的中心。目标要反映用户（如教师或学生）对项目的预期，且必须得到所有设计成员的认同。在目标的指引下，要对目标的实现做出清晰的安排和管理，以保证项目的适当实施。目标也是评价一个设计项目是否成功的根本参照。制定目标不是为了限制学习者的活动，而是在于连接学习环境中的各个子系统，对学习者的问题解决进行导航，使学习者有限的认知资源聚焦于主要任务，激励各种社会性的协作，调动各种可利用的资源支持。

从学校教学活动来考虑，在教学目标和学习环境安排这一方面，以建构主义等理论取向为指导的现代教学设计更加关注学习者的主体性，认为信息加工主义取向的传统教学设计把大批的学习目标加给大多数学习者是不现实的。现代教学设计更加关注教学的生成性，这包括学生观点的生成性和教学过程的生成性；教学设计的重点在于为学习设定基本目标的同时，为生成性学习留出空间，即应关注在实现基本目标的过程中，编目之外的、游离而出的更有价值的目标。

3）关注学习系统在真实世界中的表现

教学设计者应该通过虚拟真实的问题情境脉络，创设有利于学习者理解和掌握知识与技能的学习环境，要将某些问题的类型及解决问题的“困境”和全部的复杂性尽可能地在学习过程中呈现给学习者。比如可以借助多媒体和网络教学以及虚拟真实体现了独特的优势，即借助于强大的超文本和接口功能，使学习者可以计算机为中介来获得对真实世界的认识。

4）强调评价手段的信度和效度

现代教学设计的评价环节强调要对学习者的各种“表现”做出适当的评价。这就要求设计者开发出的评价工具必须是有效的和可信的，即评价手段与学习内容及学习者表现是一致的，评价结果在不同时间和对不同个体是稳定的。信度和效度互为前提保证，如果评价是不稳定的，则无效度而言；当然，一种与学习内容不一致的评价，自然不可信。比如，针对技能型任务学习的评价，要设计一套供评价者观察学习者在完成任务的过程中展现各步操作技能的客观性标准，这些标准依照任务类型及要求而定，不因人而异，也不因时间、地点而异。

5）强调多学科交叉的团队协作

对于现代教学系统来说，由于项目的规模、涉及的学科领域及技术复杂性已发生了很大变化，大多数教学设计项目需要具有不同专门技能个体的共同参与，甚至需要最终用户的参与。学科专家、专业教学设计者、计算机程序员、图形艺术设计师、制作人员、项目管理者等，往往是一支专业设计团队必不可少的成员。设计人员和学科专家并非在相互隔离的状态下工作，所有的主要成员都直接为项目的设计与开发做贡献。学科专家可以帮助设计学习经验；专业设计人员负责管理项目，建立团队，检查内容的准确性，并负责模型整合；教师和学生协助定义或选择他们自己的学习经验。这种弹性的团队导向会使多元观点产生协调和融合，有力地促进教学设计。

在教学设计领域流行一句名言：“那些无论在学科内容还是在教学设计方面都不拥有专家知识的人，很难判定自己应该知道些什么才能设计出令人满意的获得知识的方法”（Smith 和 Ragen，1999 年）。若以此名言的判断为标准，则世界上能被称为称职设计者的个人几乎没有，而具有分布式智慧的设计者共同体则可能成为优秀的设计团队。

3. 教学设计系统的层次

教学设计是一个问题解决的过程。那么，根据教学中问题范围、大小的不同，教学设计也相应地具有不同的层次，即教学设计的基本原理与方法可用于设计不同层次的教学系统。教学设计发展到现在，一般可归纳为以下3个层次。

1）“产品”中心层次

教学系统设计的最初发展是从以“产品”为中心的层次开始的。它把教学中需要使用的媒体、材料、教学包等当做产品来进行设计。教学产品的类型、内容和教学功能常常由教学系统设计人员和教师、学科专家共同确定。当然，有时还吸收媒体专家和媒体技术人员参加，对产品进行设计、开发、测试和评价。

以“产品”为中心这一层次的教学系统设计有以下几个前提特征：

（1）已经确定完成特定的教学目标需要教学产品；

（2）某些产品需要开发，而不是只对现有材料进行选择或修改；

（3）开发的教学产品必须被大量的教学管理者使用，产品对拥有相似特征的学习者产生“复制”的效果；

（4）重视试验和修改。

2）“课堂”中心层次

这个层次的设计范围是课堂教学，它是根据教学大纲的要求，针对一个班级的学生，在固定的教学设施和教学资源的条件下进行教学系统设计的工作，其重点是充分利用已有的设施和现有的教学材料，选择、开发适合的教学资源和策略，而不是开发新的教学材料（产品）。如果教师掌握教学系统设计的有关知识与技能，整个课堂层次的教学系统设计完全可由教师自己来完成。当然，在必要时也可由教学系统设计人员辅助进行。

3）“系统”中心层次

按照系统观点，上面两个层次中的课堂教学和教学产品都可看做教学系统，但这里所指的系统是特指比较大、比较综合和复杂的教学系统。这一层次的设计通常包括系统目标的确定、实现目标方案的建立、试行和评价、修改等，涉及内容面广，设计难度较大，而且设计一旦完成就要投入范围很大的场合去使用和推广，因此需要由教学系统设计人员、学科专家、教师、行政管理人员甚至包括有关学生的设计小组来共同完成。

这一层次的教学系统设计以“问题—解决”的思想为导向，非常重视前期分析。它从收集数据开始，以确定教学问题所在和解决问题方案的可行性和必要性，在教学系统设计的过程中要求按给定的方式详细说明存在的问题，以保证系统设计是有的放矢的。与前面两种层次的教学系统设计相比，它更强调对大环境进行分析，需要做出的努力也要大很多。

4. 教学系统设计的经典模式

教学系统设计概念诞生于20世纪中期，经过数十年的理论研究与实践应用，国内外众多的教学系统设计学者与应用人员提出了难以计数的教学设计模式。由于教学设计者依据的理论出发点不同，面临的教学任务、教学情境各异，因而采取的设计方法和步骤就会有一定差异，这种差异导致了许多教学设计模式的产生。下面将着重介绍几个具有代表性的教学设计模式和组成这些模式的共同特征要素。

1）肯普模式

肯普模式是第一代教学设计（ID1）的代表模式。它由肯普（J.E.Kemp）在 1977 年提出，后来又经过多次修改才逐步完善。

该模型的特点可用 3 句话概括：在教学设计过程中应强调 4 个基本要素，需着重解决 3 个主要问题，要适当安排 10 个教学环节。

4 个基本要素是指教学目标、学习者特征、教学资源和教学评价。肯普认为，任何教学设计过程都离不开这 4 个基本要素，由它们即可构成整个教学设计模型的总体框架。

任何教学设计都是为了解决以下 3 个主要问题：学生必须学习到什么（确定教学目标）；为达到预期的目标应如何进行教学（即根据教学目标的分析确定教学内容和教学资源，根据学习者特征分析确定教学起点，并在此基础上确定教学策略、教学方法）；检查和评定预期的教学效果（进行教学评价）。

10 个教学环节是：①确定学习需要和学习目的，为此应先了解教学条件（包括优先条件和限制条件）；②选择课题与任务；③分析学习者特征；④分析学科内容；⑤阐明教学目标；⑥实施教学活动；⑦利用教学资源；⑧提供辅助性服务；⑨进行教学评价；⑩ 预测学生的准备情况。

为反映各环节之间的相互联系、相互交叉，肯普没有采用直线和箭头这种线性方式来连接各个教学环节，而是采用如图 6.2 所示的环形方式来表示该 ID 模型。图中把确定学习需要和学习目的置于中心位置，说明这是整个教学设计的出发点和归宿，各环节均应围绕它来进行设计；各环节之间未用有向弧线连接，表示教学设计是很灵活的过程，可以根据实际情况和教师自己的教学风格从任意一个环节开始，并可按照任意的顺序进行；图中的“形成性评价”、“总结性评价”和“修改”在环形圈内标出，这是为了表明评价与修改应该贯串在整个教学过程的始终。

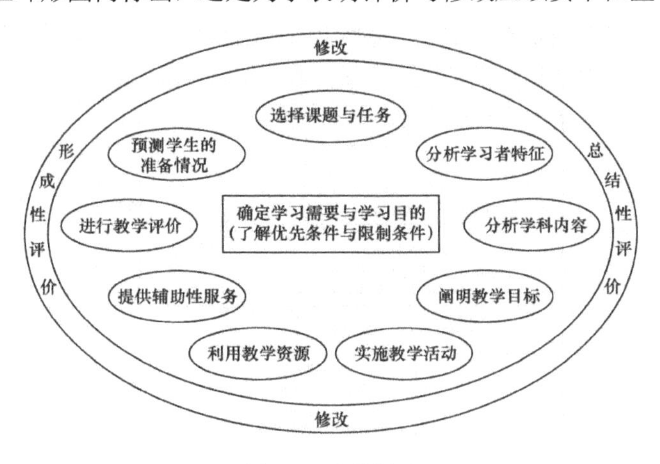

图 6.2　肯普模式

该模式的基本特点是灵活、实用，教学设计人员可以根据教学情境的需要有侧重地设计教学方案。

2）狄克-柯瑞模式

狄克-柯瑞模式是典型的基于行为主义的教学系统开发模式，如图 6.3 所示。该模式从确定教学目标开始，到终结性评价结束，组成一个完整的教学系统开发过程。该模式也是一个以学生学习为中心的设计模式。该模式具有下述特点：

（1）强调学生学习任务的分析以及起点能力的确立。

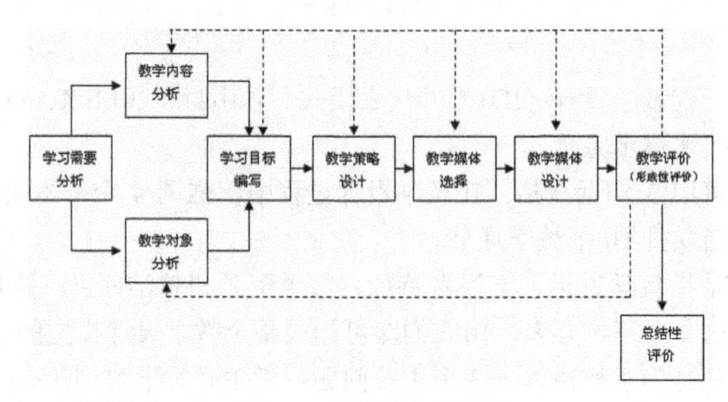

图 6.3　狄克-柯瑞模式

（2）教学设计是一个反复的过程，需要设计者不断进行分析、评估和修正，来完成具体的教学任务，达到教学目标。

（3）安排教学活动，以优化每一教学事件，保证教学的整体效果。

该模式到目前为止仍然受到普遍欢迎。该设计模式最大的特点是最接近教师们的实际教学，即在课程规定的教学内容、教学目标的条件下，研究如何传递教学信息。因为大多数教师无法改变现有的课程及其所规定的教学内容和教学目标，他们只能在微观上研究“如何教”的问题。即怎样更快、更好地组织教学信息并用有效的方法传递给学习者，因此，他们设计模式的步骤和缓解比较符合教师的实际教学情况，贴近教师的实际教学，也比较具体详细。

3）史密斯－雷根模式

该模型由史密斯和雷根于 1993 年提出，并发表在他们两人合著的《教学设计》一书中。史密斯－雷根模型是在“狄克－柯瑞模式”的基础上发展而来的，并且很好地吸收了瑞格卢斯的教学策略分类思想，并把重点正确地放在教学组织策略上，如图 6.4 所示。该模式较好地实现了行为主义与认知主义的结合，较充分的体现了“联结-认知”学习理论的基本思想，在国际上有较大的影响。

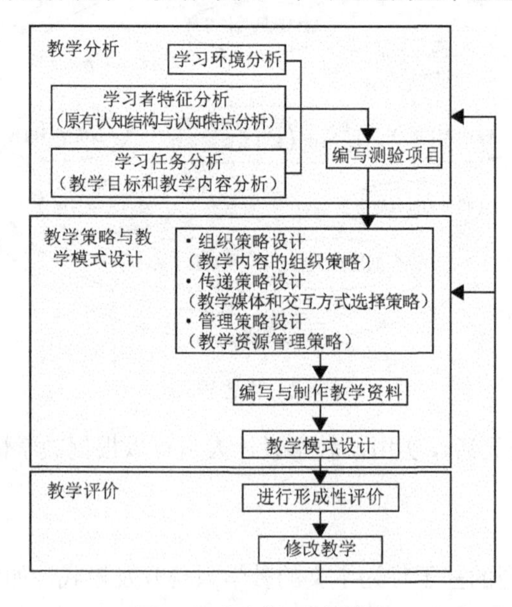

图 6.4　史密斯-雷根模式

该教学设计模式把学习者的特点、教学目标、教学资源和策略、教学评价和修改按照 4 个基本问题划分为分析、策略和评价等 3 个阶段。

第一阶段，分析学习环境、学习者、学习任务，制定初步的设计项目（也是要测验的项目）。

第二阶段，确定组织策略、传送策略、管理策略，并设计出教学活动方案。组织策略涉及设计学习活动的决策，包括向学生提供呈现的类型、呈现的排列、主体的排序及结构、联系的类型、反馈的性质等；传递策略与信息如何传递给学生的方式有关，它涉及教学媒体的选择方法、依据，对于教学媒体的选择有强烈的制约作用。管理策略是对需要得到帮助的学生与学习活动互动的方式做出决策，它涉及动机激发技术、个别化教学的形式、教学日程安排及资源配置等。

由于“教学组织策略”涉及认知学习理论的基本内容（为了使学生能最快地理解和接受各种复杂的新知识、新概念，对教学内容的组织和有关策略的制订必须充分考虑学生的原有认知结构和认知特点），所以这一点是使该模型在性质上发生改变，即由纯粹的行为主义联结学习理论发展为“联结－认知”学习理论的关键。

第三阶段，进行形成性评价，并对设计的教学活动方案予以修正。

这一过程模式中可以包含多种学习理论的内容，如行为主义学习理论、信息加工学习理论、建构主义学习理论和人本主义学习理论。

4）主体－主导模式

“主体－主导”模式是何克抗教授在深入分析了以教为主的教学系统设计和以学为主的教学设计模式各自的优缺点的基础上，结合我国教育教学实际，将两种模式取长补短，所提出的既能在教学中充分发挥教师主导作用，又能创设有利于学生主动探索、主动发现、有利于体现学生主体地位的教学系统设计模式，如图 6.5 所示。

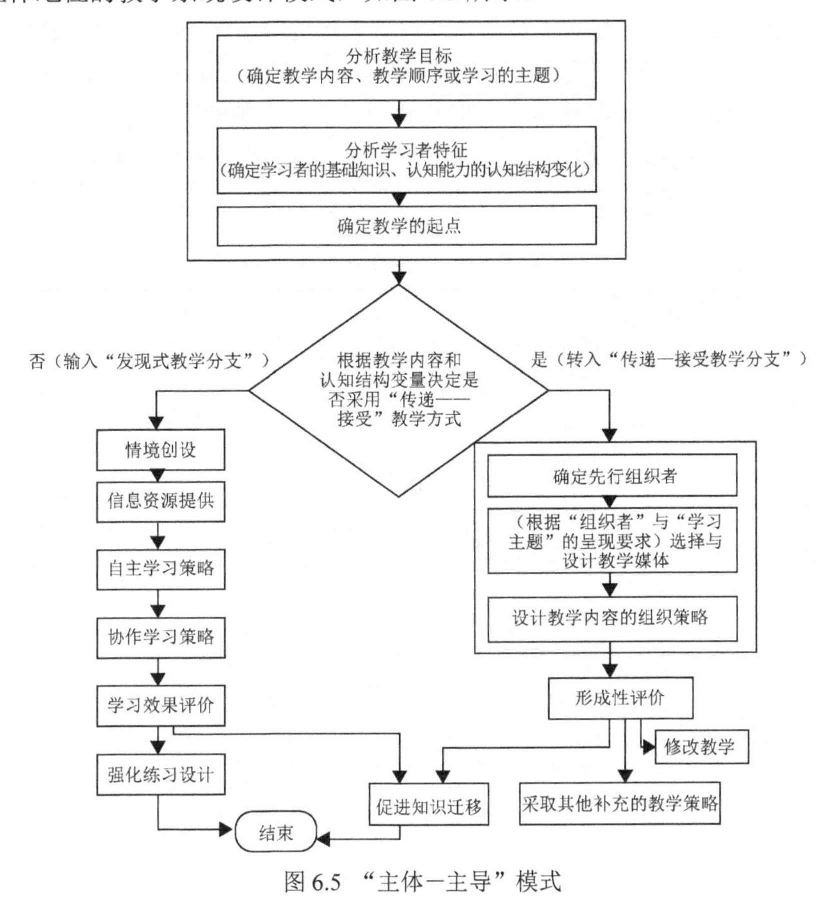

图 6.5　“主体－主导”模式

从方法和步骤上来说，该模式是以教为主的教学设计模式（如肯普模式）和以学为主教学设计模式（如迪克—柯瑞模式）方法和步骤的综合。

“主导—主体”模式教学设计流程具有以下4个特点：

（1）可根据教学内容和学生的认知结构情况灵活选择“发现式”或“传递—接受”式教学模式；

（2）在“传递—接受”教学过程中基本采用“现行组织者”教学策略的同时，也可采用其他的“传递—接受”策略作为补充，已达到更佳的教学效果；

（3）在“发现式”教学过程中也可以吸收“传递—接受”教学的长处；

（4）便于考虑情感因素的影响：在“情景创设”框或“选择与设计教学媒体”框中，可通过适当创设的情境或呈现的媒体来激发学习者的动机；而在“学习效果评价”环节或根据形成性评价结果所做的“教学修改”环节中，则可通过讲评、小结、鼓励和表扬等手段促进学习者3种内驱力的形成与发展。

5. *教学系统设计的一般过程*

经过数十年的研究与实践，国内外众多的教学系统设计人员提出了难以计数的教学设计模式。由于所依据的理论不同，面临的教学任务、教学情境各异，导致不同教学设计模式的设计方法和步骤存在不同程度的差异。但可以从各种教学设计模式中抽取出一些基本组成部分，构成如表6.1所示的构成教学设计过程的7个基本组成部分，进而构成图6.6所示的教学设计过程的一般模式。从表6.1所示的教学设计过程的7个基本组成部分中进一步抽取出分析教学对象、制定教学目标、选择教学策略、开展教学评价等4个各种教学设计过程都需要包含的基本要素（学习者、目标、策略、评价），然后在综合考虑这4个基本要素之间的相互联系和相互制约，就可形成一种简化的、通用的教学设计的一般模式。该一般模式描述了教学设计的基本过程。这个过程可以分为4个阶段，即前端分析阶段、学习目标的阐明与目标测试题的编制阶段、设计教学方案阶段和评价与修改方案阶段。

表6.1　众多不同教学设计模式的基本组成

序号	模式的共同特征要素	模式中出现的用词
1	学习需要分析	问题分析，确定问题，分析、确定目的
2	学习内容分析	内容的详细说明，教学分析，任务分析
3	学习目标的阐明	目标的详细说明，陈述目标，确定目标，缩写行为目标
4	学习者分析	教学对象分析、预测，学习者能力评定
5	学习策略的制定	安排教学活动，说明方法，策略的确定
6	教学媒体的选择和利用	教学资源选择，媒体决策，教学材料开发
7	教学设计成果的评价	试验原形，分析结果，形成评价，总结性评价，行为评价，反馈分析

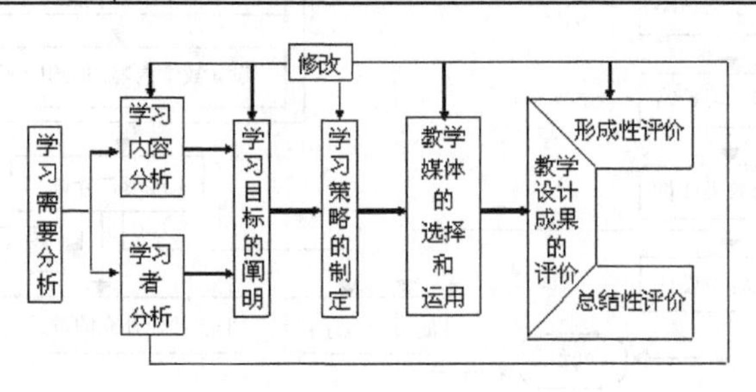

图6.6　教学设计过程的一般模式

1）教学设计前端分析

前端分析是美国学者哈利斯（Harless,J.）在 1968 年提出的一个概念，指的是在教学设计过程开始的时候，先分析若干直接影响教学设计但又不属于具体设计事项的问题，主要指学习需要分析、教学内容分析和学习者特征分析。现在前端分析已成为教学设计的一个重要组成部分。

学习需要分析就是通过内部参照分析或外部参照分析等方法，找出学习者的现状和期望之间的差距，确定需要解决的问题是什么，并确定问题的性质，形成教学设计项目的总目标，为教学设计的其他步骤打好基础。

教学内容分析就是在确定好总的教学目标的前提下，借助于归类分析法、图解分析法、层级分析法、信息加工分析法等方法，分析学习者要实现总的教学目标，需要掌握哪些知识、技能或形成什么态度。通过对学习内容的分析，可以确定出学习者所需学习内容的范围和深度，并能确定内容各组成部分之间的关系，为以后教学顺序的安排奠定好基础。

教学设计的一切活动都是为了促进学习者的学习，要获得成功的教学设计，就需要以学习者的特征作为教学设计的出发点。学习者特征分析就是要了解学习者的一般特征、学习风格，分析学习者学习教学内容之前所具有的初始能力，并确定教学的起点。其中学习者的一般特征分析就是要了解那些会对学习者学习有关内容产生影响的心理的和社会的特点，主要侧重于对学习者整体情况的分析。学习风格分析主要侧重于了解学习者之间的一些个体差异，包括不同学习者接受加工信息的不同方式、对学习环境和条件的不同需求、认知方式的差异、某些个性意识倾向性差异（比如焦虑水平）、生理类型差异（比如性别、体重、身高等）等。

2）阐明学习目标和编制目标测试题

通过前端分析确定了总的教学目标，确定了教学的起点，并确定了教学内容的广度和深度以及内容间的内在联系，这就基本确定了教与学的内容的框架。在此基础上需要明确学习者在学习过程中应达到的学习结果或标准。这就需要阐明具体的学习目标，并编制相应的测试题。学习目标的阐明就是要以总的教学目标为指导，以学习者的具体情况和教学内容的体系结构为基础，按一定的目标编写原则，如加涅、布卢姆等的分类学，把对学习者的要求转化为一系列的学习目标，并使这些目标形成相应的目标体系，为教学策略的制定和教学评价的开展提供依据。同时要编写相应的测试题，以便将来对学习者的学习情况进行评价。

3）制定教学策略

教学策略的制定就是根据特定的教学目标、教学内容、教学对象以及当地的条件等，合理地选择相应的教学顺序、教学方法、教学组织形式以及相应的媒体。教学顺序的确定就是要确定教学内容各组成部分之间的先后顺序；教学方法的选择就是要通过讲授法、演示法、讨论法、练习法、实验法、示范－模仿法等不同方法的选择，来激发并维持学习者的注意和兴趣，传递教学内容；教学组织形式主要有集体授课、小组讨论和个别化自学 3 种形式，各种形式各有所长，须根据具体情况进行相应的选择；各种教学媒体具有各自的特点，须从教学目标、教学内容、教学对象、媒体特性以及实际条件等方面，运用一定的媒体选择模型进行适当的选择。教学策略的制定是根据具体的目标、内容、对象等来确定的，要具体问题具体分析，不存在能适用于所有目标、内容、对象的教学策略。

4）评价教学设计成果

经过前 3 个阶段的工作，就形成了相应的教学方案和媒体教学材料，然后实施。最后要确定教学和学习是否合格，即进行教学评价。包括：确定判断质量的标准；收集有关信息；

使用标准来决定质量。具体在教学设计成果的评价阶段，就是要依据前面确定的教学目标，运用形成性评价和总结性评价等方法，分析学习者对预期学习目标的完成情况，对教学方案和教学材料的修改和完善提出建议，并以此为基础对教学设计各个环节的工作进行相应的修改。评价是教学设计的一个重要组成部分。

教学设计的4个阶段之间是相互联系、相互作用、密不可分的。

这里应强调说明的是，我们人为地把教学设计过程分成诸多要素，是为了更加深入地了解和分析，并发展和掌握整个教学设计过程的技术。因此，在实际设计工作中，要从教学系统的整体功能出发，保证“学习者、目标、策略、评价”四要素的一致性，使各要素间相辅相成，产生整体效应。

另外，还要认识到所设计的教学系统是开放的，教学过程是个动态过程，涉及的如环境、学习者、教师、信息、媒体等各个要素也都是处于变化之中的，因此教学设计工作具有灵活性的特点。我们应在学习借鉴别人模式的同时，充分掌握教学设计过程的要素，根据不同的情况要求，决定设计从何着手、重点解决哪些环节的问题，创造性地开发自己的模式，因地制宜地开展教学设计工作。

6. 教学设计的一般原则

1）系统性原则

教学设计是一项系统工程，它是由教学目标和教学对象的分析、教学内容和方法的选择以及教学评估等子系统所组成，各子系统既相对独立，又相互依存、相互制约，组成一个有机的整体。在诸子系统中，各子系统的功能并不等价，其中教学目标起指导其他子系统的作用。同时，教学设计应立足于整体，每个子系统应协调于整个教学系统中，做到整体与部分辩证地统一，系统的分析与系统的综合有机地结合，最终达到教学系统的整体优化。

2）程序性原则

教学设计是一项系统工程，诸子系统的排列组合具有程序性特点，即诸子系统有序地成等级结构排列，且前一子系统制约、影响着后一子系统，而后一子系统依存并制约着前一子系统。根据教学设计的程序性特点，教学设计中应体现出其程序的规定性及联系性，确保教学设计的科学性。

3）可行性原则

教学设计要成为现实，必须具备两个可行性条件。一是符合主客观条件。主观条件应考虑学生的年龄特点、已有知识基础和师资水平；客观条件应考虑教学设备、地区差异等因素。二是具有操作性。教学设计应能指导具体的实践。

4）反馈性原则

教学成效考评只能以教学过程前后的变化以及对学生作业的科学测量为依据。测评教学效果的目的是为了获取反馈信息，以修正、完善原有的教学设计。

6.2　学习领域课程

6.2.1　学习领域课程基础

现代教育学认为，课程与教学是一个有机融合的系统，课程包含教学，教学也包含课程，课程也是以一种教学系统的形式呈现的，因此课程设计是教学系统设计的一种形式，也要在系统科学理论的指导下确定课程各要素之间的本质联系，并通过一套具体的操作程序来协调各要素，使各要素有机结合，从而实现课程目标。

伴随着职业教育人才培养模式的改革，在学习世界各国职业教育课程的成功经验，特别是在借鉴德国基于工作过程的学习领域课程设计的基础上，我国职业教育领域的专家学者通过对各类职业学校课程设计模式实践经验的总结，提出了一些符合我国职业教育实际的课程设计模式与方法。

学习领域课程是德国 20 世纪 90 年代职业教育课程改革的成果，它以典型的职业工作任务为核心来组织、建构课程内容；强调工作过程知识的重要性；要求按照行动导向的教学方式组织实施教学，其目的是培养学生建构或参与建构工作世界的能力。

1. “学习领域”课程的缘起

学习领域是 20 世纪 90 年代德国职教界为扭转传统的“双元制”的“一元”——职业学校教育与“另一元”——企业的职业培训相脱离，偏离职业实践和滞后科技发展，根据新时期行业、企业对技术工人这一方案提出的新要求所开发的，其中包括综合性的课程改革方案。这一方案对传统“双元制”的职教模式下的课程而言无疑是一次重大改革，其目的是使“双元制”的职业学校教学的“一元”与企业职业培训的“另一元”更好地协调合作，使德国职业教育再度成为经济发展的助推器。

学习领域课程方案的提出，受到德国职业教育界的广泛关注，并且在政府的倡导和科研机构的指导下，这一方案很快在部分“培训职业”中开始试点。在几年试点的基础上，2003 年起，这一方案开始在全德国广泛推广，成为德国职业教育课程改革的新范式。它对欧洲的职业教育课程改革产生了深刻的影响，也对我国职业教育课程改革的理论框架设计及改革实践产生了深刻的影响，目前我国职业教育课程改革领域中的项目课程或任务引领型课程体系的探索，其中许多思想就是源于“学习领域”课程方案。

根据德国各州文化部长联席会议的定义，所谓“学习领域”，是指由学习目标描述的主题学习单元。学习领域是跨学科的课程计划，是建立在课程论基础上由职业学校制定的学习行动领域，包括实现该专业目标的全部学习任务。一个学习领域由描述职业能力的学习目标和描述工作任务的学习内容所构成，同时包含相应的学习时间。通过一个学习领域的学习，学生可以完成某一职业的一个典型的工作任务。通过若干个相互关联的所有的学习领域的学习，学生可以获得某一职业的从业能力和资格。一般来说，每个培训职业由 10～20 个学习领域所构成，这主要是根据该职业的工作任务和活动特点来决定的，没有硬性的数量限制。

学习领域课程于 21 世纪初被介绍到我国，并对我国新世纪以来职业教育的课程改革产生了深远影响，已成为我国职业教育课程改革的主要模式。尤其是自 2006 年国家开始进行职业示范校建设以来，学习领域课程就更是成为我国职业学校课程改革的主要模式。

2. “学习领域”课程的理念

根据德国各州文教部长联席会议的定义，学习领域是指一个由学习目标描述的主题学习单元，该学习单元由能力描述的学习目标、任务陈述的学习内容和总量给定的学习时间（基准学时）等 3 部分构成，其基本理念包括以下 3 个方面。

1）基于职业能力的培养目标

“学习领域”课程的“由能力描述的学习目标”就是把能力作为职业教育的核心目标，该目标的实现可从职业能力的内涵与结构两个方面来说明。

（1）职业能力是内隐的、深层的、过程性的，哪怕是最简单的一个行动，也是以理性为基础的。对于职业能力的训练，不应该仅仅关注操作技能本身，而应该全面、细致、深入地分析影响操作技能养成的诸多方面。因为职业能力是由多个层面组成的一个复杂结构，外显的行为结构只不过是内在的心理结构的体现。

（2）职业能力是无法从生活背景中割裂出来的。职业能力概念远比职业资格概念的外延要广泛，能力发展涉及工作和生活世界两方面，也就是说它不仅包括工作和职业这个领域。“能力发展作为才能、方法、知识、观点、价值观的发展涉及在人的整个一生中对其的学习和使用。”能力发展也是一个由个体自行规划的主动过程，学习和能力发展必然是个体对自身经验进行背景确定并根据其自身特点进行发展的积极活动。尽管能力是可学的，然而按常规的形式它并不是可教的。职业能力的培养必须考虑到受教育者的知识基础与经验背景。

（3）职业能力是不断发展变化的。职业能力的内涵是随着技术的快速变化而处于巨大的变动之中的，需要在复杂的关系中理解职业能力。现代技术工人既要有能力完成定义明确的、预先规定的和可展望的任务，也应当考虑到自己“作为在更大的系统性的相关关系中”所产生的影响，这就要求具有灵活性和以启发性的方法解决限定的问题。这种职业能力绝不可能自动地产生于已获得的知识，而是在批判地探索、解决和转化问题的过程中产生的结果。

职业能力的基本结构包括纵横两个维度，如图 6. 7 所示。纵向分为基本职业能力和综合职业能力（即关键能力），横向分为专业能力、方法能力和社会能力。

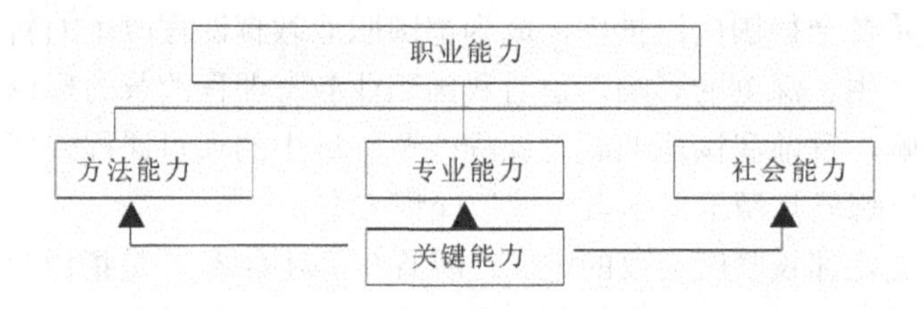

图 6.7　职业能力的结构

基本职业能力是劳动者的从业能力，是指劳动者从事某项职业所必须具备的能力，包括与具体职业密切相关的专业能力、方法能力和社会能力。其中：

基本职业能力层面的专业能力是指具备从事职业活动所需要的技能及与其相应的知识，是劳动者胜任职业工作、赖以生存的核心本领，专业能力是基本的生存能力。对专业能力的要求是合理的知能结构，强调专业的应用性、针对性。

基本职业能力层面的方法能力是指具备从事职业活动所需要的工作方法和学习方法，是劳动者在职业生涯中不断获取新的技能与知识、掌握新方法的重要手段，对方法、能力的要求是科学的思维模式，强调方法的逻辑性、合理性。

基本职业能力层面的社会能力是指具备从事职业活动所需要的行为能力，是劳动者在职业活动中，特别是在一个开放的社会生活中必须具备的基本素质。社会能力的要求是积极的人生态度，强调对社会的适应性、行为的规范性。

综合职业能力即关键能力，是指具体的专业能力以外的能力，即与纯粹的专门的职业技能和知识无直接联系，或者说超出职业技能和知识范畴的能力。它是方法能力和社会能力的进一步发展，也是具体的专业能力的进一步抽象。它强调的是当职业发生变更，或者当劳动组织发生变化时，劳动者所具备的这一能力依然存在。由于这一能力已成为劳动者的基本素质，劳动者不会因为原有的专门的知识和技能对新的职业不再适用而茫然不知所措，而是能够在变化了的环境中重新获得新的职业技能和知识。这种对从事任一职业的劳动者都应具备的能力，常被称为"跨职业的能力"。由于这种能力对劳动者未来的发展起着关键性的作用，所以，在职业教育中又被称为关键能力。

2）基于工作过程的课程设计

在德国各州文教部长联席会议所给出的学习领域的定义中，"任务陈述的学习内容"的含义就是学习领域的课程设计是基于工作过程的，把工作过程中的任务作为课程内容和课程设置的依据。德国不来梅大学技术与教育研究所以劳耐尔教授为首的职业教育专家关于工作过程的描述是：所谓工作过程是"在企业里为完成一件工作任务并获得工作成果而进行的一个完整的工作程序，是一个综合的、时刻处于运动状态但结构相对固定的系统"。从课程设计的角度来说，工作过程是以科学为基础的"一个完整的工作程序"。这样的课程设计可以克服传统的学术体系结构化相对于职业教育的缺陷，从而有利于与工作过程相关内容的学习。学习领域的名称和内容不是指向科学学科的子领域，而是来自职业行动领域里的工作过程。

在获得学习领域的基础上，还要完成从学习领域向学习情境的转换，这是学习领域课程方案最终成功与否的关键。所谓学习情境是指学习领域框架内的小型主题学习单元，它是在职业的工作任务和行动过程背景下，按照学习领域中的目标表述和学习内容，对学习领域进行教学论和方法论转换的结果。学习情境的本质是对学习领域的进一步分解。

学习情境是在典型工作任务基础上设计的、学习的"情形"和"环境"。学习情境的载体是一个"学习与工作任务"，即"内容是工作的学习任务"，"用于学习的工作任务"，简称"学习任务"或"学习性任务"。学习任务是学习情境的具体表现，它来源于企业生产或服务实践，能够建立起学习和工作的直接联系，但并不一定是企业真实工作任务的忠实再现。学习情境设计的核心是确定学习任务。比如"Web 应用系统的开发"这个学习领域所对应的学习情境可能包括企业信息发布系统的设计与实现、库存管理系统的设计与实现、电子商务平台的设计与实现等。

有人担心按照这种思路设计出来的课程，很有可能会导致学生获得的知识是零散的、不系统的，从而影响学生长远职业生涯的发展。事实上，这种担心是完全没有必要的。正如德国学者克劳瑟教授所言："对知识获取的应用研究表明，传统的关于概念、原理、方法和策略等知识的学习恰恰阻塞了迁移的通道，因为概念或原理的定义以及方法的描述越普适，学习者要在现实中寻求例证，或者在专门的情境和状态下应用原理与方法就越困难。"这也就是说，并非学习的知识越抽象越有利于能力的迁移；抽象知识只有当它与具体情境或是实例获得联系时，才对能力迁移具有意义；知识的迁移效应并非取决于其抽象水平，而是取决于其被建构的方式，当知识的建构方式与学习者内在知识结构不一致时，大量专业理论知识的学习反而阻碍学习者专业能力的迁移与提高。

3）基于行动导向的教学方法

行动导向是"学习领域"课程方案的基本教学实施原则。德国十多年的讨论及实践证明，无论是从教学论的理论层面，还是从教学实践的操作层面，行动导向的教学都被认为是将专业学科体系与职业行动体系实施集成化的教学方案，这一方案尽管可以通过广泛地采用不同的教学方法和教学组织形式来实现，但其基本原则是“行动导向”，即针对与专业紧密相关的职业“行动领域”的工作过程，按照“资讯—计划—决策—实施—检查—评估”完整的“行动”方式来进行教学。

学习领域的教学目标及教学内容要求教学的实施必须以行动为导向，因为只有在行动中，在工作过程中学生才能有效地获取工作过程知识，获得建构或参与建构工作世界的能力。以行动为导向的教学不仅重视教学的目的，而且更加重视教学的过程，它所要达到的教学目标是培养学生的职业行动能力。行动导向教学不仅仅指在行动中进行教学，更重要的是在一种完整的、综合的行动中进行思考与学习，并尽可能由学生自己独立获取信息、独立制订计划、独立实施、独立检查和独立评估。行动导向教学追求的不只是知识的积累，更重要的是职业能力的提高。职业能力是一种综合能力，它的形成不仅仅是靠教师的教，而更重要的是在职业实践中形成的，这就需要为学生创设真实的职业情景，通过以工作任务为依托的教学使学生置身于真实的或模拟的工作世界中，从而促进学生对职业实践的整体性把握。

3.“学习领域”课程的概念

1）工作过程

德国不来梅大学技术与教育研究所以劳耐尔（Rauner）教授为首的职业教育专家认为：所谓工作过程是“在企业里为完成一件工作任务并获得工作成果而进行的一个完整的工作程序，是一个综合的、时刻处于运动状态但结构相对固定的系统”。工作过程的意义在于，“一个职业之所以能够成为一个职业，是因为它具有特殊的工作过程，即在工作的方式、内容、方法、组织以及工具的历史发展方面有它自身的独到之处”。

2）行动领域

行动领域指的是在职业、生活和公众有意义的行动情境中相互关联的任务集合。行动领域体现了职业的、社会的和个人的需求，职业教育的学习过程应该有利于完成这些行动情境中的任务。对指向当今和未来职业实践的行动领域进行教学论反思与处理，就产生了《框架教学计划》中的“学习领域”。

3）学习领域

德国各州文教部长联席会议对学习领域的定义是：学习领域是一个由学习目标描述的主题学习单元。每个学习领域由能力描述的学习目标、任务陈述的学习内容和总量给定的学习时间（基准学时）3部分构成。

4）学习情境

学习情境是组成学习领域课程方案的结构要素，是课程方案在职业学校学习过程中的具体化。换句话说，学习情境要在职业的工作任务和行动过程的背景下，将学习领域中的目标表述和学习内容进行教学论和方法论的转换，构成在学习领域框架内的“小型”主题学习单元。作为具体化的学习领域，学习情境因学校、教师而异，具有范例性特征，是学习领域课程的具体化。实际上，学习领域是课程标准，学习情境则是实现学习领域能力目标的具体的课程方案。

5）范例性

学习领域课程方案是范例指向的，因此放弃了学科系统的完整性。这里的所谓范例，不是从工作中选择的例子，也不是以例子说明的工作，而是在体现与之相关的认知原理，即在对本质与现象、整体与局部、结构与过程的观察、解释和序化的基础上实现教学目标的案例。

范例化也不是对学习内容及其复杂性进行的简约处置。客观事实的复杂性在学习过程中反而是不应该被简约的，而应被清晰地呈现在学习者面前。教学内容简约是逐步递进的结果：复杂性向其基本原理回归、基本原理则用体现复杂结构特征的要素表示、不同维度的要素之交结与集聚区域应予以突显。因此，从这个意义上讲，学习内容的减量要通过范例的突显才能实现相应的学习目标。

4. “学习领域”课程内容

德国各州文教部长联席会议制订的适用于职业学校“框架教学计划”，即国家课程标准包括 5 个部分：第 1 部分为“绪论”，主要阐述这一课程标准的意义；第 2 部分为“职业学校的教育任务”，主要阐述职业学校的教育目标、教学文件、教育原则和能力目标；第 3 部分为“教学论原则”，主要阐述基于学习理论及教学论的教学重点；第 4 部分为“与培训职业（专业）有关的说明”，主要阐述该专业的培养目标、课程形式、教学原则和学习内容，特别指跨专业的学习目标（通用目标）与本专业的学习目标均采用“学习领域”加以规范；第 5 部分为“学习领域”，列举本专业全部学习领域的数量、名称、学时；描述其中每一个学习领域的目标、内容和学时。

从“学习领域”课程方案的结构来看，一般来说，每一培训职业（即专业）课程由 10～20 个学习领域组成，具体数量由各培训职业的情况决定。组成课程的各学习领域之间没有内容和形式上的直接联系，但在课程实施时可以采取跨学习领域的组合方式，根据职业定向的案例性工作任务，采取行动导向和项目导向的教学方法。

从“学习领域”课程方案的内容来看，每一“学习领域”均以该专业相应的职业行动领域为依据，作为学习单元的主题内容是职业任务设置与职业行动过程取向的，以职业行动体系为主参照系。由于所学内容既包括基础知识，也包括工作系统知识，因此也不完全拒绝传统的学科体系的内容，允许学科体系的“学习领域”存在。

目标描述表明该“学习领域”的特性，内容陈述则使“学习领域”具体化、精确化。目标描述的任务是学生通过该“学习领域”学习所应获得的结果，用职业行动能力来表述；而内容陈述具有细化课程教学内容的功能；总量给定的学习时间（基准学时）可灵活安排。一个“学习领域”的教学内容可以在各个年级的学年安排，也可在整个学制的年限内实施，以利采取跨学科的、跨学年的的整合教学组织形式。表 6.2 与表 6.3 以“信息商务员”专业为例，展示了德国“学习领域”课程专业整体课程设计方案与“学习领域 7：网络信息技术系统”设计方案的标准形式。

表 6.2　“信息商务员”专业的整体课程设计方案

学习领域	基准学时（小时）			
	小计	第一学年	第二学年	第三学年
1. 企业及其环境	20	20		
2. 工作过程与劳动组织	80	80		
3. 信息来源与工作方法	40	40		
4. 简单信息技术系统	80	80		

续表

学习领域	基准学时（小时）			
	小计	第一学年	第二学年	第三学年
5．专业英语	60	20	20	20
6．应用系统的开发与处理	240	80	80	80
7．网络信息系统技术	100		60	40
8．市场与客户关系	100		40	60
9．公众网、服务	40		40	
10．信息技术系统维护	40		40	
11．财务与检验	80		40	40
总计（小时）	880	320	280	280

按照德国职教课程专家巴德教授和谢费尔的诠释，学习领域是建立在教学论基础上，由职业学校实施的学习行动领域，它包括实现该专业目标的全部学习任务，通过行动导向的学习情境使其具体化。采用职业能力表述的学习目标不是封闭性而是开放性的，与该专业有关的职业行动领域及其任务设置是构建该学习领域里学习内容的基本成分。

学习领域课程开发的基础是职业工作过程，由与该专业相关的职业活动体系中的全部职业行动领域导出学习领域，并通过适合教学的学习情境使其具体化的过程，可以简述为“行动领域——学习领域——学习情境”。学习领域的最大特征在于不是通过学科体系而是通过整体、连续的“行动”过程来学习。与专业紧密相关的职业情境成为确定课程内容的决定性的参照系。迄今为止，采用分科课程传授的细节知识，在学习领域的课程方案中是通过具体的学习行动领域，即采用问题关联的教学、案例教学来实现的。这一课程方案有利于实现行动导向的考试和考核。

但是，鉴于标准形式的课程方案中，其内容描述未区分对工作的组织、方法、手段、对象以及工作环境中企业、社会和个人对工作的要求，对目标描述及能力培养的具体化和可操作性存在较大不便。根据富于创新意识的德国职教著名学者劳耐尔教授的研究成果，德国黑森州教育部的建议方案加进了上述内容。表 6.4 展示了“信息商务员”专业——“学习领域 7：网络信息技术系统”的改进方案。

表 6.3 “信息商务员”专业——“学习领域 7：网络信息技术系统”设计方案

学习领域 7：网络信息技术系统	第二学年：基准学时：60 小时 第三学年：基准学时：40 小时
目标描述： 学生应根据法律和社会安全技术规定以及商务知识规划并阐述网络信息系统，同时应有理由地选择、安装、运行与使用相关软件。 为此，应该 — 按照顾客要求开发和阐述方案； — 理解传输技术与网络技术基础； — 应用网络信息技术系统的规划方法； — 了解、比较及示范性安装操作系统与应用程序； — 了解数据保护的法律规定和数据安全措施； — 了解网络信息与通讯系统的发展趋势及其功能并说明其社会影响。	
内容： 方案 — 库存盘点与需求分析	

续表

— 网络信息技术产品、企业组织与信息技术结构间的相互影响 网络技术系统的信息传输 — 存储模式 — 传输媒体与耦合元件 — 网络形式、网络记录与网络接口 建造与安装 — 服务器 — 终端仪器 — 接口 — 网络操作系统 — 标准软件 — 系统文件 — 数据保护与数据安全 — 许可证与版权法 — 用户管理与资源管理 运行、交付与应用 — 系统启动 — 故障搜索 — 演示

表 6.4 “信息商务员”专业——“学习领域 7：网络信息技术系统”的改进方案

学习领域 7：网络信息技术系统		第二学年 基准学时：60 小时 第三学年 基准学时：40 小时
目标描述： 学生会分析网络信息技术系统的功能，并结合一个具体的应用问题制定必要的学习与工作步骤 学生能够按照顾客要求阐述和开发具体的网络信息技术系统，并根据具体应用问题的实际需求配置网络信息技术系统 学生有能力根据实际需要选择、安装、运行网络操作系统与应用程序 学生能够进行网络信息技术系统的规划，依据相关数据保护法律规定和技术标准制定数据安全方案与措施 学生能简要说明网络信息系统的发展趋势、功能，并说明其社会影响		
内容：		
技术工作的组织、方法与手段	技术工作的对象	企业、社会和个人对技术与技术工作的要求
方案 — 系统需求分析、规划、设计 — 网络信息技术产品、企业组织与信息技术结构间的影响 网络技术系统的信息传输 — 存储模式 — 传输媒体与耦合元件 — 网络形式、记录与接口 建造与安装 — 服务器；终端；接口	系统规划、设计方案 构成网络信息技术系统的硬件与软件 系统的数据安全措施 系统的实施与维护方案	对网络信息技术系统本身的要求 对构成网络信息技术系统的硬件与软件的要求 对网络信息技术系统数据安全的要求 对网络信息技术系统的维护与管理要求

续表

— 网络操作系统 — 标准软件、系统文件 — 数据保护与数据安全 — 许可证与版权法 — 用户与资源管理 运行、交付与应用 — 系统启动 — 故障搜索 — 演示		对网络信息技术系统的更新与扩充的要求

5. “学习领域”课程开发

1）学习领域课程开发思路

学习领域课程开发把与职业紧密相关的职业情境作为确定课程内容的决定性参照系，其基本思路是：从与该教育职业相关的全部职业“行动领域”导出相关的“学习领域”，再通过适合教学的“学习情境”使之具体化，如图 6.9 所示。尽管职业行动体系是学习领域的主参照系，但所涉及的内容既包括基础知识也包括系统知识，因此并不完全拒绝传统的学术体系的内容，允许知识领域的存在。

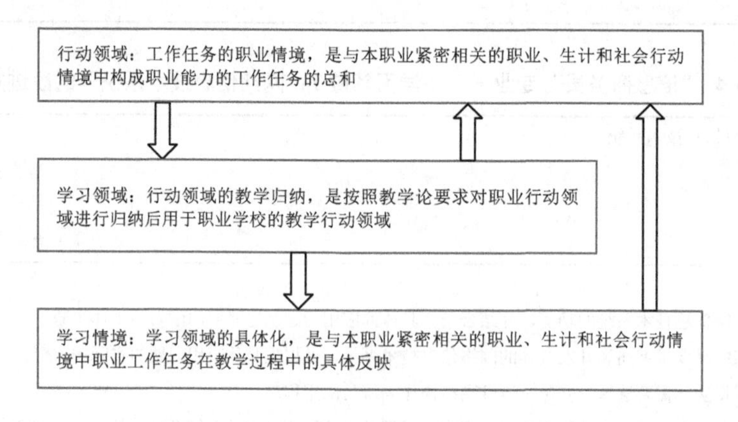

图 6.9　学习领域课程开发思路

2）学习领域课程开发步骤

李索普和胡辛佳（Lisop / Husinga）将学习领域分为 3 种类型：

（1）基础性学习领域

目的在于获取基础的理论定向知识，使学科专门化的重点内容与学习者的社会化过程、个性问题及其经验实现一体化，奠定必要的知识关联及对其反思，实现与科学性原则的链接。

（2）迁移性学习领域

目的在于通过选择典型的传统和现代劳动组织的情境进行教学，获取工作实践知识，要求必须在对现实工作进行模拟的基础上组织学习，使情境性原则的应用成为可能。

（3）主体性学习领域

目的在于除掌握客观具体的技能与专门知识以外，经验与反思、利益与冲突以及文化与社会的因素在这里都成为重要的内容，适合采用人本性原则。

马格德堡大学巴德教授与北威州学校继续教育研究所合作，制定了学习领域课程开发的 8 个基本步骤，如图 6.10 所示。

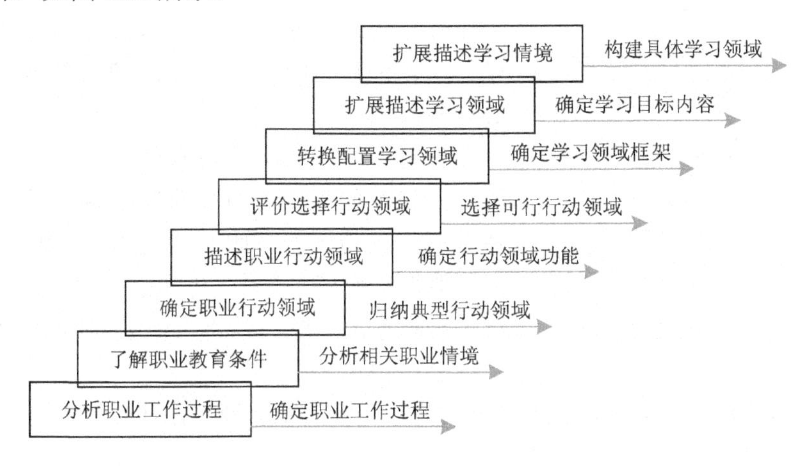

图 6.10　学习领域课程开发的 8 个基本步骤

第 1 步分析职业工作过程：主要是了解和分析该教育职业相应的职业与工作过程之间的关系；

第 2 步了解职业教育条件：主要是调查和获得该教育职业在开展职业教育时所需要的条件；

第 3 步确定职业行动领域：主要是确定和统计该教育职业所涵盖的职业行动领域的数量和范围；

第 4 步描述职业行动领域：主要是描述和界定所确定的各个职业行动领域的功能、所需的资格或能力；

第 5 步评价选择行动领域：主要是评价所确定的行动领域，以此作为学习领域的初选标准及相应行动领域选择的基础；

第 6 步转换配置学习领域：主要是将所选择的行动领域转换为学习领域配置；

第 7 步扩展描述学习领域：主要是根据“德国各州文教部长联席会议”指南的内容，对各个学习领域进行扩展和描述；

第 8 步扩展描述学习情境：主要是通过行动领域定向的学习领域具体化来扩展和表述学习情境。

需要说明的是，图 6.10 所示的学习领域课程开发步骤是学习领域课程开发的基本步骤，在学习领域课程开发的实际工作中，国内外的职业课程设计者已经根据不同专业的具体情况设计了多种课程开发模式。比如成都航空职业技术学院所提出的“3343”学习领域课程开发模式、宁波职业技术学院戴士弘教授所提出的“6+2”课程模式、陕西职业技术学院崔永红提出的“五段八步法”等。

3）学习领域课程开发方法

学习领域课程是以培养学生具有建构工作世界的能力为主要目标的课程模式，它是以理解企业的整体的工作过程和经营过程为前提的，因此学习领域课程方案的主要内容就是工作过程知识。工作过程知识与专业工作紧密相关，而且大部分以工作经验为基础，涉及企业的整体工作过程，不仅包括部分重复性工作的经验，还包括生产目标和流程的知识。工作过程知识是隐含在实际工作中的知识，既显性地指导行为的知识（如程序化知识），也包括相联系

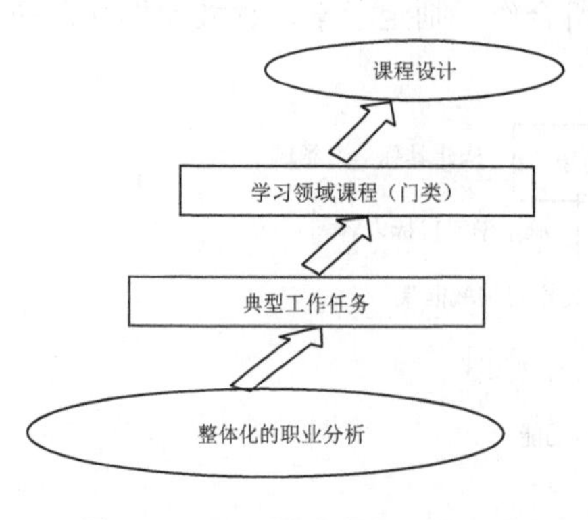

图 6.11　学习领域课程开发过程

的隐性知识，例如物化在工作过程中及产品和服务中的诀窍、手艺、技巧和技能等是最宝贵的工作过程知识。工作过程知识是情景性的，与职业活动紧密相连的。所以，让学生建立工作过程知识是学习领域课程开发的核心任务。

学习领域课程开发基本思路是将与职业紧密相关的职业情境作为课程内容的参照系，通过整体化的职业分析，从与该教育职业相关的、反映全部职业特征的“典型工作任务”中导出相关的“学习领域”，再通过适合教学的“学习情境”使之具体化。图 6.11 表示了这个过程。

基于工作过程的学习领域课程设计开发方法主要包括典型工作任务分析、学习领域设计、学习情境设计 3 个基本步骤。在实施过程中需要完成两次转变，即从典型工作任务到学习领域的导出和从学习领域到学习情境的具体转化。

（1）典型工作任务分析

通过“企业实践专家访谈会”分析某个职业（专业）与工作过程之间的关系，确定某个职业的典型工作任务，按照能力发展和职业成长规律，确定典型工作任务的难度等级和顺序，并对其内容进行描述。

典型工作任务的基本特点体现为：

① 代表性，能够反映该职业的主要工作内容和要求，如新电器产品的开发就不是维修电工的典型工作任务；

② 特殊性，能反映人的职业历程，亦能区别不同的工作；

③ 完整性，具有结构完整的工作过程（计划、实施以及工作成果的检查评价）；

④ 概括性，它不是一项具体的职业工作或工作环节，而是许多过程及要求相同内容相似的具体工作的总称，因此，在确定典型工作任务时，对职业工作进行的是综合性的和整体化的分析；

⑤ 开放性，有创新的空间。

典型工作任务来源于企业实践，它对人的职业成长起到关键作用，不一定完全是实际生产中经常出现的具体工作任务、环节或步骤。如“修改图片的背景色”是平面设计职业岗位最常见的工作任务，但不是平面设计职业岗位的典型工作任务。

确定典型工作任务的方法是实践专家访谈会。选择合适的专家是实践专家访谈会成功的前提。选择实践专家的基本条件是：他们当前的工作任务与被分析的职业相符；有 5 年以上的本职业的工作经验；从事的工作与所接受的职业教育专业对口，并且参加过专业进修；工作岗位属于技术先进之列，工作组织灵活；工作任务是综合性、整体化的，有一定的自主性、决策权和独立性，任务范围有较大的设计（建构）空间；与会专家之间不会相互影响（没有上下级关系）。

实践专家访谈会的基本程序是：介绍背景、目的、方法和基本指导思想——明确“典型工作任务”等基本概念——分小组进行个人职业历程简述（实践专家介绍从“中级工”到“技师”过程中的各重要阶段，每一个阶段举出一些具有挑战性的工作实例）——介绍企业“中级工”到“技师”主要承担哪些主要工作——工作任务汇总与归类——分小组进行典型工作任务描述——典型工作任务汇总。

每个职业通常有 10～20 个典型工作任务，表 6.5 给出了一个典型工作任务的例子。

表 6.5　典型工作任务实例

典型工作任务名称	基于 B/S 模式系统的设计与开发
典型工作任务描述	1．工作任务简述 根据系统的详细设计说明书，开发基于 B/S 模式的系统 2．工作任务情形 1）工作任务说明 根据详细设计文档中提出的需求规范，使用编程工具进行程序的开发和调试，严格遵循编码规范。必须具备软件工程基本理论知识、软件编码规范的基本知识、能运用程序设计语言和开发工具。同时了解软件调试的基本技能 2）涉及的业务领域 信息管理、电子商务、电子政务 3）企业性质 根据软件开发企业的规模大小，基于 B/S 模式系统的设计与开发的方式会有不同，小型企业一般采用简单的动态网页技术和 model1 开发；大中型企业一般采用 model1 和 model2 模式开发 4）其他说明 软件的开发必须以充分理解详细设计文档为前提，开发的程序必须符合详细设计的需求
工作过程及方法	（1）资讯：正确理解企业电子商务系统详细说明书 （2）计划：根据系统详细说明书，制定项目完成计划，确定项目总负责人、项目模块的负责人完成的内容、要求、时间 （3）决策：分析计划的可行性，适当修改计划 （4）实施：以项目组为单位分工合作，按计划完成项目的编码 （5）检查：检查模块是否按要求、进度完成；是否符合系统详细设计书的要求 （6）评价：根据企业软件项目评价标准对软件项目进行评价
对象	（1）软件项目 （2）软件编码人员
工具	（1）软件编码规范文件 （2）计算机及相关设备与软件 （3）系统详细设计说明书 （4）软件项目评价标准 （5）软件开发参考资料（CSDN、API）
劳动组织	（1）项目组成员之间的沟通（项目完成计划、项目实施） （2）单独作业、团队合作
要求	（1）软件项目符合系统详细设计说明书 （2）软件项目对设备的要求不超过用户提供的设备 （3）软件界面操作简单、人性化

（2）学习领域设计

将典型工作任务转换为学习领域，并对各学习领域进行扩展和描述。给出学习目标、内容和基准学时要求，并将学习领域按照学生的职业成长规律和教学规律进行时间上的排列，完成学习领域设计。

学习领域是以一个职业的典型工作任务和工作过程为导向的、通过以下内容确定的教学单元：职业的典型工作任务、学习目标、学习与工作内容、学时要求、教学方法与组织形式说明、学业评价方式。

学习领域设计即根据知识的性质、学习者的认知基础，将典型工作任务内容转换为学习领域课程的工作与学习任务。

设置学习领域应做到：一是每一学习领域都是完整的工作过程；二是各学习领域排序要遵循职业成长规律；三是各学习领域排序要符合学习认知规律，所有学习领域组成生产或经营过程。

（3）学习情境设计

在整个专业的每个学习领域框架内，设计小型的主题学习单元，使与本职业紧密相关的职业、生计和社会行动情境中的职业工作任务在教学过程中得以充分反映。

创设学习情境的目的是为了帮助学生更有效地学习知识和技能，实现专业能力、方法能力和社会能力，即职业能力的培养。学习情境是与学生所学习的内容相适应的、包含任务的工作活动事件。为使学生从经验的积累达到策略的提升，学习情境的设置要在同一范畴内至少设置 3 个以上，通过学习与训练使之达到熟能生巧的目的。在这一系列的学习情境中，过程、步骤和方法是重复的，不重复的是内容。通过学习与训练，找出其差异性，从而达到知识与技能的迁移，在策略层面得到提升。

6. “学习领域”课程方案评价

学习领域课程一经传入我国，即受到我国职业教育界的普遍肯定，其原因有三：

（1）学习领域课程模式吸收了模块课程灵活性、项目课程一体化的优点，并力图在此基础上实现从经验层面向策略层面的能力发展，关注如何在满足社会需求的同时重视人的个性需求，关注如何在就业导向的职业教育大目标下人的可持续发展问题，其核心理念回归到了职业教育作为一种教育的本质属性。

（2）学习领域课程理论反映的“系统化”“领域”“情境”等概念，所折射出的对职业能力的整体化、深层化理解，与我国的学术传统非常吻合，也符合信息化时代、学习化社会对劳动者能力的要求。

（3）学习领域课程开发采用 BAG 分析法，成立专门专家小组进入企业，采用观察、访谈等方法深入研究工作过程，这有利于挖掘出工作过程中更加深层的知识、技能要求。在课程开发的具体方案中，也提出了对智慧技能、理论知识的更多要求，这些原则和方法，正好体现了高技能型人才培养的目标与要求，与我国职业教育现阶段进行课程改革，进而提高教学质量的目的是高度契合的。

然而，学习领域课程在我国的实践，也不可避免地面临了许多局限性。具体来说，有如下几方面的问题：

（1）德国一贯发展的是教学论，行动导向作为指导设计教学活动的原则，适用于所有类型的教育领域。行动导向的教学方法要得以普遍实施，必须有完整的教学材料作为支持。由于学习领域课程方案只是一个课程框架，要得以有效实施，必须要开发行动导向的实施方案，然而当前，我国职业学校所能获得的来自德国的有关研究资料非常有限。由于许多复杂的理论问题没有解决，教师多是依据自己的粗浅理解来设计课程实施的方案，其科学性与严密性令人怀疑。

（2）学习领域课程是德国针对“双元制”体制下传统的以科学性和基础性的学习为出发

点的课程的弊端，而提出的一种新的课程模式，尽管如此，"双元制"仍然是学习领域课程得以实施的强有力的制度背景。在德国的相关法律中明确规定，企业达到一定的规模后，每年必须接收一定的职业教育的实习学生，而其他企业则需向行会缴纳一定的资金作为对职业教育的支持，也就是说所有的企业必须参与职业教育的发展，为职业教育的发展做出一定的贡献。"双元制"的本质是学生具有双重身份，他们不但是学校的学生，而且是企业的员工，学校的学生很容易就能找到真实的企业岗位。而在我国，没有相关的法律来约束企业配合学校的产学合作，校企合作步履维艰。由于企业参与的积极性不高，造成许多学生找不到真实的企业岗位，无法真正进行基于工作过程系统化的学习。

（3）学习领域课程方案的宏观设计——框架教学计划，是在国家层面完成的；而其微观设计——学习情境，仍然是由职业学校的教师完成的。德国非常重视职业教育教师在职业界的实际工作经历，大学毕业生要成为职教教师，要有 5 年或 5 年以上的工作经验，经过两年半的教师培训后，再参加两次国家考试，取得职教教师资格后才能从业。在我国，高等职业教育的教师大多没有从事企业工作的经验，很难教会学生做企业的实际工作。同时，由于我国职业学校的师生比较高，如果采用学习领域课程进行教学，势必会增大教师的工作量，教师如何面对这种变革，也是摆在我们面前的重大课题。

（4）在德国，行动导向作为指导设计教学活动的原则，在所有类型的教育领域中实行，包括项目教学法在内的、多种形式的行动导向教学活动，是对国民学校常规教学加以补充的必要和有效的途径。职业学校的学生在接受九年制的普通义务教育时，已熟悉和理解了行动导向的教学方式；与此同时，在德国每年接受双元制职业教育的学生约占同龄人的 2/3，学生并没有低人一等的失败感。因而在实施学习领域课程时，其主动性与积极性能得以充分发挥。在我国，由于应试教育的压力，学生在义务教育阶段几乎没有接受真正意义上的素质教育，他们更习惯于被动的、以讲授为主的灌输性的教学方式和方法，普遍缺少创新意识。同时由于高考录取等制度性的安排，许多学生进入职业学校的学习是一种无奈的选择，缺乏学习的内在动机。因此当一种基于主动探究、合作创新的教学方法需要他们适应时，学生往往不知所措，甚至抵制推诿。

学习领域课程理论与方案自 21 世纪初引入我国以来，无论从理论发展还是实践应用方面，都得到了充分的发展。由于不同的职教课程专家的立足点不同和各职业学校进行学习领域课程实践的视角不同，学习领域课程在我国存在着不同的说法，比如基于工作过程的课程、工作过程导向的课程、工作过程系统化的课程、基于工作任务的项目课程等。这些众多的"学习领域课程"别名的内涵尽管存在着细微的差别，但都是基于学习领域课程设计的基本理念（基于工作过程、典型工作任务分析、学习领域确定、学习情境设计）来进行职业领域课程与教学设计的。

6.2.2　工作过程系统化课程

工作过程系统化课程是姜大源教授在对德国学习领域课程理论与实践案例进行深入研究的基础上，结合我国职业学校学习领域课程实践的具体实际，所提出的一种更加实用的学习领域课程设计与开发的方法与技术。

工作过程系统化课程仍然包括工作过程、工作领域、典型工作任务、学习领域、学习情境等学习领域课程的基本概念。工作过程系统化课程与德国原生学习领域课程的根本区别在于其在课程设计与开发的具体实施过程中，充分融入了系统化教学设计的基本理念、方法与技术，借鉴“学科系统化课程”的成果，采用“系统化”、“序化”的方法对学习领域与学习情境进行重构，从而使得最后形成的课程方法更加符合职业学校不同专业学生的认知水平，并最终达到培养学生职业能力的教学目标。

一般来说，在我国职业教育、教学实践中，往往把德国原生学习领域课程称为工作过程导向的课程或基于工作过程的课程。工作过程系统化课程与工作过程导向课程的区别在于：工作过程导向课程往往只是把实际工作过程经过一次性教学化处理后即用于教学，往往是复制了一个具体的工作过程；而工作过程系统化则要把实际的工作过程，按照职业成长规律和认识学习规律，经过 3 次以上的教学化处理，演绎为 3 个以上的有逻辑关系的、用于教学的工作过程。它强调通过比较学习的方式，实现迁移、内化，进而使学生学会思考，学会发现、分析和解决问题。

以教中国人“吃饭”为例，要教会一个中国人学会吃饭，那么按照中国典型的吃饭工作过程所设计的教学过程是：拿筷子、夹菜、放嘴里、咽下去，如图 6.12 所示。这就是所谓的工作过程导向的设计。但这是机械式的训练，是对实际工作过程的照搬，尤其是课程与教学没有体现整体思维和比较思维的训练，这样一旦没筷子就吃不了饭了。工作过程系统化的课程怎么做呢？通过对同一个范畴的事物进行比较来实现学生能力的提高：第一个情境：用筷子吃饭；第二个情境：用刀叉吃饭；第三个情境：用手吃饭。吃饭的工具不同，然而吃饭的过程则是完全一样，就是说吃饭的步骤必须重复。但是在重复步骤的过程中，学习者逐渐把握寻求吃饭工具的系统化思维，即逐渐把握“资讯、决策、计划、实施、检查、评价”的完整的行动过程。课程的目的，在于让学生学会如何去寻找吃饭的工具，使其在没有筷子、没有刀叉、甚至没有手的情况下，还能找到吃饭的工具，这才是可持续发展的职业能力。

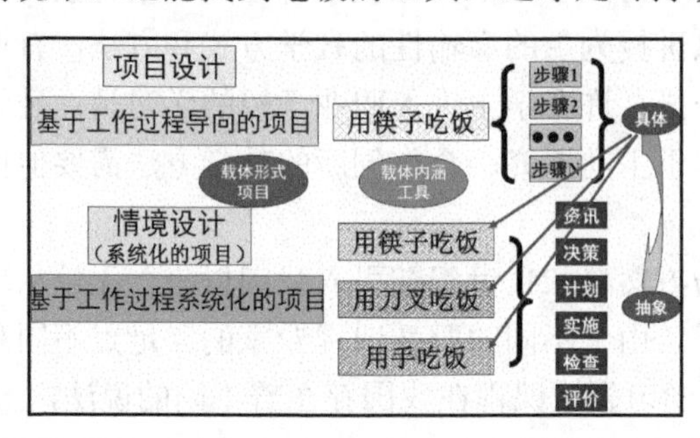

图 6.12　工作过程导向与工作过程系统化的比较

1．工作过程系统化课程的概念

工作过程是指个体“为完成一件工作任务并获得工作成果而进行的一个完整的工作程序”，是一个综合的、时刻处于运动状态但结构相对固定的系统。工作过程的构成要素如图 6.13 所示。

工作过程系统化是相对于学科知识系统化而言的。普通教育领域的学科、专业等概念是我们所熟知的。一个学科之所以称为一个学科、一个专业之所以成为一个专业，是因为它们具有特殊的知识系统，即在知识的范畴、结构、内容、方法、组织以及理论的历史发展方面有它自身的独到之处。正是由于知识系统的差异，才出现了理、工、农、医等学科或专业领域。尽管各专业领域里的知识系统大相径庭，但人们却为所有的学科与专业找到了一个共同的普适性的课程范式，这就是基于学科知识结构的课程，也就是基于学科知识系统化的课程。

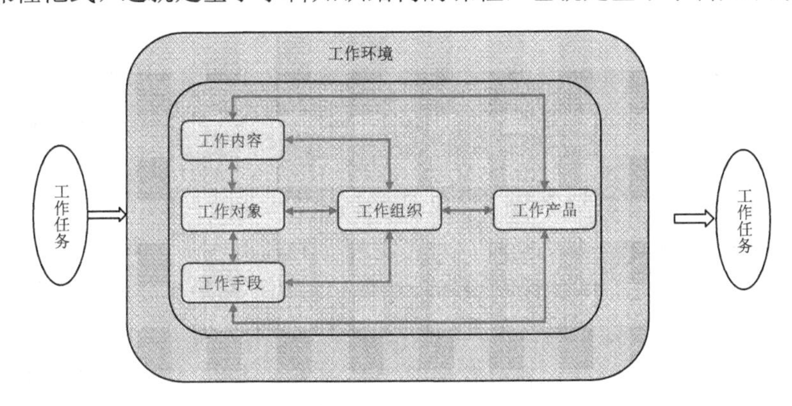

图 6.13　工作过程的构成要素

职业教育的专业更多地具有职业的属性，正是由于工作过程的差异，才出现了农业、制造业和服务业等不同的职业领域。所以，工作过程的意义在于，“一个职业之所以能够成为一个职业，是因为它具有特殊的工作过程，即在工作的方式、内容、方法、组织以及工具的历史发展方面有它自身的独到之处”。

工作过程系统化课程的基本理念是，课程开发必须在有序性、整体性和生成性的原则下，从实际工作的需要和职业教育需要这两个维度上予以整体设计，必须有系统的逻辑路线。职业学校学生能力的培养必须遵循职业成长和认知学习这两个规律，在从新手到专家、从简单到复杂的学习过程中，使得知识、技能和价值观的学习实现融合，集成于一体，而不是分离。

工作过程系统化课程的课程体系和课程标准（每门课程）的设计都包括两个要素：一是课程内容的选择，二是课程内容的排序。

课程内容的选择需要标准。这一标准不能只采取诸如“适度够用”这类意象性的表述，而是应该以职业资格为基准。但是，职业资格只是课程开发的最低要求，因为总是先有职业，后有资格标准。职业资格一旦制定出来，就属于“过去时”了。所以，从教育的本质出发，还应以前瞻性眼光来选择课程内容，以避免课程过度滞后于职业的发展。

课程内容的排序需要结构。这一结构是知识传递的路径，知识只有在结构化的情况下才能有效传递。职业课程内容的结构化，也就是序化的问题，要突破基于知识存储的学科体系的樊篱，采取基于知识应用的参照系，选择工作过程作为参照系。

工作过程系统化课程对上述两个基本要素的选择具有以下两个方面的特征。

1）课程内容的选取

首先，工作工程系统化课程内容的选取必须注意两个方面：一是课程受众的智力特点，二是课程内容指向的基本范畴。从职业课程受众的智力特点来看，职业学生形象思维的特点更为突出。人的思维类型大致可分为形象思维和逻辑思维两大类，世界上大多数人的思维归于前者。教育理论与实践都证明，思维类型、智力类型不同的人，对知识的获取是有一定的指向性，然而这只是思维类型的不同，并非智力水平的高低。以逻辑思维为主的人善于接受符号系统，善于用符号组成的概念、定理和公式去推理；而以形象思维为主的人则排斥符号，不善于用符号去思考。以形象思维为主的个体，要掌握一门知识或应用一门知识，总要和一定的环境与背景联系在一起，离开相应的环境和背景，就很难掌握与应用这些知识。对于以形象思维为主的学生，寻求适宜的课程内容并为其设计适合的课程体系、课程标准，同样能使他们成为国家的栋梁之材。

从职业课程内容的基本范畴来看，职业教育的重点在于使学生掌握过程性知识，而不是所谓陈述性知识。陈述性知识主要谈“是什么”和“为什么”的问题，是可以编码、量化、符号化，可以写成白纸黑字、可以言说的知识。而过程性知识指的是“怎样做”和“怎样做更好”的知识。例如，计算机程序是一堆代码，它只是一种符号的存在。只有当计算机调用程序且经过程序的运行出来一个文档时，才表明程序的真正存在。所以，程序的存在是因为过程的存在。需要指出的是，陈述性知识和程序性知识都不是最重要的，因为它们是共性的，凡共性均可推论；而过程性知识则是根本，共性程序中产生的属于高度个性化的经验和策略，是很难推论的，往往是很难量化、符号化，甚至是很难表述的。所以，要更加关注那些常常写不出来、说不出来的经验和策略。课程内容以过程性知识为主，以陈述性知识为辅，这是职业人才培养目标决定的。

2）课程内容的序化

工作过程系统化课程内容的序化包括形式序化和实质序化两个方面。

形式序化是指具体的工作过程，它有三大特点，如图 6.14 所示。

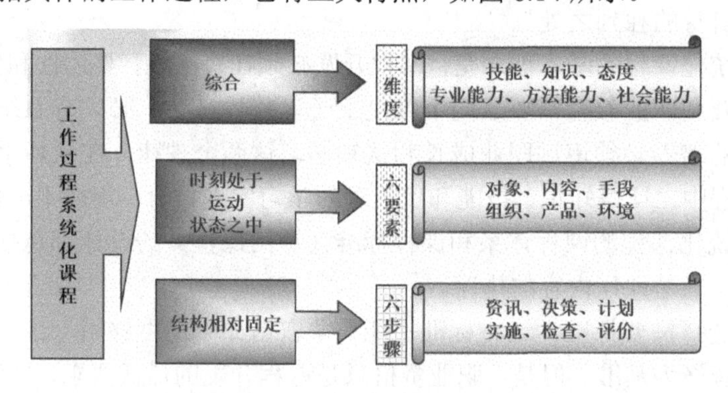

图 6.14　工作工程系统化课程的三大特点

（1）工作过程是“综合的”，强调工作过程具有 3 个维度，即专业能力、方法能力和社会能力。工作过程是技能、知识和态度整合的载体，是三者的集成，是三者积分的路径，而不是分离的三件事，不是孤立分割地学习，不是做加法。要求在传授知识、技能的同时，使学生学会工作和学会学习，学会共处和学会做人。

（2）工作过程“时刻处于运动状态之中”，强调工作过程具有 6 个要素，即工作的“对象、内容、手段、组织、产品、环境”，它们始终在不断地变化之中。同一个职业的不同时段，和同一个时段的不同职业，这 6 个要素都不同。

（3）工作过程“结构相对固定”，强调工作过程具有 6 个阶段，即 6 个普适性的步骤：资讯、决策、计划、实施、检查、评价。具体的工作过程千变万化，但个体的思维过程却是完整的，思维过程的完整正是指导个体为完成具体的工作任务的行动的整体性的灵魂。关于实质上的序化结构，指的是思维的工作过程。行动的过程需要思维来指挥。思维的过程就是“资讯、决策、计划、实施、检查、评价”，它源于具体的工作过程而高于具体的工作过程，可以称其为“思维的工作过程”。

以设计开发一个商业网站为例，首先要获取所要开发的网站的一些基本信息，比如所经营的商品类型、面对的客户群体、网站平均访问量、安全性要求等。根据这些信息做出设计与开发的基本策略，比如采用何种体系结构、采用何种规模的数据库系统、采用何种开发平台与编程语言等。然后，进行网站系统的详细需求分析、制订开发计划、搭建开发环境、进行实际开发与测试、提交用户试用、根据用户反馈进行修改与系统部署等方面的工作。在系统设计、开发与实施过程中，还要不断检查阶段性的成果是否符合要求，系统部署完成后，还要对整个开发过程进行反思，通过自评和他评，找出优劣及原因，并对整个过程进行优化。

通过上面对商业网站开发的工作过程的分析，不难发现它离不开“资讯、决策、计划、实施、检查、评价”这 6 个步骤。需要指出的是，如果把知识存储体系视为“形”，而把知识应用视为“神”的话，那么，学科知识系统化课程，是“形”不散而“神”散；而工作过程系统化课程，则是“形”散而“神”不散。工作过程系统化课程对职业学校教师提出了更高的要求。因为，职业学校教师的能力涵盖 4 大范畴，即专业理论、专业理论在职业实践中的应用、职业教育理论（专业教学论、方法论）、职业教育理论在职业教育实践中的应用（教学方法、教学组织）。

2. 工作过程系统化课程设计

美国著名教学设计专家瑞格卢斯提出：“教学设计是一门连接的科学，它是一种为达到最佳的预期教学目标，如成绩、效果，而对教学活动做出规范的知识体系。”工作过程系统化课程就是这样一个“知识”体系，这一课程设计的目的就在于寻求工作过程与教学过程之间的系统化的纽带。

1）课程体系系统化

工作过程系统化课程的体系可用一个两维的“表格”表示，如图 6.15 所示。

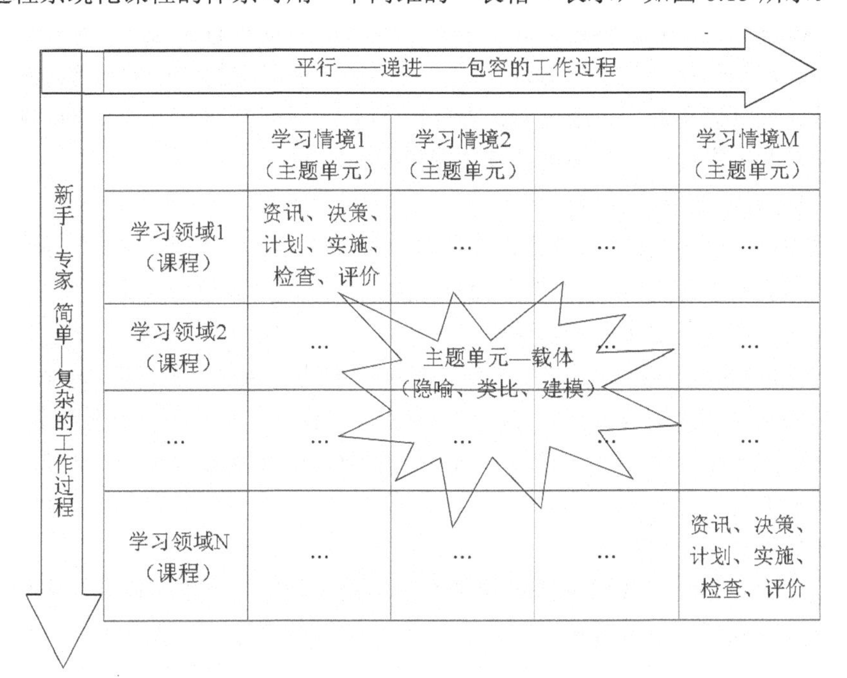

图 6.15　工作过程系统化的课程体系

表格纵向第一列表示课程，即由学习领域构成的课程体系。此处需要解决 3 个问题：其一是课程的数量。专业课程（包括必要的专业基础课程，下同）的数量大约在 10 到 20 个之间。这是一个经验数据，是对加拿大的能力本位课程、德国的学习领域课程以及我们的工作过程系统化课程在各自开发过程中所获经验之共性的概括，体现了某种规律性：数量超过 20 就会跨越这个专业所对应的职业领域的范围，而小于10很可能覆盖不了职业岗位的工作任务。其二是课程的排序。专业课程的纵向排列必须遵循职业成长的规律和认知学习的规律，这就把功利性的需求与人本性的发展结合起来了。其三是课程的表述。纵向排列的每一门课程都是一个完整的工作过程。

表格横向第一行表示的是学习单元，也就是学习情境。也就是说，每一学习领域，即课程，都由横向的多个学习情境，即学习单元构成。对于学习情境来说，需要解决 4 个问题。其一是单元的数量。学习情境的数量大于或等于 3。其二是单元的功能。每一单元都是独立的，并且也是一个完整的工作过程。完成任一单元就完成了这门课。这就吸收了模块课程独立性、灵活性的特点，便于实现学分制、工学交替。其三是单元的属性。同一课程的所有单元都应为同一个范畴的事物，只有如此，所进行的比较才有意义。在一般情况下，不要把工作过程的步骤作为学习情境或单元来设计。其四是单元的关联。各个单元之间具有平行、递进、包容的逻辑关系，或者是这三者排列组合的结果。除了这 3 种逻辑结构上的关系以外，学习情境的设计还必须遵循两个原则：一是学习情境的设计必须具备典型的工作过程特征，即要凸显不同职业在工作的对象、内容、手段、组织、产品和环境等要素上所呈现的特征，这里涉及具体的工作过程；二是学习情境的设计必须实现完整的思维过程训练，即要完成逐步增强的资讯、决策、计划、实施、检查、评价的“六步”训练，这里涉及抽象的“工作过程”。

综上所述，整个课程的设计遵循纵向的两个规律与横向的 2 个原则及 3 个关系，这就使得课程是多个系统化设计的工作过程的“集合”。因此，工作过程系统化课程设计的目的在于通过系统化设计，不仅使学生能自如应对这一“表格”所界定的广谱的工作过程，而且还能使学生在此基础上掌握完整的思维过程，从而能获得一种迁移能力，以从容应对超出这一“表格”之外的全新的工作过程，形成可持续发展的职业能力。

2）课程设计方法系统化

“工作过程系统化”课程的系统化设计可以分为 4 个步骤，如图 6.16 所示。第一步，工作任务分析（筛选典型工作），即根据专业对应的工作岗位及岗位群实施典型工作任务分析，目的是从大量的工作任务之中筛选出典型工作；第二步，行动领域归纳　（整合典型工作），即根据能力的复杂程度，将典型工作任务整合形成综合能力领域；第三步，学习领域转换（构建课程体系），即根据职业成长规律及学习认知规律，对行动领域进行重构后转换为课程体系；第四步，学习情境设计（设计学习单元），即根据职业特征的六要素及完整思维的六步骤，将学习领域分解为主题学习单元。

（1）工作任务分析

根据专业相应工作岗位及岗位群实施典型工作任务分析。要根据职业学生毕业后所从事的职业岗位进行职业工作任务分析，要从大量的工作任务中筛选出典型工作。这需要足够多的样本，样本中有 2/3 代表现实的工作岗位，1/3 代表未来的工作岗位。工作任务分析可采取问卷调查、专家访谈、头脑风暴等方式，采用多种统计方法，以筛选出最典型的工作任务。

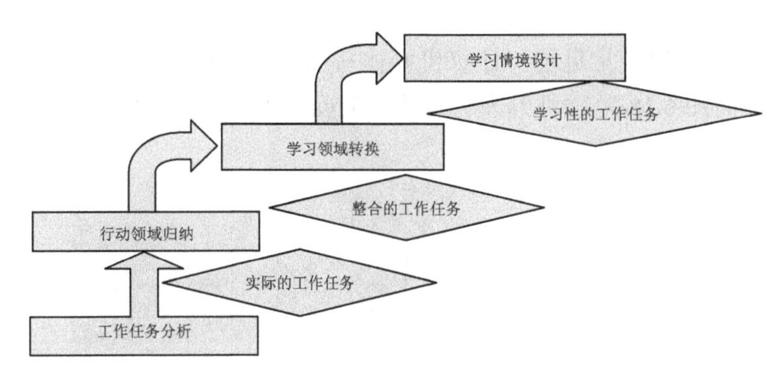

图 6.16　工作过程系统化课程设计的 4 个步骤

（2）行动领域归纳

在对典型工作任务做进一步分析的基础上，通过能力整合，包括同类项合并等措施，将典型工作加以归纳形成能力领域，这里称之为行动领域。它是工作过程系统化课程开发的平台，是与本专业紧密相关的职业情境中构成职业能力的工作任务的总和，是一个“集合”的概念。采用工作过程描述的方式，行动领域体现了职业的、社会的和个人的需求。

从工作任务到行动领域，是职业分析与归纳的结果，主要在企业里进行。至此所做的工作及其结果，仅仅与企业（工作岗位）相关。在这里，样本的选择要有说服力，例如，可以遵循“2∶1”原则，即 2/3 的样本为代表目前普遍水平的工作岗位或企业，1/3 的样本为代表未来发展趋势的工作岗位或企业。

（3）学习领域转换

自这一步开始，必须在企业的目标中融入教育的因素。因此，作为职业分析结果的行动领域，必须根据职业教育的基本规律将其转换为学习领域。学习领域即课程包括由职业能力描述的学习目标、工作任务陈述的学习内容和实践理论综合的学习时间（基本学时）3 部分。由学习领域构成的职业教育课程体系，其排序必须遵循两个规律：一个是认知学习的规律，这是所有教育都必须遵循的普适性规律；一个是职业成长的规律，这是职业教育必须遵循的特殊性规律。两者结合正是职业教育作为一种类型教育的特点。这里，学习领域也是一个“集合”的概念。

（4）学习情景设计

学习领域的课程要通过多个学习情境来实现。所谓学习情境，是在工作任务及其工作过程的背景下，将学习领域中的能力目标及其学习内容进行基于教学论和方法论转换后，在学习领域框架内构成的多个“小型”的主题学习单元。这又是一个演绎的过程。如前所述，学习情境的设计也必须遵循两个原则：一是具有典型的工作过程特征，要凸显不同职业在工作的对象、内容、手段、组织、产品和环境上的六要素特征；二是实现完整的思维过程训练，要完成资讯、决策、计划、实施、检查、评价的六步法训练。

总之，第一步到第二步是工作任务分析与归纳，第二步到第三步是课程门类设置与规划，第三步到第四步是课程教学设计与实施。第一步到第二步强调的是工作过程，第三步到第四步强调的是教学过程，而其中的第二步到第三步则要求：在行动领域这一源于职业的工作的集合概念，与学习领域这一高于职业的教育的集合概念之间，应实现有机连接，以架设一座连接工作与学习的桥梁。因此，要通过工作过程来开发教学过程，就必须提高职业学校教师基于工作过程的教学过程的设计能力和实施能力。

图 6.17 以中等职业学校常见的“计算机操作与应用”课程为例给出了一个软件课程学习情境设计的例子。而图 6.18 是软件开发方向中“Java 编程技术”课程学习情境设计的例子。

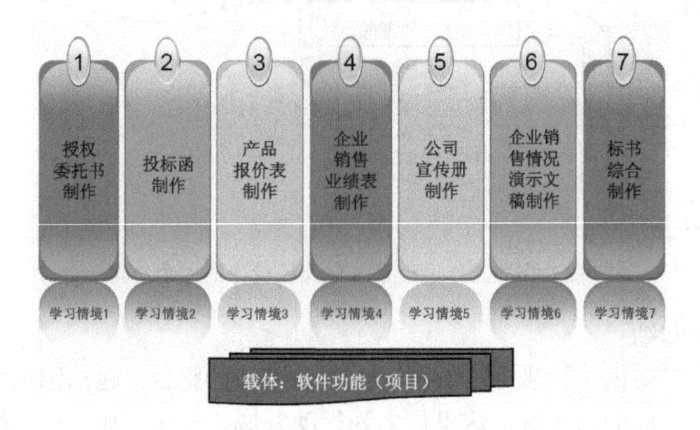

图 6.17 “计算机操作与应用”学习情境设计

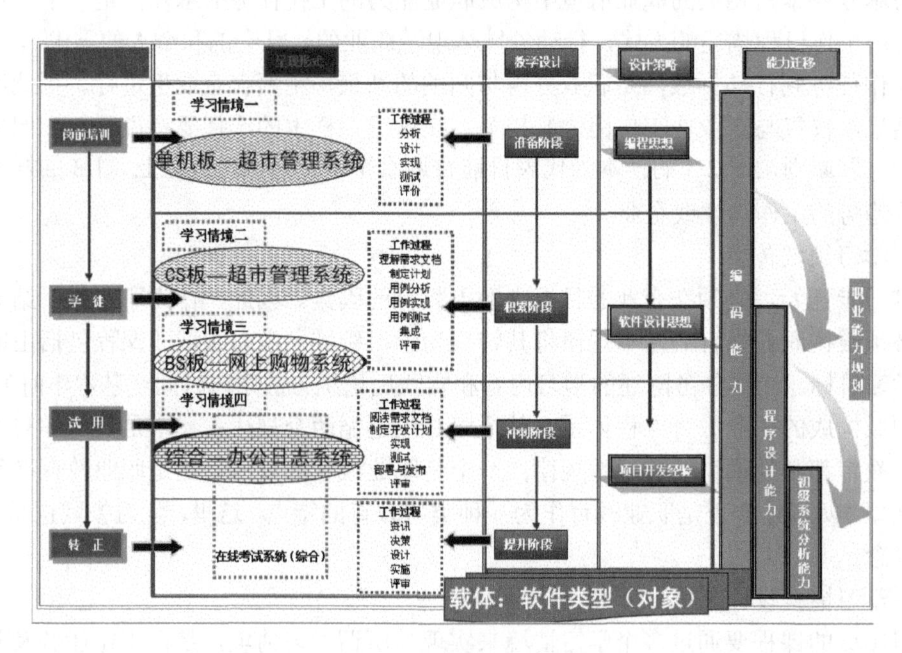

图 6.18 “Java 编程技术”学习情境设计

3）课程载体系统化

所谓课程载体，指的是源于职业工作任务且具有典型的职业工作过程特征，并经过高于职业工作过程的转换所构建的符合教育教学原理，能传递、输送或承载有效信息的物质或非物质的形体。

课程载体是学习情境的具体化。它包括两个要素：一个是载体呈现的形式，对于专业课程，其载体的形式设计，可以是项目、案例、模块、任务等，而对于基础课程，其载体的形式设计则可以是活动、问题等；另一个是载体呈现的内涵，对专业课程载体的内涵设计，可以是设备、现象、零件、产品等，而基础课程载体的内涵设计，则可以是观点、知识等。

必须强调的是，项目、任务、案例、模块等并不代表信息或概念，只是一种课程形式或形态，或者说只是一种课程结构，因此必须赋予其内涵，即在载体的呈现形式中必须蕴含所需要传递的信息或概念。由此，载体的设计一定要有利于在课程实施中完成“信息隐喻、情境类比、意义建构（部分学生亦可获得符号建构）”的三级步进。

学习情境或载体的名称，可以采用 3 种表述方式：一是职业写实性的表述，即直接采用具体的事物名称（如“C 语言错误代码定位、C 语言内存表达式读取、C 语言错误循环条件错误判定”）；二是职业概念性表述，即对具体事物名称加以概括形成的概念（对前述 3 种故障现象概括为“C 语言程序故障分析”）；三是这两种表述方式的结合，这需要根据具体的职业工作过程来确定。

一般来说，普通教育常常是先讲无形的符号概念，再在有形的情境中通过实验加以验证，即通过“学中做”，进而对原有概念加以升华、推论，有可能获得新的无形的概念（技术发明、科学发现），这是一种从规则到案例的方法，其知识获取的路径是“无形—有形—无形”。而职业教育往往是先在有形的情境中去做，经过多种类似或相关情境的比较，即通过“做中学”，获得非完全符号系统的意义建构，或者实现一定程度的符号建构，进而在新的有形的情境中实现迁移。这是一种从案例到规则的方法，其知识获取的路径是“有形—无形—有形”。

图 6.19 以“Office 综合应用”为例，给出了课程载体（学习环境）设计的一个实例。

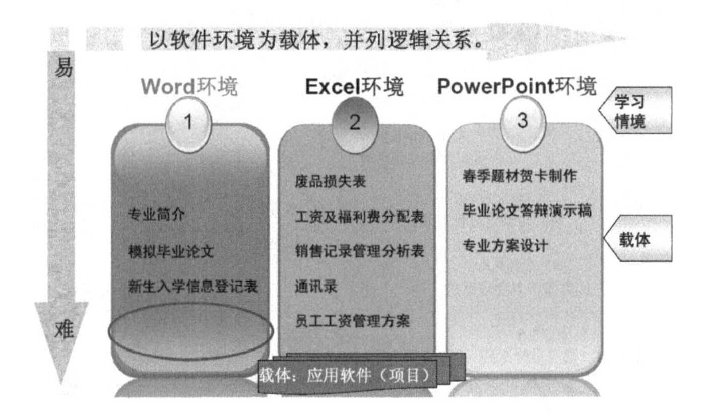

图 6.19 “Office 综合应用”的学习环境设计

课程载体的设计要强调同一范畴性，也就是说，实现某一学习情境的多个载体，不仅在形式上，而且在内涵上均应为同一个范畴。载体是由项目、任务、案例、模块或活动、问题等形式，与设备种类、零件结构、故障现象、产品类型或观点、知识等内涵，经排列组合后所构成的形体。载体的设计必须遵循“三性”，可迁移性、可替代性、可操作性原则。可迁移性强调的是，所设计的载体应具有典型性、代表性，要具有范例的特征。所谓范例，一是指载体设计在数量上要举一反三，二是指载体设计在质量上要触类旁通。可替代性是指所设计的载体应具有规律性、普适性，要具有开放的特征。所谓开放，一是指载体设计在同时性维度上要殊途同归，二是指载体设计要与时俱进。可操作性强调的是，所设计的载体应具有现实性、合理性，要具有实用的特征。所谓实用，一是指载体设计在教学上要因地制宜，二是指载体设计在经济上要开源节流。

综上所述，课程载体的设计也是一个系统化的设计。这里的系统化是指，课程载体的设计，既是简洁适中的，而非杂乱无章的项目、模块等形式的堆砌；又是完全开放的，当形式或内涵的切入角度不同时，同一门课程的载体可出现十几种、几十种甚至上百种；还是易于实现的，在教学上课程的实施可采用团队的教学形式、柔性的教学管理，而在投入上课程载体的构成可采用虚拟、仿真和真实 3 种类型，以降低教学成本。

工作过程系统化课程的名称和内容不是指向科学学科的子区域，而是来自职业行动领域里的工作过程。职业课程的名称重在写实而不是写意，其表述不是名词或名词词组，而是具有动宾结构形式，指向工作过程。

3. 作过程系统化课程的实施

一般的，每一种教育职业（专业）的课程由10～20个学习领域组成。组成课程的学习领域在内容和形式上没有明显的、直接的联系，但在课程实施时却要采取跨越学习领域的组合学习方式，即根据职业定向的案例性工作任务，采取如项目教学等行动导向的教学方法来进行，实质上是将学科结构的内容有机地融入工作过程的结构之中。本书第 5 章已经详细说明了行动导向教学法的概念、原理与应用要点。行动导向教学方法是一类“以学生为主”的教学法，包括项目教学法、实验教学法、模拟教学法、计划演示教学法、角色扮演教学法、案例分析教学法、引导文教学法、张贴版教学法和头脑风暴教学法等。图 6.20 以软件专业常见的“.NET 编程”课程为例，说明了行动导向教学法在工作过程系统化课程实施中的应用。

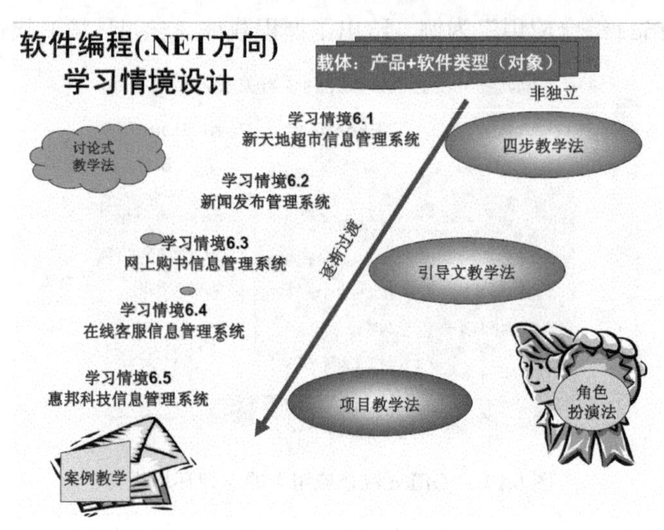

图 6.20 “.NET 编程”课程的教学实施

6.2.3 综合设计案例一

“网站建设与维护”是中等职业学校软件类专业中普遍设置的一门专业课，该课程的主要目标是让学生掌握网站建设与维护的基本知识、基本技能，重点培养学生的网页设计与制作、网站规划、网站开发和网站管理能力。

本课程对应的职业工作岗位主要有：

（1）网页设计、制作与管理

（2）网站规划、建设和管理维护

（3）网站系统开发

这些岗位要求从业者具有网页制作与网站设计的基本能力。

1. 准备工作

首先通过学习、调研、听专家讲座以及参加培训的方式，熟悉工作过程导向、典型职业任务分析为核心特征的学习领域课程设计理念与方法；同时组织教师参加以技能为基础的相关技能培训，提高教师的实践技术能力。然后，结合该课程所对应的职业岗位群——网站建设和维护——走访与网站建设与维护工作密切相关的企业和具有丰富经验的实践专家，明确企业对网站建设与维护职业岗位的知识与技能需求，为后面举行“实践专家访谈会”奠定基础。

2. 确定典型工作任务

“典型职业工作任务”的确定是通过“实践专家访谈会”确定的。实践专家访谈会分 3 个阶段：第 1 阶段是分析职业成长阶段；第 2 阶段是梳理程序员成长过程以及实际工作中有代表性的工作任务；第 3 阶段是运用“头脑风暴”确定典型工作任务。

（一）分析职业成长阶段

1. 职业发展阶段调查

通过总结和分析在访谈会上所进行的职业发展阶段的调查结果发现，软件程序员职业成长过程通常需要经历 3～5 个职业发展阶段，而每个阶段又由 5 个左右的有代表性的工作任务构成。在“工作过程是学习，通过工作实现学习”观念的引导下，由来自企业一线的实践专家简短介绍各自的工作任务与成长经历；并就职业发展阶段，由各位实践专家将其在职业发展历程中从事过以及对其个人发展产生重要影响的工作岗位、车间或部门，或其他具体的企业工作范围填写“职业发展阶段调查表”，要求所填写的工作岗位都是具有代表性的、能反映各阶段工作特点的工作过程，其中有代表性的工作任务应尽量包含计划、实施和检查环节。其基本思想是：职业发展阶段越高，获得的经验就越多。职业发展阶段的调研对于确定典型工作任务有直接的意义。实践专家来自生产第一线或者由程序员成长为企业的领导或者项目的策划、管理者，对于实际开发的行动领域有直接的感受，并且深刻理解各个阶段的主要任务以及各个阶段之间的联系。通过了解他们的职业发展的经历以及对于职业发展各个阶段的深入分析和梳理，能够使我们清晰地了解在职业发展阶段中的脉络。

2. 职业成长经历描述

表 6.6 列举了各位实践专家的职业成长经历，通常由 3～5 个职业发展阶段构成。实践专家一致认可：网站建设与维护职业岗位的成长过程包括 4 个职业发展阶段，其名称与详细描述如表 6.7 所示。

表 6.6　实践专家的职业发展阶段

职业发展阶段	第 1 阶段	第 2 阶段	第 3 阶段	第 4 阶段
工作任务	软件测试	网站编程 及数据库设计	网络搭建 与项目实施	网站建设 与项目管理
实践专家 A	刚进入公司，普通程序员，不断学习技术和业务	随着设计和开发能力的不断提升，成为组内核心程序员	随着经验不断丰富，成为组内核心设计人员，负责组内所有产品的设计	随着管理、沟通、开发能力的提升，成为 4 个产品的产品经理，负责所有产品开发和项目开发

续表

职业发展阶段	第 1 阶段	第 2 阶段	第 3 阶段	第 4 阶段
实践专家 B	程序员、测试工程师，进行模块开发测试	系统分析员，配合项目经理整理需求，进行概要设计和详细设计	项目经理：需求分析整理，文档管理，任务分配与审核	项目经理：偏向技术与开发，文档管理，任务分配与审核
实践专家 C	修改代码，学习数据库设计，熟悉开发环境与编程、开发语言	了解业务流程，简单维护数据库，修改、增加业务代码	了解用户需求，增加业务流程，增加、修改数据库结构	项目经理：偏向协调与管理、招聘、后勤保障、奖罚分配

表 6.7　职业发展阶段描述表

职业发展阶段	第 1 阶段	第 2 阶段	第 3 阶段	第 4 阶段
职业发展 岗位名称	普通程序员 普通测试员	核心程序员 核心测试员	技术主管	项目经理

（二）整合代表性工作任务

1. 提取有“代表性的工作任务”

经过对每个实践专家个人描述工作过程的分析，依据工作任务由简单到复杂的原则，对知识体系进行“解构”获得具有教学价值的工作任务，并进行“由浅入深”整理，汇总出 9 个有代表性的典型工作任务，它们分别如下。

1）技术准备

- 熟悉开发工具和所用数据库
- 查看现有软件测试报告
- 查看现有软件说明书
- 查看现有代码
- 学习 VS 开发环境，学习 SQL 数据库
- 学习 ERP 知识，了解 NC 产品的开发规范、开发技术，深入学习各种数据库和 Java 设计模式

2）非核心模块开发

- 对单一模块进行开发，并进行测试，参与联合调试
- 开发单一子系统，并进行测试，参与联合调试
- 部分模块的设计与实现
- 对原型产品的现场开发

3）非核心模块测试

- 测试部主管下达具体测试任务，填写测试任务单
- 具体进行软件测试，提交测试报告

4）参与需求分析

- 协助项目经理编写需求分析，进行数据库设计和应用模块设计

5）系统设计的部分参与

- 参与数据库设计与研讨，制订开发方案，并参与具体实施
- 参与网站开发的具体框架设计，深入了解网站开发的具体流程

- 对产品进行建模和优化设计

6）开发工作指导

- 指导实现人员，使实现符合设计规范
- 独立到现场具体搭建工作，对人员进行任务分配，并参与具体实施

7）核心功能与接口实现

- 负责核心代码设计
- 熟悉了解具体网络搭建的具体方式方法，参与具体搭建任务
- 整合各项功能模块

8）需求分析与确定

- 与客户见面，了解用户需求，编写用户需求说明书
- 向项目经理过渡，参与会见客户，了解客户需求，参与方案设计
- 逐步开始独立接触客户，沟通了解需求，并处理需求变更

9）系统设计

- 进行整体设计和全部详细设计
- 设计流程与数据库结构
- 新产品数据库设计，数据推演，流程设计
- 编写测试用例

2. 整合形成典型工作任务

运用“头脑风暴”法，由实践专家对有代表性的工作任务，依据设备、工具使用的不同进行归纳整合，并对行动领域进行“重构”，整合出体现程序员职业发展过程的 13 个典型工作任务，如表 6.8 所示。

表 6.8　典型工作任务表

岗位名称 模块名称	普通程序员 普通测试员	核心程序员 核心测试员	技术主管	项目经理
技术指导	技术准备		新员工指导 8	
软件开发模块	非核心模块开发 2	核心模块开发 4	核心模块与接口实现 9	
软件测试模块	非核心模块测试 3	核心功能测试 5		
软件工程模块 1		部分参与需求分析 6	需求分析与确定 10	
软件工程模块 2		系统设计的部分 7	系统设计 11	
软件工程模块 3			项目实施 12	项目管理 13

三、典型工作任务分析

典型工作任务分析是由实践专家和专业教师共同完成，具体做法是：专业教师分为 4 个小组，分别对应 4 位实践专家进行小组访谈，每一个访谈小组由 3～5 名专业教师和一名实践专家组成，各自负责分析 3 个典型工作任务。内容包括：工作与经营过程、工作岗位、对象/内容、工具、工作方法、劳动组织、对工作的要求等方面。

四、学习领域描述

将典型工作任务转化为“学习领域”，是专业教师的职责，专业教师依据与实践专家访谈的记录和专业人才培养目标，在典型工作任务分析的基础上，对特定专业的典型工作任务进

行教学化处理，分析有学习价值的典型工作任务，从而形成可用于教学的“学习领域”。学习领域描述表包括：典型工作任务（职业行动领域）描述、工作与学习内容（工作对象、工具材料、工作方法、劳动组织、工作要求）和学习目标等内容，体现了学习领域的三要素（学习目标、学习内容、学习时间），由全体教师分组讨论完成。

五、课程体系架构

以“计算机软件”专业为例，围绕综合职业能力的培养目标，以学生为主体，采取学习中再现“如何工作”情景的方式，以典型工作任务结构为基础，以教师团队共同承担教学内容为模式，校企合作，工学结合，实现在贴近工作实践中的学习情景中学习，与工作直接联系，以工作过程为导向，在工作中学习。为此将职业基础、职业技能课按照工作性学习过程，转换成如表 6.9 所示的“学习领域”课程方案。

表 6.9 “学习领域”课程的基本结构——网站建设与维护

学习领域	基准学时(小时)			
	小计	第 1 学年	第 2 学年	第 3 学年
技术准备	40	40		
非核心模块的开发	120	80	40	
非核心模块的测试	90	60	30	
核心功能的开发	120		40	80
核心功能测试	90		30	60
需求分析的部分参与	40	20	20	
系统设计的部分参与	60	20	40	
新员工指导	30		10	20
核心功能与接口实现	80		40	40
需求分析与确定	40		20	20
系统设计	80		40	40
项目实施	280	80	80	120
项目管理	120	40	40	40
总计(小时)	1190	340	430	420

六、课程开发实施

将已确定的 13 个典型工作任务，进行深入细致的项目课程转化工作，具体地来说，就是要做好下面 4 个方面的工作。

（1）课程结构开发，即在学习领域描述表的基础上，将典型工作任务模块转换为行动导向的课程体系；

（2）课程内容开发，立足于典型工作任务分析下的二次课程开发，其主要任务是：明确课程教学目标、组织课程教学内容、构建行动化学习项目，并确定课程的标准。以及学习情境的开发，并体现工作过程课程方案设计的“六要素”——“咨询、计划、决策、实施、检查、评估”。

（3）教材开发，依据课程标准制定教材写作框架，编写教材文档、制作教学辅助资料。

（4）教学的实施与分析，按照单元课程标准，以学生为中心，以职业能力为主线、以职业生涯为背景、以社会需求为依据、以工作任务为线索、以工作过程为基础，合理安排教学和评价手段，明确教学条件（师资、教学设备），完成项目教学、案例教学的整体课程开发与实施，并在实践中不断总结与完善。

6.2.4　综合设计案例二

“Java Web应用程序开发”是中职软件与信息服务专业中软件开发与测试方向未来以Java开发作为就业方向的专业群体中一门重要的专业方向课，该类专业方向在东南沿海的地区的中等职业学校中有着广泛的设置，近几年也有向中西部中职校发展的趋势。

“Java Web应用程序开发”是软件类专业的核心课程之一，是Java方向系列课程中的主干课程，也是培养基于Java技术Web程序员的主要支撑课程，其课程定位于专业核心课程。从课程体系来看，本课程的先修课程为“Java 程序设计技术与实训”“网页设计与制作”“数据库技术与实训”，后续课程一般是“Java EE与框架技术”。

通过对“Java Web应用程序开发”课程的学习，使学生初步具备Java Web的基础知识，会用Java技术开发Web应用程序，熟悉企业的开发流程和规范，能够适应企业环境，且具有良好的沟通技巧、团队协作精神，达到具有良好的职业素质、职业道德、科学的创新精神和熟练技能的应用性软件技术人才培养目标，使培养出来的学生能够满足Web 程序员、网站管理员岗位的要求。

1. 教学设计理念

根据工作过程系统化的基本理念与流程，“Java Web应用程序开发”课程可以采用“理论与实践一体化”项目式教学设计方法，使教学过程与实际工作过程相融合。课程的设计宜根据行业发展和岗位需求，培养学生的 Web 程序开发能力和相关职业素养，突破原有的学科式课程体系，在课程的教学内容、教学过程、教学条件和评价方案等方面进行改革，本例构建了一个称之为“1365”的课程教学模式，如图6.21所示。

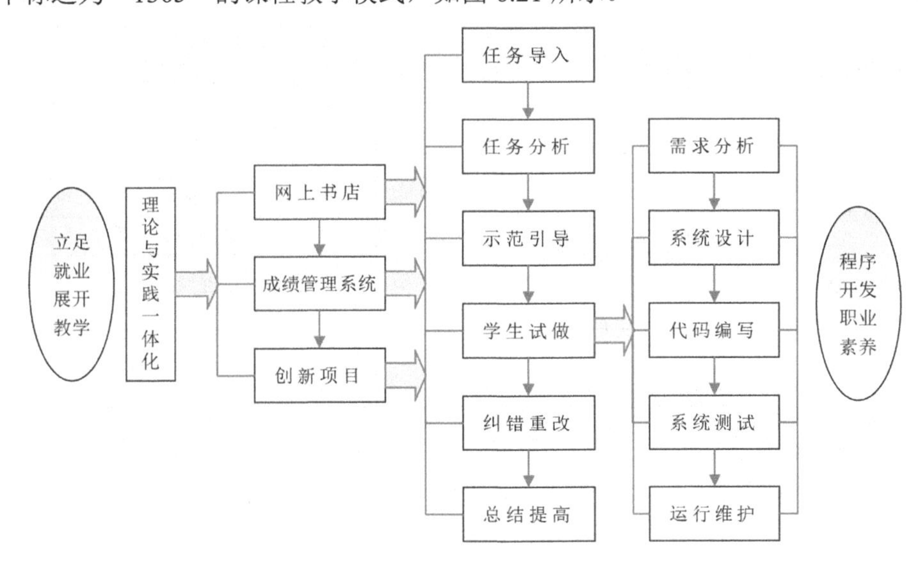

图6.21　“Java Web应用程序开发”的“1365”教学设计模式

2. “1365”教学模式

1）“理论与实践一体化”

在实现形式上：采用了来自企业中的真实项目为载体，对教学内容进行重构，按照软件开发的具体流程执行相应的任务；在实现条件上：配备与企业工作环境相类似的实验实训室，学习情境与就业岗位的工作过程相一致，为学生提供一个真实的软件开发环境；在评价方法上：依据企业规范对学生做出评价。在教学过程中采用理论与实践一体化、项目和案例一体化、示范操作和模仿实践一体化。

2）以 3 个项目为教学载体

课程教学模式打破了传统的学科式、案例式，采用企业中 3 个真实项目构建工作导向的课程内容，并对学习情境进行重构，以确定 Web 程序员的工作任务，每一个工作任务都按工作过程来执行完成。分别是“网络书店”，“成绩管理系统”和“自主创新项目”。本例选取“网络书店”这一项目为研究主对象，对其进行了“学习情境”的系统化构建，如表 6.10 所示。

表 6.10 “网络书店”学习情境分析

<table>
<tr><th>学科式课程内容</th><th>学习领域</th><th>学习情境</th></tr>
<tr><td rowspan="21">1. JSP 的基本指令
2. JSP 的语法
3. JSP 的内置对象
4. JavaBean
5. 文件操作
6. 用 JSP 操作数据库
7. Servlet 基础
8. MVC 设计模式
9. 在 JSP 中使用 XML</td><td rowspan="3">1. 创建网络书店首页</td><td>1. JDK 安装与配置</td></tr>
<tr><td>2. Tomcat 安装与配置</td></tr>
<tr><td>3. 创建网络书店首页</td></tr>
<tr><td rowspan="3">2. 用户登录与注册</td><td>1. 利用 JSP 元素添加首页内容</td></tr>
<tr><td>2. 用户登录</td></tr>
<tr><td>3. 用户注册</td></tr>
<tr><td rowspan="6">3. 图书管理</td><td>1. 图书管理前期准备</td></tr>
<tr><td>2. 动态显示图书信息</td></tr>
<tr><td>3. 添加图书信息</td></tr>
<tr><td>4. 修改图书信息</td></tr>
<tr><td>5. 删除图书信息</td></tr>
<tr><td>6. 分页显示图书信息</td></tr>
<tr><td rowspan="3">4. 实现购物车</td><td>1. 用 JavaBean 访问数据库</td></tr>
<tr><td>2. 用 JavaBean 实现购物车</td></tr>
<tr><td>3. 用 JavaBean 封装购物车操作</td></tr>
<tr><td rowspan="4">5. 实现留言板</td><td>1. 在 JSP 中使用 Servlet</td></tr>
<tr><td>2. 用 Servlet 访问数据库</td></tr>
<tr><td>3. 分析与设计留言板</td></tr>
<tr><td>4. 用 Servlet 实现留言板</td></tr>
<tr><td rowspan="2">6. 项目管理</td><td>1. 文件整理</td></tr>
<tr><td>2. 发布网站</td></tr>
</table>

3）课堂教学 6 步法

把每个项目分解成若干个学习情境，又把每个学习情境分解为若干个工作任务。在课程授课时，教师以工作任务为基本单元进行，每个工作任务的教学进程分成 6 个步骤：任务导入—任务分析—示范引导—学生试做—纠错重改—总结提高。

在课程设计过程中，必须满足这种“任务驱动，行动导向”的课程教学法，保证工作过程导向的课程设计得以实施。

4）学习过程 5 个步骤

依据软件开发的规程，将软件开发设计成 5 个步骤：需求分析、系统设计、代码编写、测试、运行。学生以工作任务为内容展开学习，在软件开发过程中提升自身的软件编写、测试及分析能力。

3. 学习情景设计

受篇幅所限，此处仅选取“网络书店”项目的其中一个学习任务，即学习情境中的“用户登录与注册”，在学习情境中选择“添加首页内容”工作任务为例来展开教学。其教学内容的实施如表 6.11 所示。

表 6.11　学习情境——“添加首页内容”的实施

项目载体		网络书店	地点	一体化实验室
学习领域 2		用户登录与注册	学时	16
学习情境 1		添加首页内容	学时	4
学习目标		能在 JSP 页面中运用注释、脚本元素、常见指令和动作丰富与美化页面		
步骤	教学过程	教学内容	教学方法	
1	任务导入	浏览典型商务网站，导出网络书店项目	引导文与项目教学	
2	任务分析	明确课程任务——为网络书店首页添加内容	案例教学	
3	示范引导	通过 JSP 注释、脚本元素、指令与动作完成任务	项目教学法	
4	学生试做	体现网站设计、开发的工作过程 1. 需求分析：熟悉添加的内容与用到的技术 2. 系统设计：添加内容的位置、样式等 3. 编写程序：写出可运行的 JSP 代码 4. 测试：采用黑盒测试，设计测试用例 5. 试运行：判断是否达到预期效果	角色扮演 场景模拟 任务驱动	
5	纠错改错	教师指出学生实践过程中所发生的问题，结合相关知识点进行评析，强化实践效果	讨论法	
6	总结提高	浏览多种商务网站，进一步分析网络书店的功能	讲解法	

4. 教学实施

“Java Web 应用程序开发”课程采取学习型工作任务设计的子项目，以小组为基本单元，一般 5 人为一组，围绕项目任务展开学习和交流。教学过程紧紧围绕项目展开，以学习型工作任务为核心。教学目标清晰，教学内容丰富而有条理，采取弱化理论考试，加强实训、实践环节的考核办法，促进对学习职业能力和职业素养的培养。最终使学生掌握最先进、最前沿的理论和技术，参与到企业或行业的工作中，既完成了教学任务，又为学生以后顺利对口就业打下了基础。

6.3　软件类专业教学设计

目前关于职业教育领域中专业课程教学设计的研究远不如教学设计理论本身那么完善与深入，不同的职教专家或教学实践者所持观点往往不尽相同。但无论是国内已经出版的职业教育教学领域的专著，还是研究与探索职业教育教学的其他学术文献（学位论文、期刊文章、会议文章、研究报告等），在涉及教学设计模式、教学设计原则、教学设计方法这问题时，2010 年以来出现频率最高专业词汇是“行动导向”“建构主义”“工作过程”“理实一体化”“一体化”等。这些高频词汇从某些方面说明了目前职业教育领域专业教学设计范式、理念、原则与方法的特征。

另外，此处所讲的“软件专业教学设计”是指中等职业学校软件类专业所涉及的各类专业课的教学设计，具体来说包括这些课程的教学模式设计、教学过程设计、教学设计的评价、课堂教学设计、实验教学设计、实训教学设计等。那么有关“软件专业教学设计”的讨论，除了教学设计的一般理论与方法、职业教育专业教学设计的理论与方法之外，必然还要考虑中等职业学校软件类专业的培养目标、软件技术的学科特征与中等职业学校学生的心智特征这些问题。

本小节将依据目前国内外（主要是国内 2000 年以来）有关职业教育中专业教学设计文献中，有关论述就“中等职业学校软件类专业”教学设计的层面、原则、学情等问题进行初步的探讨。

1. 中职软件类专业教学设计的层次

教学设计是一个解决问题的过程，根据教学中问题范围、大小的不同，教学设计也相应地具有不同的层次，教学设计的基本原理与方法可用于不同层次的教学系统。本章的 6.2 节第 3 单元已经简要论述过教学系统设计的层次问题：按照系统理论的观点，教学设计可分为系统中心、过程中心、产品中心 3 个层次。

系统中心层次是教学系统的宏观层，它所设计的教学系统一般都比较大、比较综合和复杂，结合职业学校的某一个专业来说，系统层设计就是关于某一个专业的培养方案、课程设置、师资培训方案、核心课程的大纲和具体实施计划等内容的设计。

过程中心层次是教学系统的微观层，或者是针对一门课程、一个知识或技能单元的教学设计，或者是一节课或一个知识点的教学设计，前者一般称为课程教学设计，后者称为课堂教学设计。课程教学设计根据课程标准规定的总教学目标，对教学内容和教学对象进行认真分析，在此基础上得出每个章节、单元的教学目标和各知识点的学习目标，以及知识能力结构，形成完整的目标体系。课堂教学设计根据上述目标体系，选择教学策略和教学媒体，制定教学过程结构方案，进行教学实践检验，然后做出评价和修改。其设计工作的重点是充分利用已有的设施，选择或编辑现有的教学材料，设计出最佳的策略，来帮助学生高效地完成学习任务，以实现教学的最终目的。

产品中心层次的教学设计是教学产品层次的设计，是针对教学过程中需要使用的媒体、材料、教学包等教学手段与工具的设计，该层的教学设计是对前面两个层次教学设计的环境支撑，其内容和教学功能通常是由教学设计人员和教师、学科专家共同确定的，由媒体技术人员进行开发、测试，媒体专家进行评价。

需要说明的是：前面 3 个层次的设计是紧密相连的，前一个设计的结果是后一个设计基础，直接影响下一个设计的进行，最后输出的是可以起到优化教学效果的总体设计方案。每一个设计层次也是一个完整的子系统。由于教学过程是整个教育活动的关键环节，因此教学过程设计在教学设计的 3 个层次中处于中心地位。

2. 软件专业教学设计的原则

教学设计原则取决于人才的培养目标、学习者的特征、所依据的教学理论基础等问题。

作为面向职业领域的软件专业教学来说，除了应该遵循职业教育领域的一般教学原则之外，还应考虑软件职业领域的特殊要求。

目前，职业领域的教育课程是基于工作过程导向的学习领域的课程，其特征是将职业活动中的各个元素渗透到教学的整个过程，以实际应用经验和策略为目标，以职业素质与能力的养成为主线，着眼于蕴涵在行动体系中隐性实践知识的生成与构建，培养企业及社会真正需要的人才。

对于职业教育课程的教学设计原则，国内从事职业教育教学理论的学者基于不同的出发点、从不同的角度提出了一些“教学设计原则”。比如王国庆提出的学习目标能力化、学习任务项目化、学习情境职场化、学习资源立体化、学习评价过程化“五化”原则，戴士弘提出的“6+2”原则①，亢利平所提出的基于建构主义的教学设计原则等。

本书在参考这些学者的教学设计原则的基础上，结合软件职业行动领域的工作过程特征，在这里提出以下软件专业的教学设计原则。

1）职业导向原则

职业导向原则是指专业教学按照职业岗位的行动过程，以职业岗位的真实性行动领域工作任务为依据，设计学习领域的学习任务，教学过程就是完成一次学习性工作任务的过程。设计学习领域的学习任务，就是在真实工作任务的背景下，考虑任务的设计和完成过程必须符合学习者的认知规律和能力形成规律，考虑任务内容与课程其他内容的上下文关系和科学衔接，考虑教学条件（环境、设备、资源等）能否满足任务完成的要求，在满足上述因素的情况下，改造真实性工作任务，构建模拟的与真实性工作任务环境几乎完全一样的学习情境，从而形成具有软件职业特征的学习领域任务。

为满足该原则，工作任务的选取首先要能涵盖教学要素，便于学习策略和教学方法的运用；其次，工作任务要有一定的复杂性。工作任务的相对复杂，有利于学生在学习过程中通过资源运用、工具使用、交流与协作，有助于培养学生的综合能力；再次，工作任务的完成方法应该是多路径的，有多种途径完成的任务能激励学生的主动探索，激发学生的创新思维。在任务中教师应该为学生创设多种复杂的真实问题，预设复杂问题的多种答案，引导学生解决问题的多重观点，开展创造性的教学活动，激发学生的开放思维并培养其创新能力。

2）学生主体原则

这是职业能力形成和提高的规律所决定的。职业技能和其他为完成职业任务所需要的相关素质，不是老师一讲就会的，必须经过反复、大量的实际操作或现场实施，才能形成和提高。知识也是如此，必须在实际运用中才能牢固掌握。职业教育课程教学的主要功能不应是传授知识，而应是组织学生进行职业能力训练。前者是以教师为主体，后者是以学生为主体。因此课堂教学设计重点应放在如何调动和促使学生在课堂上积极参加职业能力训练上面，包括训练目标的把握、训练项目的选择、训练活动的过程控制及考核等。

中职软件专业教学在很大程度上是对应用软件操作方法的学习，并在学习的过程中通过软件应用领域案例的实践操作，培养学生的实际应用能力。因此，职业行动领域中岗位职业

---

① “6+2”中的6包括：a. 工学结合、职业活动导向；b. 突出能力目标；c. 项目载体；d. 能力实训；e. 学生主体；f. 理论知识与实践一体化的教学模式；“2”的含义是：a. 社会能力，如德育内容、外语内容、交流能力、与人合作能力等要渗透到所有课程中；b. 方法能力，如自学能力、信息处理能力、创新能力等要渗透到所有课程中。

能力的要求是教师在进行教学设计的重要依据。在学习新知识、新技能前，要充分结合学生生活认识和积累的实际，充分考虑软件岗位应用的实际特点和情况。先给学生展示本节课所学知识和技能在现实生活中的具体应用案例，让学生通过生活工作中实际应用案例，充分认识到掌握本节课所包含知识技能的重要性与实用价值，这样使学生由“学而有用”产生学习兴趣、意愿和积极性，并产生学习课堂所教授知识技能必要性的认识，这样学生就会由对课堂所学知识技能的无意注意变为有意注意。如，在讲到 Excel 中的函数时，首先打开一张平时学生考试过程中实际应用到的成绩表，让学生观看，同时以学生了解到的成绩表常见的计算任务为基础，结合 Excel 函数所要学习的内容设计教学案例，如求学生总分结合 SUM()函数、计算学生或科目的平均分结合 Average()函数、给学生按总分进行排名结合 Rank()函数等。在讲述数据筛选功能时，可以学生期末评“三好学生”或“优秀干部”等实际任务为例，很快找出符合条件的记录，充分激起学生跃跃欲试的心理。再如讲述 Photoshop 的海报设计时，拿出学校艺术节的宣传海报，边欣赏，边制作，并掌握制作海报的相关要领。在这样的理论联系实际的学习环境中，学生接受相关知识会感到特别亲切，进而充分激发其学习欲望。

发挥学生主体作用是教师有效教学的重要因素。在教学过程中，学生不仅仅是教学的客体或对象，他们也是教学的直接参与者，是学习和发展的主体。教师的教固然重要，但对学生来说毕竟是外因，外因只有通过内因起作用。教师传授的知识与技能，施加的思想影响，都要经过学生个人的观察、思考、领悟、练习和自觉运用，自我修养，才能转化成为他们自身的本领与品德。在教学过程中，发挥学生的积极性显得尤为重要。学生学习的主动性、积极性影响着学生的求知欲、自信心，决定着他们的学习效果和身心发展水平。学生的学是教学中不可忽视的因素。没有学生的主观努力，教师教得无论怎样好，学生视而不见，听而不闻，最终也达不到教学目的。

在整个教学过程中，师生双方是相互促进的。从教学目的、方向、内容、方法等方面看，教师永远起主导作用；但从学生的认识活动看，他们是否具有自觉的学习愿望和积极的学习行动，则是一个决定因素。在教学过程中，只有将教师的主导作用与学生的主体作用有机结合起来，才能使教和学相辅相成，彼此促进。

3）能力目标原则

软件专业课程的学习目标设计应该突出职业能力培养的主线，体现职业教育职业性、实践性的特点，即学习目标能力化。个体的职业能力通常是专业能力、方法能力和社会能力三要素的整合。专业能力指具备从事职业活动所需要的专门技能及专业知识，如专业图形绘制能力、源代码阅读能力、程序编写能力等。方法能力指具备从事软件职业活动所需要的工作方法及学习方法，注重学会学习、学会工作，以养成科学的思维习惯，如解决问题能力、分析判断能力、逻辑思维能力、创新能力等。社会能力指具备从事职业活动所需要的行为规范及价值观念，注重学会共处、学会做人，以确立积极的人生态度，如沟通能力、组织能力、协调能力、合作能力等。

学习目标设计应特别注重目标的可测量性。学习目标应该是外显的，明确、具体、可测量、可展示，不能停留在知道、理解、熟悉知识的层面上，而是注重将知识内化为能力。比如 Java 程序员的职业能力可具体化为以下 10 项能力：

（1）熟练使用 Java 语言进行逻辑程序设计的能力；

（2）熟练使用 Java 语言进行面向对象编程（Java OOP）的能力；

（3）熟练使用 Java Web 开发语言进行网络编程的能力；
（4）熟练使用客户端工具进行客户端编码的能力；
（5）熟练使用 SSH 架构进行网络编程的能力；
（6）熟练使用数据库理论开发和应用数据库系统（SQL Server、Oracle）的能力；
（7）使用数据库理论以及数据库设计工具设计简单数据库的能力；
（8）使用需求分析工具分析业务需求的能力；
（9）通过项目实战进行简单软件设计的能力；
（10）具有常规软件开发过程的能力。

4）项目化原则

学习任务是学习目标的载体。因此，学习任务的设计是课程教学设计的重要环节。学习任务设计包括：学习任务与学习目标之间的依托与支撑、学习任务之间的逻辑结构、学习任务与学习情境的有机结合、学习任务与学习者的调整与适应等。职业教育课程的学习任务设计应该是工作过程导向的，以专业就业岗位典型工作过程的分析为起点，依据并围绕职业活动中工作过程（为完成一件工作任务并获得工作成果而进行的一个完整的工作程序）选择课程内容，并以之为参照系对知识内容实施序化，着眼于蕴涵在行动体系中的隐性实践知识的生成与构建，筑造课程内容结构。

职业教育课程的学习任务设计，选用适于教学的工作项目为载体，将专业教学各知识点按工作过程及工作任务重新整合设计，凸显工作学习一体、理论实践一体、教学做一体的特点，即学习任务项目化。工作项目可以是一件产品的设计与制作，一项服务的提供或一个故障的排除等，如软件专业为某客户编写 Web 应用程序、对软件系统进行测试等。以通过对岗位工作过程系统化分析所获得的工作项目为单元组织课程教学内容，将职业活动中的各元素渗透到课程教学的整个过程，使学生可以在有目标的环境下变被动学习为主动学习，在行动化的学习过程中促进知识与经验的建构，促进实践技能的提升，帮助学生实现从经验层面向策略层面的能力拓展。

工作项目应具有真实性、典型性、综合性、完整性等特征。真实性指项目的选取立足于职业实践或社会生活中的真实问题，项目结果具有实际利用价值，是可使用的产品或可落实的行动方案。典型性指项目的选取立足于体现岗位工作过程的突出特点，符合学生能力水平和教学规律。综合性指项目的选取应具有一定的规模和一定的复杂度，需要运用多种领域知识和多方面能力、借助于多种可能的资源才可以完成。完整性指项目的选取立足于解决岗位工作过程中的某一完整问题，而不是一个问题的某一部分，学生可以经历并体验完整的行动过程，包括：咨询—计划—决策—实施—监控—评价，在解决问题的全过程中，获得完整的职业体验，培养并锻炼独立完成工作的能力。

5）协作学习原则

协作学习原则是指将协作贯穿于软件专业学习活动始终，并且这种协作是广泛而深入的，包括教师与学生之间、学生与学生之间。协作学习具有广泛、深入的特点。它使学生得到对内容意义更深的理解，培养了思辨能力、沟通交流能力、团队合作能力。学生不仅获得了专业知识和职业技能，而且增强了自主学习能力、独立人格和团队协作精神，为终身学习和未来发展奠定了必要基础。

首先要设计多种协作方式。在设计一个工作任务时，可采取多种协作学习方式，如信息收集整理阶段的讨论方式、制定计划和决策时的协商方式，任务实施阶段的合作方式，协作完成某项任务的角色扮演方式等。多种协作方式综合运用，使专业学习不断深化。其次，要深入开展交流互动。交流是协作过程中最基本的方式，协作学习的过程就是交流的过程，在这个过程中，每个学习者的想法都为整个学习群体所共享。在教师的组织引导下，学生能感受到不同观点、认识和思维方式的碰撞，感受到解决问题的不同方法所带来的震撼，对于一些复杂问题的探索、交流，推进每个学生的学习进程，使学生在多重观点、多种途径、多个方法的比较中，达成专业知识的意义建构。

6）学习评价过程化

过程性评价是近年来在职业教育中被广泛关注并广泛应用的学习评价方法。与过程性评价相对应的课程评价是形成性评价，就是在应试教育中普遍应用的考核方法。

过程性评价的“过程”是相对于“结果”而言的，具有导向性，过程性评价不是只关注过程而不关注结果的评价，更不是单纯地观察学生的表现。相反，关注教学过程中学生智能发展的过程性结果，如解决现实问题的能力等，及时地对学生的学习质量水平做出判断，肯定成绩，找出问题，是过程性评价的一个重要内容。

过程性评价的功能主要不是体现在评价结果的某个等级或者评语上，更不是要区分与比较学生之间的态度和行为表现。从教学评价标准所依据的参照系来看，过程性评价属于个体内差异评价，亦即“一种把每个评价对象个体的过去与现在进行比较，或者把个体的有关侧面相互进行比较，从而得到评价结论的教学评价的类型”。过程性评价是对事物的发展过程进行动态的评价，是一种动态的、流线型的评价。针对学习过程中某个点都做出相应的评价，所有的点的评价就可以汇成一条线，从而构成整体性评价。

在实施操作层面，过程性评价方案应注意几个问题：一是评价主体不应只是单一的由教师完成的“权威性”评价，而应该是双边的、多边的行动，学生参与，企业参与，社会参与等，强调多边互动。二是评价内容既要有体现学习任务完成质量的知识课程和技能课程的成绩单，也要有体现个人素质的评价表。三是评价方式既要有以考核动作技能为主的操作考试，又要有以测试认知水平为主的知识考试；既要在模拟的职业环境中考核，又要在真实的职业活动中考核。

3. 软件专业培养方案设计

此处所讲的软件专业并非是某一个具体的专业，而是指中等职业学校中与计算机软件具有密切关系的专业，具体来说包括信息技术大类中的计算机平面设计、网站建设与管理、计算机动漫游戏制作、计算机应用、软件与信息服务、数字媒体技术应用、客户信息服务等专业，也包括文化艺术类与公共文化服务类中的动漫游戏、网页美术设计、数字影像技术、办公室文员、图书信息管理等专业。软件类各专业系统层的教学设计可具体化为专业培养方案的制定。

专业培养方案是学校实现人才培养目标的纲领性文件，也是学校组织日常教学活动、进行教学管理的核心文件，是中等职业学校解决“学什么”的关键问题。制订专业培养方案，是中等职业学校专业办学面临的首要工作，具有先导性和基础性，属于学校宏观层面的教学设计活动，是学校整个专业办学活动不可缺少的组成部分。中等职业学校专业培养方案的制定要遵照国家相关政策、标准（如《中等职业学校专业教学标准》）的规定，在现代职业教育教学理念的指导下，依据“以服务为宗旨、以就业为导向”的原则，并结合学校的实际情况，进行科学、合理的设计。

（1）软件类专业培养方案的制定应当建立在软件类职业的社会需求分析、软件类专业的社会需求分析和学校专业办学条件需求分析的基础上。职业的社会需求分析的参照系是社会服务，不仅分析社会对职业的需求状态，也要对职业的成长阶段以及每一阶段需要完成的任务或功能进行分析，还要对相邻职业所构成的职业群的特征进行分析，为职业学校选择专业、培养目标、规模和学习内容提供依据。专业的社会需求分析的参照系是就业，包括社会对专业人才的需求状态的分析、专业人才的就业情况分析、职业对人才培养的规格与质量的要求分析，为专业培养目标、规模和课程的修订提供依据。学校专业办学条件需求分析的参照系是专业，分析专业办学中教师、实验室和实训基地等条件的需求。前两种需求分析可以综合采用现场调研、问卷调查、网络信息搜索、文献查询以及讨论等方法，后一种方法可以采用讨论法。3 种需求分析相互关联，缺一不可，为专业培养计划的设计提供依据，属于设计专业培养计划过程中的准备阶段。

（2）软件类专业培养方案的制定应当建立在职业内涵分析的基础上，以便确定专业对应的职业范围。在《中华人民共和国职业分类大典（2015 版）》中，我国职业划分为 8 个大类、75 个中类、434 个小类、1481 个职业（细类）职业，其中与计算机软件密切相关的职业共有 5 个（计算机程序设计员、计算机软件测试员、计算机软件工程技术人员、信息系统分析工程技术人员、信息系统运行维护工程技术人员），最适合刚入职中职软件类专业毕业生的职业应该是计算机程序设计员和计算机软件测试员，其他 3 个职业适合从业者的中远期职业目标。

职业分类是按一定的规则和标准，把特征相同或相似的社会职业归纳到一定类别系统中去，是形成产业结构概念的前提，同时也是对劳动者及其劳动进行分类管理、分级管理及系统管理的需要，是劳动管理规范化的一项重要的基础性工作。职业分类大典是职业分类的载体，在人力资源市场建设、国民经济信息统计和职业教育培训等方面起着规范和引领作用，因此也成为劳动力供求预测和就业岗位开发、职业标准制定和职业资格认定，以及人才培养标准制定等工作的重要基础。

国家职业标准是在职业分类的基础上，根据职业（工种）的活动内容，对从业人员工作能力水平的规范性要求。它是从业人员从事职业活动，接受职业教育培训和职业技能鉴定以及用人单位录用、使用人员的基本依据。国家职业标准由劳动和社会保障部组织制定并统一颁布。国家职业标准包括职业概况、基本要求、工作要求和比重表 4 个部分，其中工作要求为国家职业技能标准的主体部分。

国家职业标准通过工作分析方法，描述了胜任各种职业所需的能力，反映了企业和用人单位的用人要求。职业标准是各级职业职业学校与职业培训机构进行相关职业课程开发的依据。职业教育和职业培训的课程按照国家职业标准进行设置，能够摆脱“学科本位教育”重理论、轻实践，重知识、轻技能，重学业文凭、轻职业资格证书的做法，保证职业教育密切结合生产和工作的需要，使更多的受教育者和培训对象的职业技能与就业岗位相适应。

在前面两项工作的基础上，就可以分析专业对应的职业群所包含的职业能力，形成专业培养的综合职业能力体系，从而形成专业培养目标和人才培养的规格与要求，形成相应的课程体系。具体方法与步骤如下：

（1）采用典型工作任务分析方法，分析职业群中每个职业的典型工作任务，如程序员职业中的“软件核心模块功能设计”。一个职业的工作过程，通常包含 10～15 个典型工作任务，一个典型工作任务可以对应一门课程。但一个专业设置的课程数量，不可能对应职业群中典型工作任务的总数量，需要对职业群中每个职业的典型工作任务，按照职业技能类别和复杂层次进行解构，形成由简单到复杂、反映职业成长逻辑发展规律的职业技能体系。

（2）分析职业技能体系中的要素，按照专业人才培养规格和要求重构专业人才培养过程的典型工作任务，即专业化的典型工作任务，称为学习领域，每一个学习领域形成一门专业课程。按照学习领域内容与职业内容的兼容性，学习领域可以分为共性学习领域和个性学习领域，个性学习领域代表着职业的特殊性。

（3）按照“宽基础，活模块”的职业课程模式，将共性学习领域和低层次个性学习领域形成的课程安排在基础模块中，高层次复杂的个性学习领域形成的课程安排在活模块中。同时在职业课程体系中引入文化课程，提高学生的文化水平。

下面以《江苏省中等职业教育计算机平面设计专业指导性人才培养方案》为例说明。

1）专业培养目标

培养与我国社会主义现代化建设要求相适应，德、智、体、美全面发展，具有良好的职业道德和职业素养，掌握计算机平面设计专业对应职业岗位必备的知识与技能，能从事平面广告设计、VI 设计、包装设计、计算机排版、商业摄影、数码照片后期处理等工作，具备职业生涯发展基础和终身学习能力，能胜任生产、服务、管理一线工作的高素质劳动者和技术技能人才。该专业的专业方向、对应的职业岗位与职业资格要求如表 6.12 所示。

表 6.12　计算机平面设计专业的职业岗位与要求

专业方向	职业（岗位）	职业资格要求
平面广告设计与制作	图像制作员	图像制作员（四级）
图文信息处理	包装设计员	包装设计师（三级）
数码照片艺术处理	计算机排版操作员	“Adobe 中国认证产品专家”单科证书——InDesign（三级）
	视频编辑操作员	视频编辑操作员（四级）
	摄影师	摄影师(中级）

注：每个专门化方向可根据区域人才需求的实际同，任选一个工种，获取职业资格证书。

2）职业能力分析

在职业能力分析（见表 6.13）的基础上可以归纳出专业的职业能力如下：

（1）行业通用能力。

- 美术能力：具有基本的形象塑造、色彩表现、立体空间设计能力，具有在艺术设计中应用美术理念的能力。
- 图像及影像采集能力：具有照相机、摄影机的操作能力，具有室内、室外影像的拍摄能力，具有基础的图片与视频采集能力。
- 图像处理能力：具有运用 Photoshop 软件设计制作图形的能力，具有常见图像的后期处理能力。
- 创意设计能力：具有平面广告组织与策划能力，具有对图形进行发散性思维能力，具有图形的表意能力，具有图形创意的设计与制作能力。
- 版式设计能力：具有平面构图、版面色彩的设计能力，具有字体设计与编排能力，具有图形与文字的混合编排能力，具有基本的版面设计能力。

● 成品制作能力：具有文档、图片打印输出能力，具有刻字机、写真机、数码复印机等设备的操作能力，具有书籍、相册、广告宣传品制作能力，具有材料选用、印刷等制作工艺的能力。

表 6.13　计算机平面设计专业的职业分析

<table>
<tr><th>职业岗位</th><th>工作任务</th><th>职业技能</th><th>知识领域</th><th>能力整合排序</th></tr>
<tr><td>广告设计</td><td>图像的处理
广告设计与制作
广告打印和输出</td><td>1．能根据设计对象特点，完成图像处理和图形设计
2．能根据要求完成标志设计、招贴设计、报刊广告、DM 广告、POP 广告的整体设计
3．能进行数码印刷、绘图设备的基本操作</td><td>图像处理、标志与字体设计、招贴设计、版式设计</td><td rowspan="6">一、行业通用能力
1．美术能力：
具有基本的形象塑造、色彩表现、立体空间设计能力
具有在艺术设计中应用美术理念的能力
2．图像及影像采集能力：
具有照相机、摄影机的操作能力
具有室内、室外影像的拍摄能力
具有基础的图片与视频采集能力
3．图像处理能力：
具有运用 Photoshop 软件设计制作图形的能力
具有常见图像的后期处理能力
4．创意设计能力：
具有平面广告的组织与策划能力
具有图形的发散性思维能力
具有图形的表意能力
具有图形创意的设计与制作能力
5．版式设计能力：
具有平面构图、版面色彩的设计能力
具有字体设计与编排能力
具有图文混合编排设计能力
具有基本的版面设计能力
6．成品制作能力：
具有文档、图片打印输出能力
具有刻字机、写真机、数码复印机等设备的操作能力
具有书籍、相册、广告宣传品制作能力
具有材料选用、印刷等制作工艺的能力
二、职业特定能力
1．平面广告设计与制作：
具有文字、图形设计能力
招贴、广告、书籍装帧设计能力
具有产品包装设计与制作能力
具有企业视觉识别系统策划与设计能力
2．图文信息处理：
具有计算机图文信息处理能力
具有方正书版、方正飞腾、InDesign 排版软件操作能力
具有报纸、杂志、书籍、广告的设计与排版能力
3．数码照片艺术处理：
具有运用相机、摄影机采集图像与影像的能力
具有运用计算机进行数码照片和视频后期处理的能力
具有相册、书籍、广告的设计与制作能力
三、跨行业职业能力
1．具有岗位应变的能力
2．组织、策划、沟通、执行的能力
3．具有创业、创新能力
4．具有企业管理的基础能力</td></tr>
<tr><td>企业视觉识别系统设计</td><td>VI 设计及制作</td><td>1．能运用 CIS 理念进行企业理念设计
2．能进行企业视觉形象设计
3．能设计并制作 VI 手册</td><td>标志与字体设计、VI 设计、包装设计、版式设计</td></tr>
<tr><td>包装设计</td><td>产品包装设计
产品包装制作</td><td>1．能进行商标设计
2．能设与计制作商业包装
3．能进行包装文字、图案、色彩编排
4．能选择合适的包装材料</td><td>标志与字体设计、包装设计</td></tr>
<tr><td>出版物设计</td><td>版面设计计算机排版
书籍装帧设计与制作</td><td>1．能进行报刊排版及设计
2．能进行杂志排版及设计
3．能进行书版排版及设计
4．能进行宣传册、折页排版及设计
5．能根据书籍内容进行装帧设计
6．熟悉书籍装帧材料的使用</td><td>Illustrator 图像处理、InDesign 排版、方正书版、方正飞腾、版式设计、书籍装帧、版式设计、印刷工艺、字体设计</td></tr>
<tr><td>商业摄影</td><td>商业摄影
短片拍摄
视频后期剪辑</td><td>1．能进行人像证件拍照、书画翻拍
2．能进行影楼人物写真、婚纱摄影
3．能进行商业广告摄影
4．能进行婚庆短片拍摄
5．能进行会议视频拍摄</td><td>商业摄影技术、影视后期制作</td></tr>
<tr><td>照片后期处理</td><td>照片处理
相册设计
照片输出与打印</td><td>1．能进行数码证件照、艺术照后期处理
2．能进行相册设计与制作
3．能进行数码图像输出操作</td><td>广告设计、Photoshop 高级应用、书籍装帧</td></tr>
</table>

（2）职业特定能力。

- 平面广告设计与制作：具有文字、图形设计与制作能力，具有招贴、广告、书籍装帧设计与制作能力，具有产品包装设计与制作能力，具有企业视觉识别系统策划与设计能力。
- 图文信息处理：具有计算机图文信息处理能力，具有方正书版、方正飞腾、InDesign 排版软件操作能力，具有报纸、杂志、书籍、广告的设计与排版能力。
- 数码照片艺术处理：具有运用相机、摄影机采集图像与影像的能力，具有运用计算机进行数码照片及视频后期处理的能力，具有相册、书籍、广告的设计与制作能力。

（3）跨行业职业能力。

- 具有岗位应变的能力。
- 具有组织、策划、沟通、执行的能力。
- 具有创业、创新能力。
- 具有企业管理的基础能力。

根据职业能力可进一步设计专业的课程体系结构、核心课程教学要求、专业教师的能力要求，实验实践教学环境、设备配置的基本要求等，从而形成完整的专业培养方案。

本书 4.7 节已经给出一个完整的“软件与信息服务”专业的培养方案范例，限于篇幅，此处不再给出“计算机平面设计专业”的完整培养方案。

4. 软件专业课程标准设计

从本质上来说，软件专业职业课程标准的设计并不是软件专业教学设计的一个独立层次，而是系统层次设计的一个组成部分。但由于课程标准是课程建设的指导性文件，它包括课程的性质、设计思路、目标、内容和实施建议等内容，它是中等职业学校解决“学到什么程度”的问题。为突出课程标准设计的重要性，也为了说明的方便性，此处将其独立出来单独进行阐述。

可以把课程标准的设计理解为专业教学设计的中观层次。

从工作过程系统化的角度来看，专业课程是一个专业化的学习领域，它只是对课程内容和功能，按照专业培养规格进行了简单的描述，还不能具体指导课程的设计、实施和评价活动以及课程管理活动的开展。需要将专业化的学习领域，按照课程要求进行转化，形成更加具体的学习情境。学习情境是课程的组成单元，是同属于一个学习领域中具有独立主题的子任务，是课程化的典型工作任务。它不是专业化的学习领域的完成步骤，而是按照课程目标对专业化的学习领域重新解构，再按照课程要求重构的典型工作任务。以学习情境为单元，而不是以学科知识点为单元组织课程内容体系，体现了职业教育课程的本质属性。每一门课程学习情境至少是 3 个，相互之间应具有平行、递进和包容的关系。

工作任务要素一般包括工作者、工作对象、工具/设备、技术方法和产品等内容，其中产品代表工作任务产生的社会功能，是工作对象经过技术加工后表现的形式。一个工作任务的工作对象是相对固定的，但工具/设备、技术方法以及形成的产品质量是不固定的。不同的工具/设备、技术方法以及产品达到的质量形式，构成了同一工作任务中的不同工作情境。工作情境的区别，实质上代表着生产方式的区别，反映着生产力水平的差异，体现着职业能力水平的高低。

学习情境的内容描述，一方面具有工作特征，另一方面还具有教学特征。工作特征是对完成工作任务的对象、工具/设备、技术方法、产品的形式以及理论知识等的描述。教学特征是对工具/设备、技术方法的应用程度、对产品加工程度的控制水平、获得的经验、工作态度等的描述。其内容的组织框架是工作过程行为模式，即获得信息、决策、计划、实施、检查、评价工作流程。课程的目标和内容体系是对学习情境工作特征和教学特征的描述；课程的设计思路是对学习情境重构方法的描述；课程的实施建议是对完成工作任务的环境和教学条件的说明。

下面以中等职业（专业）学校软件与信息服务专业中基于 Java 技术的专业培养方案中常见的"JSP 应用开发"课程为例，来说明如何进行基于工作过程的学习领域专业课程标准（方案）的设计。

Web 应用程序开发是软件企业工作过程中常见的行动领域之一。目前采用两大类开发技术，一类是基于微软.NET 平台的开发技术（.NET Framework、C#、ASP. NET、SQL Server 等），另一类是基于 Java 平台的开发技术。基于 Java 平台的开发技术的具体种类比较多，但一般都涉及 JSP（Java Server Page）技术，因此，"JSP 应用开发"是软件专业人才培养方案中 Java 方向核心课程之一。"JSP 应用开发"的前导学习领域一般为"网页设计与制作""数据库设计与应用"，后继高端学习领域一般为"Java EE 框架技术""软件工程"等。

1）典型工作任务分解

Web 应用程序典型工作过程如图 6.22 所示。从图 6.22 可以看出与 Web 软件开发岗位对应的典型工作任务有网页界面设计、DIV+CSS+JavaScript 网页布局、Web 后台程序的编写、项目开发文档的阅读与制作等。

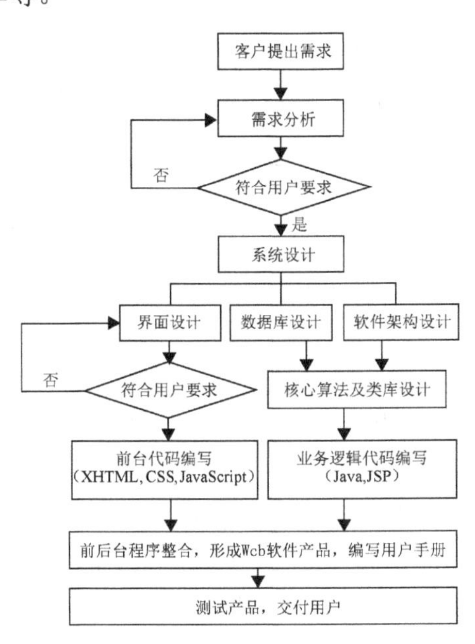

图 6.22　Web 应用程序开发的典型工作过程

2）学习情境设计

学习情境是学习领域教学内容的具体化。"JSP 应用开发"课程学习情境（见表 6.14）的设计思路是：按照 Web 网站项目开发实际工作过程，以一个有一定实用价值，由实际系统转化而成的软件项目——"超市进销层管理系统"贯穿始终。将整个软件开发过程分解为一系列递进的学习情境，每个情境要求学生完成一个或几个相对独立的工作任务。学习者完成所有这些独立的任务后，也就完成了整个软件项目的开发。在"JSP 应用开发"课程中，有关网页制作的理论知识已经按照工作情境的技能要求，分布在这些工作情境之中。这种方式的知识学习与技能养成过程，与传统基于学科领域的教学模式存在很大的差异：学习内容设计完全取决于实际工作过程开发需要，在学习领域中掌握的知识与技能可以和实际工作工程中行动领域实现无缝对接，从而收到事半功倍的学习效果，这无疑是进行技能型专业课程学习好方法。

表 6.14 “JSP 应用开发”课程学习情境设计

情境	工作任务	知识点重构
情境 1：需求收集与分析	1．系统需求分析 2．理解用户需求	理解用户需求
情境 2：系统设计	1．系统数据库设计 2．项目开发环境的配置 3．系统框架设计 4．前台页面设计	1．数据库实体关系图到数据库表的转换 2．JSP 开发环境 3．系统框架的搭建 4．前台主界面静态页面的设计
情境 3：采用 JSP 技术实现用户管理模块	1．实验数据库连接 2．用户管理模块的设计与实现：登录、添加、查询、脚本声明	1．JDBC 技术 2．集合类框架 3．JSP 指令、表达式、小脚本、声明 4．简单的隐式对象 Request，Response
情境 4：采用 Servlet 技术优化用户管理模块	1．采用 MVC 框架实现注册和登录 2．用户权限控制	1．Servlet 技术 2．隐式对象 3．会话跟踪技术 4．Cookie 和 Session
情境 5：采用 JSTL 标签和 EL 表达式实现基础资料模块	1．商品类别设置 2．商品信息设置 3．供应商信息设置	1．核心标签库 2．JavaBean
情境 6：实现业务处理、查询统计模块	1．采购入库与退货 2．库存盘点实现	1．数据库业务逻辑类的设计 2．模糊查询技术 3．页技术
情境 7：系统优化	1．项目安全处理 2．数据库连接池的配置 3．使用 Ajax 增加用户体验	1．Session，Application 的生命周期 2．连接池的配置 3．Ajax 技术
情境 8：系统测试与发布	1．单位测试 2．系统功能测试	1．单位测试技术 2．功能测试

学习情境的具体实现属于教学过程设计的层面，可以根据实际情况选用一种或多种教学法（传统教学法、行动导向教学法）。比如可以采用“决策—>实施—>检查—>评估”的四步教学法形成如表 6.15 所示的课程整体实施方案。

表 6.15　用 JSP 技术实现用户管理模块实施方案

授课内容及目标	课时	授课方式	场地设备	配套资源	师资	评价方式
JSP 基本语法（小脚本、指令、声明、表达式）	4	讲授/实验	投影实验室	课件、学习网站	1	教师/小组
隐式对象	2	讲授/实验	投影实验室	课件、学习网站	1	教师/小组
演示登录功能的实现过程	1	讲授/实验	投影实验室	课件、学习网站	1	教师/小组
完成用户添加、修改、查询功能	4	实验/辅导	投影实验室	案例库	1	教师/小组

表 6.15 以“情境 3：采用 JSP 技术实现用户管理模块”为例，详细说明了工作情境的详细实施过程。

采用 JSP 技术实现用户管理模块（情境 3）的教学方案实施过程：

资讯/计划

1. 讲授需求分析，工作任务即实现用户登录。
2. 讲授 JSP 基本语法。
3. 讲授 JSP 隐式对象。
4. 演示项目。

决策

1. 明确工作任务；完成用户添加、修改、查询功能。
2. 列出实现步骤。

实施

1. 静态页面的设计。
2. 数据操作类的实现。
3. 业务处理页面的实现。

检查、评估：

1. 指导教师对学生完成的工作任务进行操作考评，监测点为功能的实现、代码的规范。
2. 课外需要 4 课时巩固 JSP 的基本语法、完善功能、撰写实验报告等项目文档。

5. 软件课程教学过程设计

课程教学方案以课程标准为依据，以学习者的初始学习状态为起点，以详细说明为达到课程目标，是师生共同采用的学习过程、方式和方法，是教师开展教学活动的依据，是中等职业学校解决“怎样学”的问题。制订课程教学方案属于微观层次的教学设计活动。

学习事件概念最早由美国教育心理学家罗伯特·加涅提出，是为了达到一定学习结果而需要的学习条件或情境。学习事件由内部事件和外部事件组成。内部事件是学习者的信息加工活动和条件，如观察、分析、综合等；外部事件是学习者产生信息加工的外部影响活动和条件，如教师提供的信息、教科书、课件和任务等。外部事件通过内部事件对学生的学习行为产生变化，按照课程要求构成一系列的学习事件，从而形成课程教学方案。

职业课程中的学习事件是按照教学要求对学习情境进行教学化处理的结果。通过分析典型工作任务和学生的工作能力，教师建立内部和外部学习事件。内部事件属于任务完成的操作过程及潜在的内部心理加工过程，如加工操作、分析现象、形成经验等；外部事件是影响任务操作质量和心理变化的条件，如描述任务对象、纠正操作错误、评价产品质量等。内部事件按照工作过程行为模式，可以分为信息获取事件、行为决策事件、工作计划事件、任务实施事件、检查控制事件、评价反馈事件；外部事件根据内部事件发生的过程分为准备事件、控制事件、评价反馈事件。

职业课程教学过程是任务驱动教学过程。任务驱动教学是以学生为主体、教师为主导的教学过程。其教学过程分为教学准备、任务设计、任务呈现、任务实施、成果展示、评价反馈 6 个阶段，学习事件围绕着这 6 个阶段进行组织。

（1）教学准备阶段：教师分析课程标准和学习者学习状态，分析制定教学目标，根据实际需要将学生分组，帮助学生熟悉团队活动的环境，每个小组都要兼顾处于各种学习水平的学生，这样可以实现组织学习，促进并保证学生之间的交流和互助。

（2）任务设计阶段：教师选择任务对象，陈述完成任务的流程，描述完成任务的场所、工具/设备、知识/技术资料，确定任务完成的结果及评价要求；设计教学兴趣点、焦点和评价点；分析工作角色；考虑不安全因素带来的后果，设计防护措施。

（3）任务呈现阶段：教师呈现任务，明确角色，提供获取信息的线索和途径，帮助学生进入任务完成的准备状态。教学方式一般采用集体授课方式，教学方法采用讲解法和讨论法。

（4）任务实施阶段：教师讲授任务完成的准备知识，学生在教师的帮助下设计并选择任务完成方案并实施方案。教师通过对学生任务完成过程的监控，适时地插入讲解和评价，对整个过程进行调控和管理，为学生提供必要的帮助和指导。教学方式采用集体授课方式和小组活动方式，教学方法采用讲解法、小组合作学习法、讨论法和实践操作法。

（5）成果展示阶段：促进学生陈述最佳完成任务方案和经验，展示工作成果，交流和共享学习结果。展示的方式是多种多样的，在成果展示过程中，教师还可以适当安排提问，并鼓励学生发现问题，对任务完成过程中出现的问题进一步思考。

（6）评价反馈阶段：引导学生自评以及学生之间的互评。在学生评价的基础上进行教师评价，促使学生总结和反思，促进学生知识的巩固与创新。职业学校是面向职业的专业教学，只有通过 3 个层面的设计才能实现从“职业－专业－课程－学习”过程的一系列转换，按照社会、职业和就业需求开展教学。

思　考　题

1. 现代教学设计系统有哪些基本特征？
2. 教学设计经典模式与职业领域课程教学设计的关系如何？
3. 简述教学系统设计的一般过程与原则。
4. 何谓学习领域课程？学习领域课程的基本理念有哪些？
5. 简述学习领域课程开发的思路、步骤与方法。
6. 简述工作过程系统化课程的概念与开发要点。
7. 结合某一具体课程，设计一个学习领域的课程方案。
8. 结合某一具体课程，利用工作过程系统化方法设计一个课程方案。
9. 软件专业教学设计分为哪些层次？
10. 设计一个软件类专业的整体教学方案。

第 7 章　中职软件类课程的教学实施

【学习目标】

1. 掌握中职软件类课程备课的基本过程与方法。
2. 掌握中职软件类课程教案的编写方法。
3. 掌握中职软件类课程课堂教学的类型、任务、要求和基本环节。
4. 掌握中职软件类课程实验课教学的作用和实施方法。
5. 了解中职软件类课程课外辅导意义、类型和要求。

教学是教师的教和学生的学相结合的动态过程，是将教学设计与教学过程紧密结合，让学生在特定的时间与环境中理解教材的内容，发展职业能力的综合教学实践过程。具体的教学实施教学工作是职业学校教学工作的核心内容。教学实施过程的好坏直接反映了学校的办学水平和办学质量。本章包括备课、理论教学实施、实验教学实施、课外实践辅导等几个部分。

教学实施是中等职业学校的重要教学活动过程，学生应该结合中等职业学校教学实际，掌握教案编写、课堂教学组织、实验教学组织、课外活动辅导等重要的教学环节；应在教师的辅导下进行一定时间试教与评议交流；可以通过观看中等职业学校的优质课视频，到中等职业学校观摩优秀教师示范课等手段来强化学习效果。

7.1　备　　课

教师的教学工作包括备课、课堂教学、课后指导和评价等基本环节，而备课是课堂教学的基础，是提高教学质量的重要手段和可靠保证。课堂教学能否完成任务、收到应有效果，在很大程度上取决于备课是否充分、是否科学。所以对于每一位教师来说，备课都是不可忽视的基本功。

7.1.1　备课含义与类型

备课是教师根据某门课程标准的要求和本门课程与教材的特点，结合学生的具体情况选择最合适的表达方法和顺序，以保证学生有效地学习。

根据备课的组织形式，备课一般分为个人备课和集体备课两种。个人备课是教师自己钻研学科课程标准和教材的活动。集体备课是由相同学科和相同年级的教师共同钻研教材，解决教材的重点、难点和教学法等问题的活动。

根据备课的时效性，备课又可分为下面 3 种。

1. 学期（或学年）教学进度计划

在学期（或学年）开始以前制订。它的作用在于明确整个学期（或学年）教学工作的任务和范围，并做出通盘的安排。它一般由两部分组成：一是总的说明，包括教材、学生基本情况的分析，教学目的、教学总时数，预定复习、考试和考查时间等；二是教学进度计划表。

2. 单元（或课题）计划

在一个单元（或课题）的教学开始以前制订。它的作用在于对一个单元的教学工作进行全面安排，包括单元（或课题）名称、教学目的、课时分配、课的类型、教学法、电化教学手段和教具的利用等项目。

3. 课时计划（教案）

这是教学活动中最常见的一种备课形式，在上每节课之前制订。教案是根据教学设计的原理，选择一种或多种教学设计模式，对每一节课进行缜密设计，是教师讲课的依据，直接关系到课的质量。教案一般包括班级、学科、课题、教学目的、上课时间、课的类型、教学法、课的进程和时间分配等内容。有时还需要给出教学环境、板书设计（或演示文稿 PPT）、教学过程记录与课后教学效果分析等内容。但具体的课堂教学过程中，根据课堂上学生的实际，可对教案设定的内容、步骤、方法等做适当的调整。

7.1.2 备课的内容

备课是教师在课前进行的一系列的教学准备，是上好课的前提。那么怎样才能备好课呢？简单地说，要想备好课，就必须认真研究教学大纲与教材，结合所面对的学生实际，合理安排教学内容，选择适当的教学法。具体来说包括以下基本内容。

1. 分析教学大纲与教材

包括钻研教学大纲、教科书和阅读有关参考书。首先是确定教学目标、教学内容及逻辑顺序、重点、难点和关键。教学大纲是教师进行教学工作的主要依据。大纲规定了教学目的和要求，确定了教学进度和重点、难点，指出了教学中应注意的问题。教师要把教材中的知识转化为自己的知识，就必须在教学大纲的指导下，感知教材，理解教材，进而牢固地掌握教材所规定的教学内容。教学大纲规定了本学科的总的目的要求和总的原则，并规定了学生必须掌握的知识内容和范围。因此，教师必须熟知教学大纲，并在教学大纲的指导下熟悉教材。阅读参考资料也很重要，它可以补充教科书的不足。

2. 熟悉学生

教学过程是教师主导作用下的师生共同参与的双边活动，因此，备课时教师应分析学生的情况，了解学生的兴趣、特点，摸清学生对基础知识掌握的现状和学生的理解接受能力，研究学生在哪些地方会感到困难、在哪些地方会感到厌倦、对哪些地方感兴趣、会提出一些什么样的问题等，做到心中有数。在深入了解学生的基础上，还应综合考虑在教学中如何因材施教和调动学生学习的积极性和主动性，使得教学收到良好的效果。

3. 考虑教法

考虑教法即解决如何把已掌握的教材内容传授给学生。它包括：如何组织教材，如何确定课的类型，如何安排每一节课的活动，如何运用各种方法开展教学活动。为使学生顺利地接受教学内容，教师选择教学法时应从多方面考虑，综合运用多种教学法已达到理想的教学效果。

4. 编写教案，熟悉教学环境

教案，又称课时计划，是教师在课堂教学中实施教学活动的具体方案。写出教案后，还要熟悉教案，使教案中的内容融入自己脑海中，做到讲课时不离教案，但基本不用看教案。同时还必须熟悉教学环境。软件类课程的教学环境一般由多媒体计算机、大屏幕投映、实物展示台、局域网或 Internet、相关的工具软件等构成。对课内要用到的设备或软件，要做好准备，要熟悉其性能、特点及演示方法，做好功能检查和试验性演示。遇到故障和难题，要在课前及时解决，保证课堂演示顺利进行。

7.1.3 制定教学计划

教学计划包括学年计划、学期计划、单元计划、周计划、课时计划等。制订教学计划是教学过程中的一个首要环节。它是对整个教学工作总的设想和具体安排。教学工作是一项非常复杂而又细致的工作，需要有周密的计划，才能循序渐进，扎扎实实地使学生牢固掌握新知识，充分地训练技能，有效地发展智力。所以，要搞好教学，首先就必须制订好教学计划。软件技术教学工作计划主要包括学期（或学年）教学计划、单元教学计划和课时教学计划，其中学期（或学年）教学计划与单元教学计划有时也被叫做课程的整体设计，而课时教学计划又称教案。

1. 制定教学计划的意义

1）明确教学目标

教学工作是一项系统工程，每学期的教学内容不同，而且对技能的训练、智力的发展、思想的提高都有不同的要求。制订教学计划可明确教学目标和任务，从而增强教师实现这些目标和任务的责任感。有了这种责任感，教师就会更加自觉地认真钻研大纲和教材，深入地了解学生情况，主动地采取必要的措施，做好教学工作。

2）保证教学效果

教学工作涉及许多方面，如常规教学、教学改革、教学研究、课外活动小组、教学信息搜集及反馈等。这些工作需采取什么方法落实、时间如何安排、怎样组织，都要全面考虑，才不至于顾此失彼，才能避免盲目性和随意性，使工作协调发展，收到满意的效果。而这些都要靠周密的计划，事先须做好安排。

3）保证教学工作有序进行

教学工作是非常细致的工作，必须遵守循序渐进的原则。而时间总是有限的，通过教学计划对每学年、每学期、每堂课的教学时间做出合理安排，才能保证在规定的时间内高质量地完成教学任务。教学无计划，不仅会浪费宝贵的课堂教学时间，而且会使学生失去学习的兴趣，降低教学效果。所以，制订教学计划是有秩序地进行教学的保证。

2. 制订教学计划的依据

教学计划是完成教学任务、有秩序地进行教学的必要条件。计划是否符合实际，目标要求确定得是否恰当，措施是否得力合理，都将直接影响教学质量。所以必须了解制订教学计划的依据，才能订出符合要求、切实可行的好计划。制订教学计划的依据主要有以下 5 个方面。

1）正确的教学思想和原则

教学思想是对教学过程、教学目的、教学法、教学对象总的看法和态度；教学原则是对教学规律认识的总结。有什么样的教学思想和教学原则，就有什么样的教学表现。制订教学计划所依据的教学思想是否正确、教学原则是否科学，是关系到能否贯彻国家的教育方针、培养社会主义现代化建设人才的大问题。在计划中要努力体现面向全体学生，因材施教，体现使每个学生的德智体等方面都得到全面发展，体现重视培养能力，发展智力等。

2）各级教育部门及学校对教学的要求

教育部颁发的《教育部关于制定中等职业学校教学计划的原则意见》（教职成[2009]2号），确定了中等职业学校制定教学计划的指导思想、基本原则、基本内容与时间安排等教学计划的核心内容，是制订中等职业学校课程教学计划重要依据，在计划中应充分体现该文件的精神。另外，还要考虑本校的具体情况，要根据目前所具备的条件选取教学内容，安排实验，分配课时，使教学计划得以顺利实现。

3）专业教学指导方案与实施计划

教育部职业教育与成人教育司与教育部职业技术教育中心研究所曾经联合制订了计算机及应用、软件与信息服务等专业的教学指导方案与实施性教学计划。这些文件中对中等职业学校软件类课程的设置要求与各专业主干课程的教学基本要求，是教师制定教学计划的重要依据。

4）教材和教学参考书

教材和教学参考书是制订教学计划的具体依据。教材是根据“教学指导方案与实施性教学计划”的要求编写的，它是“教学指导方案与实施性教学计划”的具体化，是教师进行教学的依据，也是学生获取知识的重要工具。教学参考书是指导教师教学的重要参考资料，其中有对教材的分析，重点、难点的处理和时间的分配，教学法建议等，可帮助教师把握教材的编写意图、特点，加深对教材的理解。所以它也是制订计划的具体依据。当然制订计划时不能照搬参考书上的各种建议，要结合本校实际情况，制订出真正可行的教学计划。

5）学生实际

学生是教学的对象，是学习的主体，制订教学计划必须符合学生的实际情况才能使计划建立在切实可行的基础上。不同地区的学校，不同的专业，不同的班级，有不同的情况。制订计划前，要认真做好对学生情况的调查研究，如向学校领导或班主任了解，组织学生座谈或查看作业、考试成绩等。只考虑教材、不考虑学生实际的计划必然是形式主义的一纸空文。

3. 教学计划的内容

教学计划一般包括 5 个方面的内容：学期的教学目标；学生情况分析；提高教学质量的措施；教学进度（包括复习、考试等）；课外活动安排。

1）学期或课程的教学目标

学期的教学目标是指教师在本学期应完成的教学任务、教学目的和要求；课程的教学目标是一门课程的教学过程结束后应完成的教学任务、教学目的和要求。一般来说，一门课程会在一个学期内完成，有些课程需要持续两个甚至 3 个学期才能完成，比如数学、英语、语文等文化基础课或程序设计之类的专业基础课。具体地讲，一是知识能力方面的目标，即学生要掌握哪些基础知识，着重培养哪方面的能力，达到什么程度，培养哪些情感意识和精神；二是思想情感方面的目标，即向学生进行哪些思想教育，解决哪些思想问题，达到什么要求；三是成绩方面的目标，尤其是统一考试的课程，学生学习成绩达到什么水平，平均分、及格率、良好率达到多少等；四是发展方面的目标，这些目标要写得明确具体、简明扼要、切合实际，不要过高或过低。

2）学情分析

学情分析是指对所在任课程班级学生的学习情况和思想情况的分析。新入学班的学生情况，可对升学考试成绩及报考档案材料进行分析。学生成绩分析主要包括各分数段的人数、及格率、良好率及平均分的情况进行分析。学生成绩分析主要包括各分数段的人数、及格率、良好率及平均分的情况以及好、中、差学生的比例，从而了解学生掌握基础知识的程度和分析、解决问题的能力。可通过学校领导、班主任及其他学科任课教师了解班级学生的思想情况，并进行分析，从而掌握学生的学习态度、集体观念、遵守纪律情况及其他非智力因素的表现。

3）教学质量保证措施

措施是完成教学任务、实现教学目标的手段，是学期教学计划的主要部分。教师应根据学生的实际和本学期的教学目标，确定完成教学任务、提高教学质量的措施。

4）教学进度

教师要根据“教学指导方案与实施性教学计划”和相应专业对课程教学的要求，结合所在地区的地域性特点（如软件技术应用水平、实践教学条件等）确定本学期讲授教材内容的范围。安排教学进度，一要注意节假日占去的课时数；二要注意讲完一个单元后及期末留适当的复习时间；三要注意教材的重点、难点部分要有足够的教学时间。对教学进度要有科学合理的安排，避免出现过早结束或到期末讲不完的不良现象。当然在执行计划进度的过程中，如出现意外情况，征得领导同意，可对教学进度做适当的调整、修改，重新安排。教学进度一般以表格形式呈现。

5）实验实训安排

中等职业学校软件类课程的内容一般以应用软件的操作、简单应用程序的设计开发为主，会涉及大量的实验、实训教学。本书第 5 章、第 6 章所讨论的行动导向教学法、基于学习领域与工作过程的有关理论、方法与技术也适用于软件类课程的实验、实训教学。学期或课程整体教学计划中要对实验、实训的内容、模式、场地、时间等问题做出详细的说明。

6）课外活动的安排

丰富多彩的课外活动对于帮助学生理解课堂知识、提高学生的学习兴趣，有很重要的作用。课外活动的安排应事先定出课外小组活动办法，包括活动的内容、时间、组织等项事宜。课外活动也可纳入教学进度表中，使之成为课堂教学的补充。

7.1.4　教学计划范例

下面给出某重点职业学校“Java 程序开发实践”课程（学期）整体教学计划。

一、课程目标

（一）总体目标

本课程通过用户登录程序、学生成绩管理系统、网上用户注册系统、教师教育教学情况测评系统等项目的训练，使学生能使用 Java 语言编写图形用户界面的数据库应用程序；能使用 JSP 技术的 3 种开发模式开发 Web 应用程序；能使用 Struts 框架技术开发 Web 应用程序；培养学生进行程序设计的基本分析、设计能力，良好的开发习惯，并养成刻苦钻研、善于沟通和团队合作的职业素质，成为软件企业的“蓝领”人才。

（二）能力目标

（1）能够搭建 Java 桌面应用程序的开发环境，会使用 JCreator；
（2）能够对常用的一些数据类型进行转换；
（3）能够分析、设计简单的数据库；
（4）能够使用 AWT 和 Swing 类库中常用容器及组件；
（5）能够使用布局管理器布局用户界面；
（6）能够使用事件委托模型处理常见的事件；
（7）能够使用 JDBC 提供的方法操纵数据库；
（8）能够搭建 JSP 的开发环境，会使用 MyEclipse；
（9）能够使用 JSP 程序的 3 种开发模式开发 Web 应用程序；
（10）能够使用 page、import 等基本指令，jsp:useBean、jsp:forward 等基本动作；
（11）能够使用 session、request、response、application、out 等内置对象；
（12）能够编制值 JavaBean 及常用的工具 JavaBean；
（13）能够编制 Servelt、配置 Servelt；
（14）能够编制 Struts 视图组件 ActionForm Bean；
（15）能够编制 Struts 控制器组件自定义动作 Action 类；
（16）能够在 Struts 配置文件 struts-config.xml 中配置常用组件；
（17）能够发布及部署 Web 应用程序。

（三）知识目标

（1）掌握 Java 语言的基本语法及常用类；
（2）理解面向对象编程思想；
（3）掌握 AWT 和 Swing 类库中常用容器、界面组件及常见界面布局方式；
（4）掌握事件委托模型及常见事件的处理方法；
（5）掌握 SQL 语言的常用语句的用法；
（6）掌握使用 JDBC 操纵数据库的一般方法；
（7）掌握 JSP 程序的 3 种开发模式；
（8）掌握 JavaScript 脚本语言的基本使用方法；
（9）掌握 JSP 的常用指令、动作的使用方法；
（10）掌握 JSP 的常用内置对象的使用方法；
（11）掌握 JavaBean 的概念及编制方法；
（12）掌握 Servelt 的概念、编制方法及配置方法；
（13）掌握 JSP 中使用 JDBC 操纵数据库的一般方法；
（14）掌握使用 Struts 框架技术开发 Web 应用程序的一般方法；
（15）掌握 Struts 视图组件 ActionForm Bean 的概念及编制方法；
（16）掌握 Struts 控制器组件自定义 Action 类的概念及编制方法；

（17）掌握Struts应用程序的配置；

（18）掌握Web应用程序的发布及部署方法。

（四）素质目标

（1）培养善于独立思考、静心钻研的习惯；

（2）培养严谨、规范的习惯及创新意识；

（3）培养高度责任心和良好的团队合作精神；

（4）培养与人交流沟通的能力。

二、课程内容

序号	模块名称	课时
1	用户登录程序	8
2	学生成绩管理系统	84
3	学生基本信息管理程序	8
4	网上用户注册系统	28
5	教师教育教学情况测评系统	124
合计		252

项目1：用户登录程序

项目介绍：Java开发数据库桌面程序的引导项目，主要实现用户的登录。由教师操作演示，学生模仿完成。

主要技术：主要涉及用户界面的编制、事件处理的一般过程、数据库的连接与操作等知识与技能。

项目2：学生成绩管理系统

项目介绍：Java开发数据库桌面程序的核心项目，是一个功能比较完善的学生成绩管理系统，主要实现教师、课程、班级、学生等基本信息的维护，班级考试课程的选择，学生成绩的录入、查询统计等。由教师引导学生进行系统的分析、设计。

主要技术：复杂用户界面的编制、事件的处理、表格的处理、数据库的操作等知识与技能。

项目3：学生基本信息管理程序

项目介绍：JSP技术开发Web应用程序的引导项目，要求使用纯JSP页面模式及JSP+JavaBean模式开发Web应用程序。

主要技术：JSP开发Web应用程序的开发环境涉及JSP的基本概念、开发的基本方法与步骤，JavaBean的概念与编制，应用程序的发布等知识与技能。

项目4：网上用户注册系统

项目介绍：JSP技术开发Web应用程序的基础项目，要求使用JSP程序的3种开发模式以及Struts开发框架开发Web应用程序。

主要技术：3种开发模式及Struts开发框架开发的基本方法与步骤，JavaBean与Servlet的编制，应用程序的发布等知识与技能。

项目5：教师教育教学情况测评系统

项目介绍：JSP技术开发Web应用程序的核心项目，要求使用Struts框架技术开发。

主要技术：Struts框架技术开发的基本方法与步骤，MVC开发模式中三层的编制，数据库的分析与设计，应用程序的发布等知识与技能。

三、能力训练

编号	训练项目	能力目标	相关支撑知识	训练方式手段及步骤	结果
1	用户登录程序	（1）能搭建 Java 桌面应用程序的开发环境，会使用 JCreator （2）能分析、设计简单数据库 （3）掌握用 Java 开发桌面程序的基本方法与步骤 （4）能使用 AWT 和 Swing 类库中常用容器及组件 （5）能理解事件委托模型，会处理动作事件 （6）能使用 JDBC 提供的常用类查询数据库 （7）能掌握基本的测试技术 （8）了解代码书写规则与规范	（1）Java 语言面向对象编程的基本概念 （2）关系型数据库的基本概念 （3）AWT 和 Swing 类库中常用容器及组件类 （4）事件委托处理模型概念及事件处理步骤 （5）JDBC 基本概念及常用查询数据库类 （6）基本的测试技术	教师讲解部分操作，其余由学生独立完成或合作完成，然后通过由学生讲解，自评，互评以及教师点评的方式完成项目	学生编制的项目评价表
2	学生成绩管理系统	（1）能对项目进行基本的分析与设计 （2）能分析、设计及创建数据库 （3）能使用 AWT 和 Swing 类库中常用容器及组件 （4）掌握事件委托模型及常见事件的处理方法 （5）能简单使用 JDBC 提供的常用类操纵数据库 （6）能书写规范化的代码 （7）能掌握基本的测试技术，对常用的错误进行识别、定位、查找并改正	（1）系统分析与设计的基本方法与步骤 （2）关系型数据库的分析与设计 （3）AWT 和 Swing 类库中常用容器及组件 （4）事件委托处理模型概念及事件处理步骤 （5）JDBC 中的常用类及操作数据库的方法 （6）基本的测试技术方法	教师讲解部分操作，其余由学生独立完成或合作完成，然后通过由学生讲解，自评，互评以及教师点评的方式完成项目	学生编制的项目评价表
3	学生基本信息管理程序	（1）能搭建 JSP 的开发环境，会使用 MyEclipse （2）理解 JSP 的基本概念并掌握其基本组成 （3）理解纯 JSP 页面实现模式的概念，基本掌握其开发的基本方法及步骤 （4）理解 JSP+JavaBean 实现模式的概念，基本掌握其开发的基本方法及步骤 （5）能使用 page、import 等基本指令、jsp:useBean、jsp:forward 等基本动作 （6）能使用 request、response 内置对象 （7）能编制值 JavaBean 及常用的工具 JavaBean （8）能发布 Web 应用程序 （9）能掌握基本的测试技术，对常用的错误进行识别、定位、查找并改正	（1）JSP 的基本概念及 JSP 页面的基本组成 （2）纯 JSP 页面实现模式的概念及开发的基本方法、步骤 （3）JSP+JavaBean 实现模式的概念及开发的基本方法及步骤 （4）JSP 中基本指令及基本动作 （5）内置对象的基本概念 （6）JavaBean 的概念及编制方法 （7）应用程序的发布 （8）基本的测试技术知识	教师讲解部分操作，其余由学生独立完成或合作完成，然后通过由学生讲解，自评，互评以及教师点评的方式完成项目	学生编制的项目评价表
4	网上用户注册系统	（1）能分析、设计及创建数据库 （2）理解 JSP 的基本概念并掌握其基本组成 （3）理解纯 JSP 页面实现模式的概念，基本掌握其开发的基本方法及步骤 （4）理解 JSP+JavaBean 实现模式的概念，基本掌握其开发的基本方法及步骤	（1）关系型数据库的基本理论 （2）JSP 的基本概念及组成 （3）纯 JSP 页面实现模式的概念及基本开发方法及步骤 （4）JSP+JavaBean 实现模式的概念及基本开发方法与步骤 （5）JSP+JavaBean+Servlet 实现模式的概念及其开发的基本方法及步骤	教师讲解部分操作，其余由学生独立完成或合作完成，然后通过由学生讲解，自评，互评以及教师点评的方式完成项目	

续表

编号	训练项目	能力目标	相关支撑知识	训练方式手段及步骤	结果
4	网上用户注册系统	（5）理解 JSP+JavaBean+Servlet 实现模式的概念，掌握其开发方法及步骤 （6）能使用 page、import 等基本指令、jsp:useBean、jsp:forward 等基本动作 （7）会用 session、request、response 等内置对象 （8）能编制值 JavaBean 及常用的工具 JavaBean （9）理解 Servelt 的基本概念并能编制 Servelt、配置 Servelt （10）理解 Struts 实现模式的概念，掌握其开发方法及步骤 （11）会发布 Web 应用程序 （12）掌握基本测试方法与技术，能识别、定位、查找并改正常见错误	（6）JavaBean 的概念及编制方法 （7）Servelt 的基本概念及编制方法 （8）Struts 实现模式的概念及其开发的基本方法及步骤 （9）Web 应用程序的发布 （10）基本的测试技术方法		
5	教师教育教学情况测评系统	（1）能对项目进行基本的分析与设计 （2）能分析、设计及创建数据库 （3）理解 Struts 实现模式的概念，掌握其开发的基本方法及步骤 （4）能编制 Struts 视图组件 ActionForm Bean （5）能编制 Struts 控制器组件自定义动作 Action 类 （6）能在 Struts 配置文件 struts-config.xml 中配置常用组件 （7）能发布 Web 应用程序 （8）能掌握基本的测试技术，对常用的错误进行识别、定位、查找并改正	（1）系统分析与设计的基本方法与步骤 （2）关系型数据库理论 （3）Struts 实现模式的概念及其开发的基本方法及步骤 （4）Struts 视图组件 ActionForm Bean 的概念及其编制方法 （5）Struts 控制器组件自定义动作 Action 类的概念及其编制方法 （6）Struts 配置文件 struts-config.xml 的作用及常用组件的配置 （7）Web 应用程序的发布及部署 （8）JSP Web 应用程序的测试技术	教师讲解部分操作，其余由学生独立完成或合作完成，然后通过由学生讲解，自评，互评以及教师点评的方式完成项目	学生编制的项目评价表

四、教学进度表

编号	项目	主题	学时	能力目标	知识目标
1	用户登录程序	1-1 项目分析设计、建数据库、编制界面	4	1. 能安装 JCreator 工具 2. 能进行初步的项目分析 3. 能设计、创建简单数据库 4. 能编制框架界面	1. Java 语言面向对象的基本概念 2. 关系型数据库的基本概念及创建方法 3. 掌握框架界面的编制方法
		1-2 加载数据库驱动程序、连接数据库，编制事件处理代码	4	1. 能用布局管理器编制界面 2. 能使用 JDBC-ODBC 桥接方式连接数据库 3. 能理解事件处理委托模型并编制事件代码 4. 能编制数据库查询代码 5. 能查找、识别、修改错误	1. 理解常用的布局管理器 2. 掌握用户界面编制的方法 3. 掌握 JDBC-ODBC 桥接方式连接数据库的方法 4. 理解事件处理委托模型 5. 掌握事件处理的基本方法 6. 掌握数据库查询的方法

续表

编号	项目	主题	学时	能力目标	知识目标
2	学生成绩管理系统	2-1 项目分析，准备数据库，编制框架主界面，编制菜单，连接数据库，编制事件处理框架	4	1．能进行初步的项目分析 2．能设计、创建简单数据库 3．编制主界面并连接数据库 4．能编制菜单	1．面向对象的基本概念 2．关系型数据库的基本概念及创建方法 3．掌握框架主界面的编制并连接数据库 4．掌握菜单的编制
		2-2 教师基本情况维护模块（一）：编制模块界面及前5个按钮代码	4	1．能使用布局管理器编制窗体界面 2．能理解事件处理委托模型并编制事件代码 3．能编制数据库查询与浏览代码	1．掌握布局管理器并编制窗体界面 2．掌握事件处理委托模型原理并会编制事件 3．掌握对数据库进行查询并浏览数据的方法
		2-3 教师基本情况维护模块（二）：编制对话框类及“插入”“修改”“删除”按钮代码	4	1．能编制对话框 2．能理解事件处理委托模型并编制事件代码 3．能编制对数据库进行插入、修改、删除的方法	1．掌握对话框的编制方法 2．掌握事件处理委托模型原理并会编制事件 3．掌握对数据库进行插入、修改、删除的方法
		2-4 课程基本情况维护模块（可将教师情况维护模块另存后修改）	4	1．能使用布局管理器编制窗体及对话框界面 2．能理解事件处理委托模型并编制事件代码 3．能编制对数据库进行查询浏览并操纵代码	1．进一步掌握布局管理器并编制窗体及对话框界面 2．掌握事件处理委托模型原理并会编制事件 3．掌握对数据库进行查询浏览并操纵的方法
		2-5 班级基本情况维护模块（一）：编制模块界面及前5个按钮代码	4	1．能使用布局管理器编制窗体界面 2.能理解动作事件处理委托模型并编制事件代码 3．能编制数据库关联表查询并浏览代码	1．掌握布局管理器并编制窗体界面 2．掌握事件处理委托模型原理并会编制事件 3．掌握对数据库关联表进行查询并浏览数据的方法
		2-6 班级基本情况维护模块（二）：编制对话框类及“新增”“修改”“删除”按钮代码	4	1．能编制对话框类 2．能理解事件处理委托模型并编制事件代码 3.能编制对数据库表关联情况下的插入、修改、删除的方法	1．掌握对话框的编制方法 2．掌握事件处理委托模型原理并会编制事件 3．掌握对数据库表关联情况下的插入、修改、删除的方法
		2-7 学生基本情况维护模块（一）：编制模块界面及下拉列框表代码	4	1．能使用表格模型构造表格 2．能编写填充下拉列框数据的代码	1．掌握使用表格模型构造表格的方法 2．掌握下拉列框数据的填充方法
		2-8 学生基本情况维护模块（二）：编制对话框类及“插入”“修改”“删除”按钮代码	4	1．能编制对表格中数据进行操纵的代码 2．能理解下拉列表框事件并编制事件代码 3．能编制对数据库表关联情况下的插入、修改、删除的方法	1．掌握表格中数据进行操纵的方法 2．掌握下拉列表框事件并编制事件处理代码 3．掌握对数据库表关联情况下的插入、修改、删除的方法
		2-9 班级选课模块（一）：编制窗体界面、填充下拉列表框及左边表格数据的代码	4	1．能编制无布局管理的窗体界面 2．能理解下拉列表框事件并编制事件代码 3．能编制根据表格模型填充数据的代码	1．掌握不用无布局管理的窗体界面的编制方法 2．掌握下拉列表框事件并编制事件处理代码 3．掌握根据表格模型填充数据的方法

续表

编号	项目	主题	学时	能力目标	知识目标
2	学生成绩管理系统	2-10 班级选课模块（二）：“选取”“删除”按钮事件代码及选择教师的对话框类	4	1．能编制无布局管理的窗体界面 2．能理解下拉列表框事件并编制事件代码 3．能编制根据表格模型填充数据的代码	1．掌握不用无布局管理的窗体界面的编制方法 2．掌握下拉列表框事件并编制事件处理代码 3．掌握根据表格模型填充数据的方法
		2-11 班级选课模块（三）：编写“保存”“关闭”按钮、填充右边表格及下拉列表框事件代码	4	1．能编制多表关联时对数据库的操纵代码 2．能理解下拉列表框事件并编制事件代码 3．能编制根据表格模型填充数据的代码	1．掌握多表关联时对数据库的操纵代码编制方法 2．掌握下拉列表框事件并编制事件处理代码 3．掌握根据表格模型填充数据的方法
		2-12 单科方式输入学生成绩模块（一）：编写界面、填充下拉列表框、左边表格数据及行选择的代码	4	1．能编制表格中行选择的代码 2．能理解下拉列表框事件并编制事件代码 3．能编制根据表格模型填充数据的代码	1．掌握多表关联时对数据库的操纵代码编制方法 2．掌握下拉列表框事件并编制事件处理代码 3．掌握根据表格模型填充数据的方法
		2-13 单科方式输入学生成绩模块（二）：编写填充右边表格、“保存”“关闭”按钮及下拉列表框项目变化事件的处理代码	4	1．能编制多表关联时对数据库的操纵代码 2．能理解下拉列表框事件并编制事件代码 3．能编制根据表格模型填充数据的代码	1．掌握多表关联时对数据库的操纵代码编制方法 2．掌握下拉列表框事件并编制事件处理代码 3．掌握根据表格模型填充数据的方法
		2-14 多科方式输入学生成绩模块（在单科方式输入学生成绩模块基础上修改）	4	1．能编制多表关联时对数据库的操纵代码 2．能理解下拉列表框事件并编制事件代码 3．能编制根据表格模型填充数据的代码	1．掌握多表关联时对数据库的操纵代码编制方法 2．掌握下拉列表框事件并编制事件处理代码 3．掌握根据表格模型填充数据的方法
		2-15 单个学生成绩查询模块	4	1．能编制常用的查询模块 2．能动态生成并使用组件 3．能编制从多表中查询及汇总数据的代码	1．掌握查询模块编制的基本方法 2．掌握动态生成组件的基本方法 3．掌握从多表中查询及汇总数据的方法
		2-16 班级成绩明细模块	4	1．能编制常用的查询模块 2．能动态生成并使用组件 3．能编制从多表中查询及汇总数据的代码	1．掌握查询模块编制的基本方法 2．掌握动态生成组件的基本方法 3．掌握从多表中查询及汇总数据的方法
		2-17 班级成绩汇总表模块	4	1．能编制常用的查询模块 2．能动态生成并使用组件 3．能编制从多表中查询及汇总数据的代码	1．掌握查询模块编制的基本方法 2．掌握动态生成组件的基本方法 3．掌握从多表中查询及汇总数据的方法
		2-18 同学科成绩比较表模块	4	1．能编制常用的查询模块 2．能动态生成并使用组件 3．能编制从多表中查询及汇总数据的代码	1．掌握查询模块编制的基本方法 2．掌握动态生成组件的基本方法 3．掌握从多表中查询及汇总数据的方法
		2-19 班级不及格人数统计表模块	4	1．能编制常用的查询模块 2．能动态生成并使用组件 3．能编制从多表中查询及汇总数据的代码	1．掌握查询模块编制的基本方法 2．掌握动态生成组件的基本方法 3．掌握从多表中查询及汇总数据的方法

续表

编号	项目	主题	学时	能力目标	知识目标
2	学生成绩管理系统	2-20 加入登录模块、打包	4	1．能编制常用的登录模块 2．能将项目程序打包	1．掌握登录模块编制的基本方法 2．掌握项目程序打包的基本方法
		2-21 考核测试、评解	4	1．能编制常用模块界面 2．能编制常用的事件的处理方法代码 3．能编制常用的对数据库进行操纵的代码	1．掌握常用模块界面编制的基本方法 2．掌握常用的事件的处理的基本方法 3．掌握常用的对数据库进行操纵的方法
3	学生基本信息管理程序	3-1 安装J2EE开发环境、配置运行环境、编制输入及显示信息的页面	4	1．能安装及配置J2EE开发及运行环境 2．能编制基本的JSP页面	1．掌握J2EE开发及运行环境的安装、配置 2．掌握JSP页面元素的基本组成 3．掌握JSP技术开发Web应用程序的基本方法及步骤
		3-2 编制客户端验证代码、JavaBean组件并使用JSP动作及JavaBean组件传递数据代码	4	1．能编制基本的客户端验证代码 2．能编制简单的JavaBean组件 3．能在页面中使用JSP动作及Java Bean组件传递数据	1．掌握利用JavaScript代码验证客户端数据的基本方法 2．掌握JavaBean组件的基本概念及编制方法 3．掌握在页面中使用JSP动作及JavaBean组件传递数据的方法及步骤
4	网上用户注册系统	4-1 纯JSP页面模式（一）：项目分析、设计，建数据库，编制用于登录处理的4个页面文件	4	1．能理解纯JSP页面模式的设计思路 2．能编制Javascript代码用于验证输入的数据 3．能实现页面中数据的传递及流程的控制	1．掌握纯JSP页面模式的实现方法及步骤 2．进一步掌握JSP页面的结构及组成 3．掌握页面中数据的传递及流程控制方法
		4-2 纯JSP页面模式（二）：编制注册处理的2个页面文件，发布并测试	4	1．能理解纯JSP页面模式的设计思路 2．能编制JavaScript代码用于验证输入的数据 3．能实现页面中数据的传递及流程的控制	1．掌握纯JSP页面模式的实现方法及步骤 2．进一步掌握JSP页面的结构及组成 3．掌握页面中数据的传递及流程控制方法
		4-3 JSP+JavaBean实现模式（一）：编制用于登录处理部分的JavaBean类、修改页面文件	4	1．能理解JSP+JavaBean实现模式的设计思路 2．能编制JavaBean组件类 3．能在页面中使用JavaBean组件类进行数据传递及数据库操纵	1．掌握JSP+JavaBean模式的实现方法及步骤 2．进一步掌握JavaBean组件类的编制方法 3．掌握在页面中使用JavaBean组件类进行数据传递及数据库操纵的方法
		4-4 JSP+JavaBean实现模式（二）：编制用于注册处理部分的JavaBean类、修改页面文件	4	1．能理解JSP+JavaBean实现模式的设计思路 2．能编制JavaBean组件类 3．能在页面中使用JavaBean组件类进行数据传递及数据库操纵	1．掌握JSP+JavaBean模式的实现方法及步骤 2．进一步掌握JavaBean组件类的编制方法 3．掌握在页面中使用JavaBean组件类进行数据传递及数据库操纵的方法
		4-5 JSP+JavaBean+Servlet实现模式	4	1．能理解JSP+JavaBean+Servlet实现模式的设计思路 2．能编制Servlet组件类 3．能对Servlet组件进行配置并调用	1．掌握JSP+JavaBean+Servlet模式的实现方法及步骤 2．掌握Servlet组件类的编制方法 3．掌握对Servlet组件进行配置并调用的方法
		4-6 Struts实现模式（一）：分析Struts实现模式的设计思路，编制用于登录组件类并配置	4	1．能理解Struts实现模式的设计思路 2．能编制表单ben组件类及动作action类 3．能对表单ben组件类及动作action类进行配置并调用	1．掌握Struts模式的实现方法及步骤 2．掌握表单ben组件类及动作action类的编制方法 3．掌握对表单ben组件类及动作action类进行配置并调用的方法

续表

编号	项目	主题	学时	能力目标	知识目标
4	网上用户注册系统	4-7 Struts 实现模式（二）：编制用于注册的组件类并配置，发布并测试运行	4	1．能理解 Struts 实现模式的设计思路 2．能编制表单 ben 组件类及动作 action 类 3．能对表单 ben 组件类及动作 action 类进行配置并调用	1．掌握 Struts 模式的实现方法及步骤 2．掌握表单 ben 组件类及动作 action 类的编制方法 3．掌握对表单 ben 组件类及动作 action 类进行配置并调用的方法
5	教师教育教学情况测评系统	5-1 项目分析，准备数据库，创建工程，创建 src 下的包，编制 JavaBean 公共类文件，编制系统首页面文件 index．jsp	4	1．能分析及设计较复杂的项目 2．能分析及设计较复杂的数据库 3．能理解 Struts 实现模式的设计思路	1．掌握较复杂项目的分析及设计方法步骤 2．掌握较复杂项目的数据库分析及设计方法步骤 3．掌握 Struts 实现模式的设计思路
		5-2 系统管理子系统（一）：编制子系统登录处理部分	4	1．能理解 Struts 实现模式的设计思路 2．能编制表单 ben 组件类及动作 action 类、配置并调用 3．能编制较复杂的页面并传递数据	1．掌握 Struts 模式的实现方法及步骤 2．掌握表单 ben 组件类及动作 action 类的编制配置及调用方法 3．掌握较复杂页面中数据传递的方法
		5-3 系统管理子系统（二）：编制教师情况表维护模块的数据列表显示部分	4	1．能理解教师情况表维护模块的设计思路及流程控制 2．能编制对数据库进行较复杂存取的 JavaBean 及动作 action 类、配置并调用 3．能编制较复杂的数据列表显示页面及行选择代码	1．掌握教师情况表维护模块的设计思路 2．会进行较复杂数据存取 JavaBean 及动作 action 类配置与方法调用 3．会编写较复杂的数据列表显示页面与行选择代码
		5-4 系统管理子系统（三）：编制教师情况表维护模块的数据的添加、修改部分	4	1．能理解教师情况表维护添加、修改部分的设计思路； 2．能编制对数据库进行较复杂存取的 JavaBean 及用于编辑的动作 action 类、配置并调用 3．掌握较复杂的数据页面编辑	1．掌握教师情况表维护模块添加、修改部分的设计思路 2．掌握对数据库进行较复杂存取的 JavaBean 及用于编辑的动作 action 类、配置并调用方法 3．会编写较复杂的数据编辑显示页面
		5-5 系统管理子系统（四）：编制教师情况表维护模块的数据的保存、删除部分	4	1．能理解教师情况表保存、删除部分的设计思路 2．能编制对数据库进行较复杂存取的 JavaBean 及用于保存、删除的动作 action 类、配置并调用 3．能编制对教师姓名进行验证的代码	1．掌握教师情况表维护保存、删除部分的设计思路 2．掌握对数据库进行较复杂存取的 JavaBean 及用于保存、删除的动作 action 类、配置并调用方法 3．掌握对教师姓名进行验证的服务器端方法
		5-6 系统管理子系统（五）：编制课程情况表维护模块	4	1．能理解课程情况表维护模块的设计思路及流程控制 2．能编制对数据库进行较复杂存取的 JavaBean 及动作 action 类、配置并调用 3．能编制较复杂的数据列表显示页面及行选择代码	1．掌握教师情况表维护模块的设计思路 2．掌握较复杂数据存取 JavaBean 及动作 action 类、会配置并调用方法 3．会编制较复杂的数据列表显示页面及行选择代码
		5-7 系统管理子系统（六）：编制班级情况表维护模块的数据列表显示部分	4	1．能理解班级情况表维护模块的设计思路及流程控制 2．能编制对数据库进行较复杂存取的 JavaBean 及动作 action 类、配置并调用 3．能编制较复杂的数据列表显示页面及行选择代码	1．掌握班级情况表维护模块的设计思路 2．掌握较复杂的数据存取 JavaBean 及动作 action 类、会配置并调用方法 3．会编制较复杂的数据列表显示页面及行选择代码
		5-8 系统管理子系统（七）：编制班级情况表维护模块的数据的添加、修改部分	4	1．能理解班级情况表维护添加、修改部分的设计思路 2．会编制、配置并调用较复杂数据存取 JavaBean 及用于编辑的动作 action 类 3．能编制复杂的数据编辑页面	1．掌握班级情况表维护模块添加、修改部分的设计思路 2．掌握对数据库进行较复杂存取的 JavaBean 及用于编辑的动作 action 类、配置并调用方法 3．掌握编制复杂的数据编辑显示页面的方法

续表

编号	项目	主题	学时	能力目标	知识目标
5	教师教育教学情况测评系统	5-9 系统管理子系统（八）：编制班级情况表维护模块的数据的保存、删除部分	4	1. 能理解班级情况表保存、删除部分的设计思路 2. 能编制对数据库进行较复杂存取的JavaBean 及用于保存、删除的动作action 类、配置并调用 3. 能编制对班级代码进行验证的代码	1. 掌握班级情况表维护保存、删除部分的设计思路 2. 掌握对数据库进行较复杂存取的JavaBean 及用于保存、删除的动作action 类、配置并调用方法 3. 掌握对班级代码进行验证的服务器端方法
		5-10 系统管理子系统（九）：编制班级科目情况表维护模块的数据列表显示部分	4	1. 理解班级科目情况表维护模块的设计思路及流程控制 2. 能编制对数据库进行较复杂存取的JavaBean 及动作 action 类、配置并调用 3. 能编制较复杂的数据列表显示页面及行选择代码	1. 掌握班级科目情况表维护模块的设计思路 2. 掌握较复杂的数据存取的 JavaBean 及动作 action 类、配置并调用方法 3. 掌握复杂的数据列表显示页面及行选择代码的编制方法。
		5-11 系统管理子系统（十）：编制班级科目情况表维护模块的数据的添加、修改部分	4	1. 理解班级科目情况表维护添加、修改部分的设计思路 2. 能编制对数据库进行较复杂存取的JavaBean 及用于编辑的动作 action 类、配置并调用 3. 能编制较复杂的数据编辑页	1. 掌握班级科目情况表维护模块添加、修改的设计思路 2. 掌握较复杂数据存取的 JavaBean 及编辑的 action 类、配置并调用方法 3. 掌握较复杂的数据编辑显示
		5-12 系统管理子系统（十一）：编制班级情况表维护模块的数据的保存、删除部分	4	1. 能理解班级科目情况表保存、删除部分的设计思路 2. 能编制对数据库进行较复杂存取的JavaBean 及用于保存、删除的动作action 类、配置并调用 3. 能编制对班级科目中复合关键字的处理代码	1. 掌握班级科目情况表维护保存、删除部分的设计思路 2. 掌握对数据库进行较复杂存取的JavaBean 及用于保存、删除的动作action 类、配置并调用方法 3. 掌握对班级科目中复合关键字的处理方法
		5-13 系统管理子系统（十二）：编制用户情况表维护模块的数据列表显示部分	4	1. 能理解用户情况表维护模块的设计思路及流程控制 2. 能编制对数据库进行较复杂存取的 JavaBean 及动作 action 类、配置并调用 3. 能编制较复杂的数据列表显示页面及行选择代码	1. 掌握用户情况表维护模块的设计思路 2. 掌握较复杂的数据存取 JavaBean 及动作 action 类、配置并调用方法 3. 掌握复杂的数据列表显示页面及行选择代码的编制方法
		5-14 系统管理子系统（十三）：编制用户情况表维护模块的数据的添加、修改部分	4	1. 能理解用户情况表维护添加、修改部分的设计思路 2. 能编制对数据库进行较复杂存取的JavaBean 及用于编辑的动作 action 类、配置并调用 3. 能编制较复杂的数据编辑页	1. 掌握用户情况表维护模块添加、修改部分的设计思路 2. 掌握对数据库进行较复杂存取的JavaBean 及用于编辑的动作 action 类、配置并调用方法 3. 掌握复杂的数据编辑显示页
		5-15 系统管理子系统（十四）：编制用户情况表维护模块的数据的保存、删除部分	4	1. 能理解用户情况表保存、删除部分的设计思路 2. 能编制对数据库进行较复杂存取的JavaBean 及用于保存、删除的动作action 类、配置并调用 3. 能编制对用户姓名进行验证的代码	1. 掌握用户情况表维护保存、删除部分的设计思路 2. 掌握对数据库进行较复杂存取的JavaBean 及用于保存、删除的动作action 类、配置并调用方法 3. 掌握对用户姓名进行验证的服务器端方法
		5-16 系统管理子系统（十五）：编制系统初始化模块、子系统测试	4	1. 能理解并区分系统初始化的两种不同设计要求 2. 能编制系统初始化所用的 JavaBean 及用于保存、删除的动作 action 类、配置并调用 3. 能对子系统进行测试	1. 掌握系统初始化的二种不同设计要求 2. 掌握系统初始化所用的 JavaBean 及用于保存、删除的动作 action 类、配置并调用方法 3. 掌握常用的对子系统进行测试的方法

续表

编号	项目	主题	学时	能力目标	知识目标
5	教师教育教学情况测评系统	5-17 学生测评子系统（一）：编制子系统登录处理部分（一）	4	1．能理解学生测评子系统登录部分的设计思路 2．能编制较复杂的对数据库操纵的代码 3．能编制属性文件	1．掌握学生测评子系统登录部分的设计思路 2．掌握较复杂的对数据库的操纵方法 3．掌握属性文件的编制方法
		5-18 学生测评子系统（二）：编制子系统登录处理部分（二）	4	1．能理解学生测评子系统登录部分的设计思路 2．能编制流程复杂的动作 action 类文件 3．能编制主页面框架文件	1．掌握学生测评子系统登录部分的设计思路 2．掌握流程复杂的动作 action 类编制方法 3．掌握框架页面编制方法
		5-19 学生测评子系统（三）：编制测评班主任部分（一）	4	1．能理解学生测评子系统中测评班主任部分的设计思路 2．能编制测评前的预处理的动作类文件 3．掌握编制用于测评的复杂页面的方法	1．掌握学生测评子系统中测评班主任部分的设计思路 2．掌握预处理的动作类文件的编制方法 3．掌握用于测评的复杂页面的编制方法
		5-20 学生测评子系统（四）：编制测评班主任部分（二）	4	1．能理解学生测评子系统中测评班主任部分的设计思路 2．能编制保存班主任测评数据的数据库操作方法 3．能编制较复杂的表单 bean 类文件	1．掌握学生测评子系统中测评班主任部分的设计思路 2．掌握较多复杂的数据库操作方法的编制方法 3．掌握较复杂的表单 bean 类文件的编制方法
		5-21 学生测评子系统（五）：编制测评班主任部分（三）	4	1．能理解学生测评子系统中测评班主任部分的设计思路 2．能编制保存班主任测评数据的动作类文件 3．能发布与运行测试模块	1．掌握学生测评子系统中测评班主任部分的设计思路 2．掌握保存班主任测评数据的动作类文件的编制方法 3．掌握较复杂的配置方法
		5-22 学生测评子系统（六）：编制测评任课教师部分（一）	4	1．理解学生测评子系统中测评任课教师部分的设计思路 2．能编制测评前的预处理的动作类文件 3．能编制测评的复杂页面	1．掌握学生测评子系统中测评任课教师部分的设计思路 2．掌握预处理的动作类文件的编制方法 3．掌握测评复杂页面的方法
		5-23 学生测评子系统（七）：编制测评任课教师部分（二）	4	1．理解学生测评子系统中测评任课教师部分的设计思路 2．能编制保存任课教师测评数据的数据库操作方法 3．能编制较复杂的表单 bean 类文件	1．掌握学生测评子系统中测评任课教师部分的设计思路 2．掌握较多复杂的数据库操作方法的编制方法 3．掌握较复杂的表单 bean 类文件的编制方法
		5-24 学生测评子系统（八）：编制测评任课教师部分（三）	4	1．理解学生测评子系统中测评任课教师部分的设计思路 2．能编制保存任课教师测评数据的动作类文件 3．能发布、运行测试模块	1．掌握学生测评子系统中测评任课教师部分的设计思路 2．掌握保存任课教师测评数据的动作类文件的编制方法 3．掌握较复杂的配置方法
		5-25 数据查询子系统（一）：编制子系统登录处理部分	4	1．能理解 Struts 实现模式的设计思路 2．能编制表单 ben 类及动作 action 类、配置并调用 3．能编制复杂页面的数据传递方法	1．掌握 Struts 实现方法 2．掌握表单 ben 组件类及动作 action 类的编制配置及调用方法 3．掌握复杂页面数据传递方法

续表

编号	项目	主题	学时	能力目标	知识目标
5	教师教育教学情况测评系统	5-26 数据查询子系统（二）：编制查询班主任教育情况测评汇总表模块	4	1. 能理解 Struts 实现模式中数据查询的基本设计思路 2. 能编制数据查询操作方法、表单 ben 组件类及动作 action 类、配置并调用 3. 能编制较复杂的查询页面并传递数据方法	1. 掌握 Struts 模式中数据查询的基本实现方法及步骤 2. 掌握数据查询操作方法、表单 ben 组件类及动作 action 类实现及配置 3. 掌握较复杂的查询页面的编制方法
		5-27 数据查询子系统（三）：编制按系部查询班主任教育情况测评汇总表模块	4	1. 能理解 Struts 实现模式中数据查询的基本设计思路 2. 能编制数据查询操作方法、表单 ben 组件类及动作 action 类、配置并调用 3. 能编制较复杂的查询页面并传递数据方法	1. 掌握 Struts 模式中数据查询的基本实现方法及步骤 2. 掌握数据查询操作方法、表单 ben 组件类及动作 action 类实现及配置 3. 掌握较复杂的查询页面的编制方法
		5-28 数据查询子系统（四）：编制按班级查询任课教师测评情况表模块	4	1. 能理解 Struts 实现模式中数据查询的基本设计思路 2. 能编制数据查询操作方法、表单 ben 组件类及动作 action 类、配置并调用 3. 能编制较复杂的查询页面并传递数据方法	1. 掌握 Struts 模式中数据查询的基本实现方法及步骤 2. 掌握数据查询操作方法、表单 ben 类及动作 action 类实现及配置方法 3. 掌握较复杂的查询页面的编制方法
		5-29 数据查询子系统（五）：编制按课程查询任课教师测评情况表模块	4	1. 能理解 Struts 实现模式中数据查询的基本设计思路 2. 能编制数据查询操作方法、表单 ben 组件类及动作 action 类、配置并调用 3. 能编制较复杂的查询页面并传递数据方法	1. 掌握 Struts 模式中数据查询的基本实现方法及步骤 2. 掌握数据查询操作方法、表单 ben 组件类及动作 action 类实现及配置 3. 掌握较复杂的查询页面的编制方法
		5-30 数据查询子系统（六）：编制按班级查询意见建议和评价模块	4	1. 能理解 Struts 实现模式中数据查询的基本设计思路 2. 能编制数据查询方法、表单 ben 组件类及动作 action 类、配置并调用 3. 能编制复杂查询数据传递方法	1. 掌握 Struts 模式中数据查询的基本实现方法及步骤 2. 掌握数据查询方法、表单 ben 组件类及动作 action 类实现及配置方法 3. 掌握复杂查询的编制方法
		5-31 数据查询子系统（七）：全面测试并发布部署测评系统	4	1. 能测试数据查询子系统 2. 能在 Tomcat 上部署应用	1. 掌握常用子系统测试方法 2. 掌握在 Tomcat 服务器上部署应用的方法与步骤

五、第一节课梗概

（1）初步了解情况：与学生及班主任老师进行沟通，了解学生已学过的计算机程序设计语言课程及学习的基础，介绍专业课程的学习方法。

（2）展示一些项目，明确本课程学习目标：将一些本课程将要做的项目展示给学生看，并告知学生本课程的总体安排、教材的处理、上课的方式和要求，明确教学目标，并强调掌握本课程中相应技能的重要性。

（3）明确本课程考核方式：小组模拟项目组、采用项目化方式考核。

（4）进入正题：本次课要开始做的项目是“用户登录程序”，这是一个利用 Java 开发数据库桌面程序的引导项目，主要实现用户的登录处理。教师先根据项目的要求进行分析与设计，设计并创建数据库及表，明确模块的具体实现方法，所采用的技术，并示范操作进行编制，学生模仿，完成模块基本界面的编制。

六、考核方案

考核评价方式：

（1）采用过程性评价与期末考核相结合，不进行期中考试。

（2）过程性评价占 60%：包括平时（作业、提问、纪律）20%，项目综合练习及实训 40%。纪律是指出勤与课堂表现，作业是平时项目练习电子作业；项目综合练习 40%，是指平时项目练习及考核；过程性评价中作业、练习成绩采集点不少于 5 次。

（3）期末综合考核占 40%：期末考核包括基本理论考核和操作技能的考核。

（4）学期课程成绩的评定：根据每个学生的学期期末综合考核 40%和过程性评价成绩 60%进行综合评定，计算出每个学生本门课程的最终成绩。

附：过程考核评分表

项目开发评分表（小组用）

班级：　　　　　　　　　　　　　　学生姓名：

项目		评价内容	得分	小计	权重	总评
过程性评价	项目 1	教师评价（30%）			10%	
		作品质量（30%）				
		小组评价 自我评价（20%）				
		专业交流（20%）				
	项目 2	教师评价（30%）			30%	
		作品质量（30%）				
		小组评价 自我评价（20%）				
		专业交流（20%）				
	项目 3	教师评价（30%）			10%	
		作品质量（30%）				
		小组评价 自我评价（20%）				
		专业交流（20%）				
	项目 4	教师评价（30%）			15%	
		作品质量（30%）				
		小组评价 自我评价（20%）				
		专业交流（20%）				
	项目 5	教师评价（30%）			35%	
		作品质量（30%）				
		小组评价 自我评价（20%）				
		专业交流（20%）				

教师综合评价表（教师用）

项目名称：　　　　　　　　组名：　　　　　　　　学生姓名：

评价项目		评分标准			
		优	良	中	差
教师评价（%）	1．积极参与讨论、交流等学习活动表现（15）				
	2．工作中团队合作精神表现（15）				
	3．完成项目，主动请教表现（15）				
	4．清晰地表达自己观点的能力（15）				
	5．开拓创新的能力（10）				
	6．专业英语能力（10）				
	7．自我总结、不断完善的能力（10）				
	8．每一项任务是否及时、认真完成（10）				
	本项小计				
作品质量评分（%）	1．系统能正常运行，无语法错误（30）				
	2．能实现基本功能，无明显逻辑错误（20）				
	3．界面设计美观、友好（20）				
	4．数据库设计正确（20）				
	5．代码撰写符合规范，编程风格良好（10）				
	本项小计				
专业交流记录及评分（%）					
总　评					
改进意见					

评价教师签名：　　　　　　　　日期：　　　　　　　　学生签名：

学生互评与自评表（学生用）

项目名称：　　　　　　　　组名：

评价项目（%）	全组名单（含本人）				
1．学习态度是否主动，是否能及时完成教师布置的各项任务（15）					
2．自我学习能力（10）					
3．作品完成质量（15）					
4．积极参与各种讨论及交流，并能清晰地表达自己的观点（15）					
5．良好的团队合作及助人精神（10）					
6．完全领会学习内容并迅速掌握技能（15）					
7．是否有拓展创新的能力（10）					
8．专业英语能力（10）					
得分合计					

课堂汇报评分表（教师、学生互评用）

汇报内容　　　　　　　　　　　　组名　　　　　　　　　　汇报人

要求	语言精练	条理清晰	内容有见地	表述自然流畅	回答问题正确	展示效果好	语言专业	总评
分值	10	10	20	10	10	20	20	
得分								

七、教材

采用自编的基于工作过程的项目式教材。

八、教学参考书

《JSP程序设计》，朱涛江，张文静等译，人民邮电出版社

《JSP高级程序设计》朱涛江，张文静等译，人民邮电出版社

《精通Eclipse开发应用》，王林玮，沙明峰著，清华大学出版社

九、教学环境与条件

配备Java开发环境及其相关软件的专业多媒体(配置投影仪的网络集中控制教室)实验室。

十、其他问题

本课程采用了项目化教学手段，将每节课所授的主要操作方法在项目任务书中都有详细步骤，可作为参考，便于学生巩固。

每次课后，根据学生掌握情况，提出进一步的设计要求，让学生课后思考完成。这些实践不在课堂上讲授，发给学生，让学生自学完成。

小组合作可以锻炼学生团队合作意识。

7.1.5　编写教案

1. 编写教案的原则与方法

教案是教师把备课内容用书面固定下来的一种形式。它既是备课成果的提炼和升华，又是备课的继续和深入。编写教案是教好课的重要保证，是教师施教的蓝本。它反映着一个教师的教学思想、知识水平、课堂艺术，是检查教学工作的重要依据，同时也是积累教学经验的主要方式，所以教师在授课之前要认真编写教案。教案的形式不拘一格，内容详略不一，一般来说，教案要包括传统的教案内容，如下列内容：授课班级、教学课题、教学目标、教材分析、课的类型、教学用具、教学法、课时分配、参考资料、教学过程、作业及教学后记（教学反思或课后分析）。其中教学课题、教学目标、教学过程是最基本的。教学课题通常指教学内容的凝缩，如第1章、第2节以及相应的标题等；教学目的要根据教学大纲的具体要求，从学生掌握知识、能力培养和品格形成等方面来考虑；教材分析部分通常将教学重点、难点和关键写上；教学用具要写清楚教具的名称、规格和件数。教学过程反映主要教学内容、教材的组织安排（段落和逻辑关系）以及主要教学法（有的还写上大致时间安排）。教学过程这一栏内容要具体，写好要举的具体事例数据，以免课上临时想，出现举例不当、数据不合理等情况。教学过程结束前通常要进行教学小结，教学小结通常是对课堂教学的内容进行总结，让学生更加有条理地掌握课堂所学的内容。小结时应当提纲挈领，抓住重点。教学小结之后是布置作业。此外，板书的设计也是编写教案时必须考虑的部分，特别是对于新教师和实习教师而言，为了加强课堂教学的

计划性，更好地发挥板书在教学过程中的作用，最好能在教案上附有板书设计。

教案写好后，还有一些准备工作要做，如演示实验的反复试做，以及默讲和试讲（新教师要重视这一环节，实习教师尤其要重视）。另外，教案的最后还可加上备注一栏，本栏可作为后记，写出教学执行情况、学生的反映、经验教训以及改进设想等。

教师认真编写教案，可以促使自己更充分地准备，教课更有计划，还可以积累资料，因此要持之以恒。优秀教师的教学经验，正是靠一堂课一堂课的实践，日积月累地提炼出来的。编写教案的形式一般有文字方式、表格形式、卡片形式等。教师在编写教案时还可以将不同的形式加以组合，以形成综合教案。

2. 教案范例

Visual Basic 的多重选择语句课时教案

一、教学内容分析

本节课的内容选自人民邮电出版社 2009 年《Visual Basic 程序设计基础（第 2 版）》（杜秋华，教育部职业教育与成人教育司推荐教材）的第 3 章——结构化程序设计，该教材详细地介绍使用 Visual Basic 6.0 进行可视化编程的基础知识和操作方法，重点帮助读者建立可视化编程的思想，使读者具备使用可视化编程语言进行程序设计的能力。该书使用案例教学的模式进行编写，知识点由浅入深、循序渐进，力求通俗易懂、简洁实用，适合作为中等职业学校“可视化编程应用”课程的教材。

本课结合当前中学生所关注的“超级女声”等生活实例出发，引出制作“明星档案”问题，引导学生将事先从网上获取并分类整理的信息，利用 Visual Basic 中多重选择语句的算法结构，巧妙地加以运用——既达到利用计算机解决问题的初衷，同时又在自然而然的知识渗透中培养学生良好的职业能力。

多重选择语句是在选择语句教学完成之后，接下来要完成的一个教学难点。此处的“教学内容分析”只是描述了上述的教学情况，并没有就“多重选择语句”这一知识点本身进行深入的思考与剖析。接下来的描述应属于“教学策略”范畴，也就是作者设计本节课的整体思路。从描述上来看，作者是想以“超级女声”来引入，紧抓“明量档案”这一主线来贯穿整个教学。考虑到“超级女声”这一节目的火爆，以及“明星”对学生的超级影响力，相信会调动起学生极大的学习热情。“好的开始是成功的一半”，选用学生喜爱的内容，同时采用完整的包含教学内容的实例进行教学是不错的方法。

二、教学目标

1. 知识目标

（1）VB 语言条件语句的应用；

（2）多重选择语句的基本格式；

（3）让学生了解分析问题、设计算法、编程等用计算机解决问题的基本过程。

2. 技能目标

（1）培养学生合理的利用信息，并能用计算机分析、解决相关问题的能力；

（2）培养学生合作、讨论、交流和自主学习的能力。

3. 情感目标

通过设计“明星档案”这个富有生动情节的实例，让学生体验用计算机解决问题（处理信息）的基本过程。

【知识目标中的第 3 点似乎有些问题。学生对“用计算机解决问题的基本过程”的了解与体验早在必修部分就应该已经完成了，再说还有选修后的开篇以及顺序、选择结构的教学，都会反复强化学生对这一过程的应用。因此，此处的“了解”改为“训练”或“强化”应该会更科学，更符合实际情况。此外技能目标写得有些“空”，如能紧扣“多重选择语句”会更好。情感目标中的“体验”同样应改为“强化”。】

三、重点难点

1. 教学重点

（1）从问题出发，设计相应的算法；

（2）要求学生了解和掌握 VB 语言选择结构及多重选择语句的使用。

2. 教学难点

（1）引导学生如何将自己获取的信息有效地加以应用。

（2）算法的实现。

（3）Listindex、Loadpicture 等函数及 Picture 等属性，学生理解、会用即可。

【此处的“重、难点分析”，只看到了对重、难点的描述，遗憾的是没看到“分析”，也就是重、难点的确立依据，也没看到突破重点、难点的方法。】

四、教学法

采用讲解、任务驱动和学生自主学习相结合的方法。

五、教学策略

（1）课题的引入上要放得开，还要收得拢（即指信息的获取、分析与整理），此工作放在课余时间提前完成。

（2）算法的设计上，要通过自然语言与程序设计语言的比对，加深学生对选择结构的认识。

（3）基于两种情况的判断与选择，和多种情况的判断与选择，通过相应的实例来强化学生的认知结构。

（4）通过获取信息、处理和运用信息，让学生亲历计算机解决问题的全过程。

（5）在课堂上展示和交流小组的成果方案，填写《活动评价表》。

【作者的“教学策略”写得很详细，能完整地表达设计这一案例的理念，比如第（1）点。也包括了作者突破教学重点、难点方法，比如（2）、（3）、（5）点。】

六、教学过程

（一）问题呈现

（情景导入）每位同学都有自己喜欢或欣赏的明星，课余时间要求同学们从网上获取了自己所喜爱的明星照片及相关资料，并加以归类整理。今天我们用所学 VB 编程知识，能否将自己事先整理并归类好的信息“为我所用”呢?

【在引入部分并没有提及“超级女声”，可能是在上节课快结束时已讲过了，并发动学生回去收集信息。但还是有点意外。】

1. 信息获取（此工作事先已准备就绪）

由小组分工合作，从网上搜集和整理有关自己喜爱当红明星的相关资料，并加以分类整理。

2. 信息加工与整理

全班同学每 4 人为一组，就以下问题进行交流：

（1）网上有关明星们的资料介绍有哪些内容？

（2）我们怎样为明星们规划和设计一个拥有良好图形界面的小程序？

（3）如何设计相关驱动事件？

（4）如何分析算法？

（5）如何编写相应事件的程序代码？

【此处的“信息的加工与整理”按照“教学策略”中的说法，应该是在课外完成的。如果这样是比较合理的，放在课堂上来讨论太浪费时间了，几乎无法实现。】

3. 任务分析

经同学们分析、交流，创建“明星档案”程序界面：用 Label 来显示输出信息，Listbox 显示明星姓名列表，Image 显示明星照片，Textbox 显示明星档案信息；Commandbutton 制作“确定”、“退出”等命令按钮。

用户选择列表框中明星姓名后，单击“确定”按钮，则图像框中显示该明星照片，文本框中显示该明星相关信息。

【“任务分析”部分应该是学生在问题进行讨论分析后总结出的结论，结论的表现形式作者并没有交代清楚，应该是以“学生代表汇报”的方式来进行，效果会比较好。】

（二）用计算机解决问题

1. 算法设计

经以上分析，可设计如下求解问题的基本步骤：

（1）创建图形用户界面，用于显示信息并输出信息。

（2）为“确定”按钮编写相应事件驱动程序，其一在图像框中显示图片；其二在文本框中显示信息。

（3）为“退出”按钮编写“退出”系统的驱动程序。

【在“任务分析”的结论基础上完成“算法的设计”。这一步不知是由学生独立完成、分组完成还是在教师的引导下完成，作者并没有交代清楚。建议在教师的引导下完成，或直接由教师总结讲解，效率较高。】

2. 编写程序

（1）创建图形用户界面；

（2）设置对象的属性；

窗体中控件的主要属性值设置见窗体属性说明表。

窗体属性说明表

对象名	属性名	属性值
Label1	Caption	请选择您所喜爱的明星姓名
Label2	Caption	明星档案
List1	List	李宇春 周杰伦 张靓颖
Image1	Stretch	True
Text1	Text Multiline	（清空） True
Command1	Caption	确定
Command2	Caption	退出

3. 用自然语言描述算法

```
如果 （条件一） 列表框中被选择的是第一项　那么
(语句组一)  图像=李宇春图片
           文本框=李宇春信息
如果 （条件二） 列表框中被选择的是第二项　那么
(语句组二) 图像=周杰伦图片
文本框=周杰伦信息
如果  （条件三）列表框中被选择的是第三项　那么
(语句组三) 图像=张靓颖图片
文本框=张靓颖信息
……
```

4. 编写程序

利用学生已掌握的条件语句来编程解决问题（此活动由学生操作完成）。

```
Private Sub Command2_Click ( )
  If  List1.listindex=0   then                    '如果选择列表框中的第一项
  Image1.picture=Loadpicture("………李宇春.jpg")      '显示李宇春图片
  Text1.text=" 姓名：李宇春，血型：A 型，星座：双鱼座…"      '显示李宇春信息
End if
If List1.listindex=1   then                     '如果选择列表框中的第二项
  Image1.picture=Loadpicture("………周杰伦.jpg")          '显示周杰伦图片
  Text1.text="姓名：周杰伦，出生年月：1979.01.18 … "        '显示周杰伦信息
End if
If  List1.listindex=2   then                       '如果选择列表框中的第三项
  Image1.picture=Loadpicture("………张靓颖.jpg")      '显示张靓颖图片
  Text1.text="姓名：张靓颖，出生年月：1984 年 10 月 11 日… "  '显示张靓颖信息
End if
  ……
End Sub
```

【界面设计以及控件列表应以学习资料的形式呈现，这样做的好处是可以提高课堂效率，使学生的精力集中在程序编写上。如果时间充足，界面设计部分可以让学生自由发挥一下，充分调动学生的创新精神。这个过程显然需要学生较长时间的努力，考虑到是为自己喜爱的“明星”创建档案，学生不会走神。】

教师引导：当“姓名列表框”中出现的人名较多时，就要用多个 If 语句来处理这多种情况，此时程序无论在可读性还是机器的执行效率方面均比较差。如果再多一些情况，它的缺陷就会暴露得更加明显，如何处理此类问题呢？

VB 设置了一个处理多种情况的语句，称为多重选择语句，其基本格式为：

```
Select  Case  表达式
Case 表达式列表 1
语句组 1
Case 表达式列表 2
     语句组 2
……
Case Else
     语句组 N+1
End Select
```

由此可得运用多重选择语句编写上述问题的程序如下：

```
Private Sub Command2_Click ( )
Select Case list1.listindex
  Case 0
    Image1.picture=Loadpicture("………李宇春.jpg")
  Text1.text=" 姓名：李宇春，血型：A型，星座：双鱼座…"
  Case 1
    Image1.picture=Loadpicture("………周杰伦.jpg")
 Text1.text="姓名：周杰伦，出生年月：1979.01.18 … "
  Case 2
Image1.picture=Loadpicture("………张靓颖.jpg")
Text1.text="姓名：张靓颖，出生年月：1984年10月11日… "
  ……
End Select
```

【考虑到上述方法的烦琐以及效率问题，适时引入CASE语句，为学生提供新的解决方案，学生会很乐意学习，并接受较快，从而提高教学效果。】

5. 程序运行和调试

按F5键或单击工具栏上的“运行”按钮运行程序，预览运行结果。

调试运行程序，获得成就感，积累调试程序的经验，但要注意控制好时间。

6. 总结

学生总结分析选择结构的语句特点。交流学生作品，加以评价、分析。

7. 课后活动

探究1：为程序界面添加“性别”选择按钮，添加选择语句，并再次调试运行程序。

探究2：参照课本实例，完成“制作矩形框问题”的程序设计。

（三）填写评价量表（量规）

活动评价表

职业能力		评价等级		
		好	较好	不足
技术问题	程序界面设计是否美观、控件使用是否正确？			
	程序本身是否具有良好的结构，逻辑是否清楚？			
	选择语句的使用是否清晰、明了？			
	运行结果是否正确，精度及其他方面是否满足要求？			
人际互动	由所属小组合作完成还是独立完成？			
问题解决	学生对问题是否明确？能否清晰地对问题加以分析？			
	能确定着手解决问题的方案吗？			
情感态度与价值观	本次学习任务中，你对信息意识认识如何？			
	对自己的作品满意吗？			
	能否具备对其他学习内容的拓展能力？			
	认为自己身心受益了吗？			

（四）教学反思

由于在教学中以学生为中心，以学生喜欢的图形化方式激发其愉悦感，故先讲解有关基础知识，为本节课能进行可视化编程做了良好的铺垫。

（1）事例导入，结合本地区教学实践，大胆抛开教材中的与数学学科相关的教学实例，引入当前学生较为关注的当红明星及“超级女声”素材，充分调动起学生的学习积极性。在这种良好态势下，课前引导学生从网上搜集、整理信息，紧紧围绕利用所获取的信息“为我所用”，由此引出制作“明星档案”这一程序设计思路。

（2）可视化的程序使学生亲历“所见即所得”的用户界面，对程序设计已经产生一定兴趣，如何根据算法来编写程序，已经成为他们迫切需要解决的问题。人机交互的友好图形用户界面，能使学生在品味喜悦的同时，从感官上丰富和激发其进行程序设计的学习兴趣。

（3）程序界面的合理布局使学生较容易用自然语言来描述算法，选择结构的学习自然是易如反掌。

（4）本次教学活动旨在引导学生掌握多重选择结构语句，由于选取的事例是当代学生非常感兴趣的，从而印证了这样一个事实：教学中选取好素材，就等于成功了一半。由学生已掌握的If语句入手，到顺理成章引入Select Case语句的使用，一气呵成。通过If 语句和Select Case两种条件语句的比较，进一步使学生明确运用条件语句的关键是条件的表示，如果能正确地表达条件，就可以简化程序，在多重选择的情况下，使用Select Case语句，可使程序更直观、更准确地描述出分支的走向。

（5）本课贯穿始终的一条主线是：使学生经历获取并收集信息、筛选整理信息，最终如何将信息“为我所用”，从中自然而然渗透利用计算机解决问题的思想，使学生水到渠成地经历分析问题、确定算法、编程求解等用计算机解决问题的基本过程，全面、综合地体现了信息问题解决的过程及其对学生职业能力的培养。

七、教案分析与点评

【作者的课前准备很用心，也很充分。这一点从评价表的设计上可见一斑。在教师的教学设计中，经常看到“学生自评、互评”的教学设计，但在教学过程中进行描述时，往往只能看到只言片语，让人怀疑学生的自评、互评是否真正实施过。本案例的第⑥点也只用一句话匆匆带过，描述不充分，但随后的“活动评价表”弥补了前面过于简单的描述，让人相信这一教学过程是切实可行的。再来仔细观察这份评价表：根据内容来看应该是学生自评表。谈到学生自评，学生往往会对其“信度”提出质疑。古语有云：疑人不用，用人不疑。让学生自评，就要给予学生充分的信任，当学生获得了这份信任，他才会用真实有效的信息反馈给你。当然也不免会有一些不真实的信息，但从信息的整体性上来说还是有分析价值的。而自评活动本身也是对学生诚信培养的一种方式。这样的教学评价活动值得在教学中提倡，但要注意控制好时间，也要注意将回收的信息及时地进行统计分析，并将结果反馈给学生。】

本案例语言流畅，过程清晰，教学资源展示清楚。教学法运用得当，教学策略描述详细，设计合理，覆盖了程序设计中“多重选择语句”的知识点，适合于在选择结构的If语句教学完成后来使用。

本案例能使用学生十分感兴趣的实例进行课堂导入，调动学生的学习积极性。在运用VB面向对象程序设计语言解决实例的过程中，掌握面向对象程序设计语言的基本思想与方法，熟悉对象、属性、事件、事件驱动等概念并学会运用。恰当地使用多重选择语句编写源程序，调试并运行该程序，在过程中体验多重选择语句的逻辑特点。

本案例的特色在于：

（1）抛开教材上现有的教学实例，通过对学生兴趣与教学内容的分析，以及对现实生活的关注，设计出学生感兴趣的实例——“明星档案设计”来进行教学，使学生在整个学习过程中保持了高涨的学习热情和学习动机，从而保证了教学目标的实现。

（2）将一个实例贯穿于整个教学过程之中，将知识点分布在实例的各个环节，严格按照分析问题→设计算法→算法描述→编程实现的计算机解决问题的基本过程来进行，在学生掌握了知识点的同时，使学生在用计算机解决问题的方法上得到规范的训练。

（3）关注学生的自我评价，精心设计学生自我评价表，获得教学效果分析的第一手资料，锻炼了学生自我评价的能力，培养了学生诚信的品质，并能在教学后进行很好的反思。

建议本案例在教学目标的描述上要多花时间，能再细致些。同时，加强教学重、难点确立依据的分析。在教学过程中，描述清楚教师与学生的活动，比如用表格的形式，提供学生自评后的统计分析数据，为案例实施的实际效果提供支撑。

7.2 教学过程

正确认识教学过程对于改进教学效果、提高教学质量有着十分重要的意义。下面分别从教学过程的概念、结构、作用、实施和优化来认识。

1. 教学过程的概念

教学过程是学生在教师有目的、有计划的指导下，积极、主动地掌握系统的科学文化基础知识，发展能力，增强体质，并形成一定思想品德的过程。

教学过程包括认识和实践两个方面，是一个认识与实践统一的过程，唯理论和唯实用都是片面的。一方面，教学过程是学生在教师指导下认识世界的过程，是接受前人积累的知识经验的过程。在这一活动过程中，教师根据一定的教育目的、任务，引导学生掌握系统的科学文化知识和技能、技巧，使学生由不知到知、由知之不多到知之较多，从而发展学生认识世界的能力。另一方面，教学过程是学生在教师指导下，积极主动地掌握知识、发展智能、树立一定的世界观、促进自身社会化的实践活动。在这个过程中学生只有通过必要的实践活动才能完成一定的学习任务。

中等职业学校软件类课程的教学过程是一种特殊的实践与认识相统一过程，也是一个促进学生身心发展和提高学生智力与能力的过程。在教学过程中，教师有目的、有计划地引导学生能动地进行认识活动，使学生在认识的基础上，通过实践自觉地调节自己的志趣和情感，循序渐进地掌握软件技术学科的基础知识和操作的基本技能，同时促进学生的思想品德发展，为学生树立科学的世界观奠定基础。

2. 教学过程的结构

教学过程是先制订教学目标，根据教学目标确定教学内容，再根据教学内容来确定教学法和教学组织形式，最后产生和检查教学效果的过程。这个实施过程称为教学过程的结构，可表示为：

教学目标→教学内容→教学法→教学组织形式→教学效果

这个结构对中等职业学校软件类课程教学的实施过程具有普遍意义，一个学期或一堂课的教学过程都是这个结构。只不过学期教学过程侧重于教学目标和教学内容，而课堂教学过程要求教师对于这 5 个方面都必须仔细周密地考虑。

3. 教学过程的作用

教学过程是在教学目的的规范下、由教师的教与学生的学共同组成的一种特殊的认识与实践相统一的活动过程。它的作用在于促进学生身心诸方面的和谐发展。具体地说，教学过程有 4 个方面的作用：传授知识、形成技能、形成职业能力和发展个性。这 4 个方面是相互联系、相互重叠和渗透的。

1）传授知识

传授知识是形成技能、培养智力和发展个性的前提，是教学过程的最基本的功能。而技能的形成、智力和个性的发展反过来又促进知识的增长。而且技能的形成、智力和个性的发展又和知识的传授相互交织，互为因果。

在教学中，教师主要通过教材向学生传授系统知识和间接经验。在讲解教材时，应在学生感知的基础上，引导学生从感性认识逐步进入理性认识。注意运用各种教学法使得学生积极参与，开动脑筋，深入理解、巩固和运用知识内容，并掌握知识内容。

2）形成技能

技能和知识是相互依存的，因此技能形成的过程和知识传授的过程是统一的。技能是通过长期反复练习而形成的。在形成熟练的技能后，可以大大简化学生获取知识和运用知识的过程。在技能的形成阶段，教师要遵循循序渐进的原则，不能急于求成。在技能训练中，教师要配合示范动作，对每一个动作力求讲清要领、方法和顺序，使得学生能心中有数地去模仿和练习。每次练习后，教师应及时分析评价，让学生及时了解结果，纠正错误。教师应适当安排每次练习的时间和次数，在练习前提出明确的目的和要求，以利于学生激发学习的动机，并能自己检查和评价自己的练习结果。

3）形成职业能力

学生的职业能力不是教师教出来的，而是通过训练得来的，或者说是通过整体性学习来培养的。既然如此，那么教师的作用到底体现在何处呢？汉森指出，“从经验中学习”就是不仅要让学生知道知识本身，更要让他们去体验、感受和理解知识，而教师的工作就是在知识与学生的内在思维之间建立联系。可见，借用生动的教学辅助手段和在课堂上讲更多的案例并不能从根本意义上突破传统的学科体系，教师只有通过设计包含“完整的职业行动”这一能力载体的教学活动，这种涉及了“经验”的不同方面知识的教学才能激发学生一些意识形态上的认识，才能使教学真正拥有灵魂。

随着“行动导向”教育理念的普及与“学习领域”课程方案推广，行动导向教学方法在职业教育改革中的基础地位也随之确立。常见的行动导向教学法包括引导文法、小组学习、角色扮演、案例分析和项目作业等，这些教学方法的实施都基于一个包括信息搜集、制定计划、做出决策、具体实施、成品检查和综合评价 6 个步骤的行动模型，从本质上讲都致力于创造“从经验中学习”的环境，即让学生通过参与某种“过程”来获得“经验”，以达到激发内在求知欲和促进深层次理解的目的。

4）发展个性

传授知识、形成技能和职业能力是发展个性的重要方面。但学生个性的发展还取决于学生的思想、品德、价值观、情感、动机、态度和意志的培养。教学过程对这几方面也有着积极的影响。

要想在教学过程中培养学生的思想、品德、价值观，教师必须注意传授相关的知识和观念，如职业道德，爱国主义道德观等；还应引导学生运用已有的知识经验和技能进行思考和评价，以形成自己的理想、信念和道德观，进而外化为学生的情感、动机、态度、意志和言行。另外，教师还应注意激发学生的学习动机和学习兴趣，培养学生坚韧不拔的意志。

4. 教学过程的实施

教学过程是通过课堂教学来实施的。教师在上课前，事先制订课堂教学的课时计划，然后进行课堂教学。在课堂教学过程中一般经过以下 4 个阶段。

1）创设情境，引入新课

创设情境是指创设与当前学习主题相关的、尽可能真实的学习情境，引导学生带着真实的任务进入学习状态，使学习直观化和形象化。通过创设生动、直观、形象的情境，来引入新课，可以有效地激发学生的联想，唤起学生原有认知结构中的有关知识、经验及表象，从而使学生利用有关知识及经验去内化所学的新知识，发展能力。引入新课，也可以提出新课所要解决的问题，或者是让学生获得感性认识，以便理解新知识。

2）引导学生理解知识

引导学生理解知识即引导学生由感性认识上升为理性认识。所谓的理解，就是揭示事物之间的内在联系，把新概念纳入头脑中的已知概念系统。学习科学知识，如果没有理解，单靠死记硬背往往学不好，记不牢。

3）引导和组织学生进行实践

在理解的同时应适当进行实践以利于掌握。可以布置书面练习和上机操作。软件技术课的大部分内容要通过有目的、有计划的上机操作，才能更好地理解和掌握。

4）检查和巩固知识

检查和巩固是教学过程继续前进的要求。通过检查了解学生的学习情况，可以改进教学法，避免教学的盲目性。因此教学中应包括检查和巩固知识的工作，可以是即时检查和巩固，也可以是阶段性检查和巩固，还可以是系统性检查和巩固。例如，软件技术课可通过检查和评价学生的作品，巩固新学知识，提高教学效果。

在教学中，不是每一节课都要按以上 4 个阶段依次进行，应视具体教学内容和学生情况来确定。教师在教学中应注意使用现代化教学手段（多媒体技术、网络技术等）进行教学，提高教学效率。由于软件技术课本身就在传播现代化教学手段和方法，所以更应该率先应用现代化教学手段和方法，促进教学改革。

5. 教学过程的优化

最优化方法主要是用来研究数学规划和最优控制问题的求解方法。最先将这种“最优化”引入教学过程中的是苏联教育理论家巴班斯基。他认为“教学过程最优化就是选择可能适应教学过程具体情况的最佳方案”。关于“最优化”的标准，巴班斯基解释为：“最优化标准是一种标志，根据这一标志来比较评价几种可能的解决方案，并从中选择最好的一种”。掌握最优化的标准有助于教师在选择最好的方案时有所依据。这个最佳方案就是在各种具体条件下，把影响教学过程的各种因素最好地结合起来的方案。“最优化”是相对于一定条件而言的，没有也不可能有什么一成不变的标准。教学过程最优化的一般标准是：教师通过对教学系统的分析和综合，通过对最优化教学方案的选择和安排，争取在现有条件下，以较少的时间和精力，取得尽可能好的教学效果。

教学过程最优化是一个完整的过程，这个过程的基本环节有 4 个。

1）教学目标最优化

教学目标对教学活动的设计起着主导作用，它影响着教学活动的每一个环节，贯穿于教学活动的全过程，并为教学评价提供论据。教学目标最优化的要求如下：

（1）目标正确、适用，不脱离具体的教学对象和教学条件，具有可行性和适用性。

（2）目标明确、具体，使目标具有可见性和可测量性，便于实施，便于测量。

2）教学策略最优化

教学策略是为实现特定教学目标而制订的总体实施方案。教学策略最优化包括：正确选择教学媒体和多媒体优化组合；教学过程结构合理、有序；优化教学法；反馈和调控最优化等。

3）教学控制最优化

目标是控制的依据，是控制的出发和归宿。正确、具体、可测的教学目标便于对教学实行有效控制。因此，教学控制最优化首先以教学目标作为控制依据，指导教学；其次是根据教学设计的教学策略实施教学活动，根据反馈调控教学过程，最终实现教学效果的最优化。

4）教学评价最优化

判断教学活动是否达到预期效果，实现预订的目标，就需要教学评价。教学评价最优化是以时间和效果标准来评价教学过程的结果。具体地说，就是以最少的时间和精力消耗达到最好的效果。这个效果以实现教学目标与否作为评价的依据，以学生的学习结果作为评价的内容，以定性和定量结合的方法作为评价的方法。

7.3 课 堂 教 学

课堂教学是在教师组织和主持下，按照教学大纲和教材的要求，有目的、有计划地完成既定任务而由师生一道参与的教学活动。课堂教学是教师具体实施教学计划的过程，是教学过程的中心环节，是教学工作的基本组织形式。

教师在课堂上的主要活动是向学生讲授教学内容，输出和回收教学信息，合理地组织学生的认识活动和意向活动，并进行有效调控。教师要根据学生原有的计算机知识和操作水平、思想动态和学习情绪的变化，积极创设合理的教学情境和良好的课堂气氛，最大限度地激发学生对知识的好奇心和探求欲望，激励学生积极地、主动地进行创造性的智力活动，使知识、技能逐步转换成学生的认知结构和能力。

下面从课堂教学的基本任务和基本要求、课堂教学的类型和结构、课堂教学的基本环节和课堂教学的艺术等方面来介绍。

软件技术是一门发展很快、应用面十分广泛的新兴技术，它被社会各方面所关注。计算机软件课堂教学就是关于软件技术方面的专门课程，是一门工具性很强的学科。软件技术教学的主要目的就是让学生在了解软件文化、初步掌握一些计算机软件基本知识和技能的同时，进一步激发学生的学习兴趣，增强学生的信息意识和创新意识，有效培养学生对信息的收集、处理、应用和传输的能力，培养学生的自学能力和创造能力，在开发智力、“授人以渔”的教学过程中实现“工学结合”“学用一体”的教育。教学中要时刻注意软件技术教学不仅仅是传授软件知识，更不是片面追求“学以致用”的职业培训，而是把计算机软件作为一种工具，来提高学生的素质，培养他们用软件技术解决问题的各种能力。

1. 课堂教学的任务

学生在软件技术的课堂上将学会掌握利用软件处理信息的能力，学会综合各学科知识的能力，是素质教育过程中最关键的课堂，因此在组织软件技术课堂教学时必须明确其任务。鉴于软件技术教学的目的，软件技术的课堂教学任务就是要让学生主动参与到课堂活动中来，培养主动参与的意识，掌握主动参与的方法，参与思考、参与实践、参与讨论和创新、参与展示、参与评价，养成主动参与的习惯，发挥他们的积极性、主动性，从而更好地学习和掌握软件知识。

1）培养学生的参与意识

课堂教学中，学生是学习的主人。在实施素质教育的过程中，应该强调学生主动参与意识的培养，促使学生在教学活动中主动去探索、去思考，达到最佳的教学效果。学生主动参与意识的培养应注意以下两点。

（1）培养兴趣

兴趣是人们力求认识某种事物或从事某种活动的心里倾向。一般来说，如果学生对所学知识感兴趣，他就会深入地、兴致勃勃地学习这方面的知识，并且广泛地涉猎与之有关的知识，遇到困难时表现出顽强的钻研精神。计算机软件富有极其广泛的乐趣，比如用“画板”实现一张效果图，连接网络可以浏览很多漂亮的网页和图片、了解到很多贴近生活的信息等。

（2）创造和谐融洽的师生关系

教学实践表明，学生热爱一位教师，连带着也热爱这位教师所教的课程。这属于情感的迁移，即学生对教师的情感，可以迁移到学习上，从而产生巨大的学习动机。

2）掌握主动参与的方法

学生有了主动参与的意识，还要掌握主动参与的方法，使意识转化为学生的实践活动。在课堂教学活动中，学生是学习的主人。应该让学生参与思考、参与实践、参与讨论和创新、参与展示、参与评价，在教学的每个环节让学生主动参与，真正体现教为学服务的宗旨。

3）养成主动参与的习惯

习惯是指长时期养成的不易改变的说话、行动、生活等方式。著名教育家叶圣陶先生说过，教育就是培养习惯。软件技术的学习过程中，好的习惯将直接影响学生的身心健康。教师有必要帮助学生避免一些坏的习惯，使学生在学校时养成良好的学习习惯，这对他们以后的成长是极有好处的。

通过课堂教学，学生不但学习了计算机软件的基本知识和操作技能，更重要的是掌握了主动参与的学习态度，具备了自主处理信息的能力。所以能否实现上述课堂教学任务，是非常关键的。

2. 课堂教学的基本要求

当学生积极主动地参与到教学活动中之后，教师要继续保持良好的教学氛围，使学生的这种主动参与行为体现在每一节课上，使之形成习惯，并稳定发展。这就要求教师在整个教学过程中做到以下几点：

（1）做好课前准备工作，按照教学计划设计好每堂课的教案；

（2）针对课堂内容，准备好课堂教学中需要的硬件、软件，将所需的资料如图片、声音、视频等素材事先整理好，形成资源共享；

（3）在教学过程中，端正自己的教学态度，努力创造和谐融洽的师生关系，在课堂上积极寻找学生的闪光点，帮助他们树立良好的自信心，为他们的主动参与创造心理条件，注重课堂教学的每一个环节，从细微之处培养学生主动参与的意识和行为，促使他们的行为形成习惯；

（4）应对每堂课的教学进行测评，有针对性地对教学重点、难点进行摸底，通过反馈的信息及时总结学生学习的掌握程度和思维的发展情况，为下一堂课做好准备。

3. 课堂教学的类型

根据上课的方式，课堂教学可以分为以下 3 种不同类型。

（1）理论课：传统的课堂授课形式在软件技术教学中只适合完成基础知识、语言算法、小结讨论等内容的教学，所以理论课在软件技术课时的比例远小于上机课。

（2）上机课：软件技术课是一门实践性很强的课，有关操作的教学内容应安排在机房进行。配有多媒体教学网或大屏幕投影机的现代化机房，能使教师有更多的机会营造有利于学生“主动发展”的空间。计算机软件的工具性，为以学生为主体的跨学科教育提供了极大的便利条件。教师应让学生在巩固性练习操作中，多进行知识的整合创造，如用“画板”进行美术创作，用 Word 设计贺卡、班报，用 Music 作曲，用 Excel 分析班级成绩，用 Internet 进行信息交流等。

（3）实践课：实际教学过程中，不满足课堂所学、对计算机软件的许多专业知识和应用技术表现出浓厚兴趣的学生不在少数。对于这部分学生，如何正确引导将关系到我们这个专业今后的拔尖人才的造就。因此开设课外实践课将作为课堂教学的拓展和延伸，为这类学生提供辅导和方便。

根据知识掌握的阶段，课堂教学可以划分为以下几种类型。

（1）新授课，即以知识理解为主要目标的课。学生第一次接触到新的知识，主要是靠教师整理引导知识点，学生进行学习。

（2）复习课，即以陈述性知识的巩固为主要目标的课。此类课以学生的活动为主。

（3）练习课，即以促进陈述性知识向程序性知识转化为主要目标的课。此类课也以学生的活动为主。

（4）检测课，即以知识的应用或检测为主要目标的课。此类课一般是在一个大的教学单元之后或期中、期末进行的。不同类型的知识要求学生做出反应的性质不同。而且，同一类型的知识处于学习的不同阶段也要求学生做出不同的反应。根据学习类型和阶段，教师设计适当的测试形式和内容，以便检测教学目标是否达到。

4. 课堂教学的结构

课堂教学的一般过程也称课堂教学结构。课堂教学结构的设计必须根据教材特点和学生实际，对不同的知识内容类型和学生班级状况采取不同的课堂教学结构。同时还要准确把握课堂教学结构是知识传授结构、时间安排结构、信息传递结构、认知结构等子结构的集合。只有这些关系有机衔接、和谐有序，才能产生优化的课堂教学结构。

课堂教学结构与课堂教学效果密切相关。优化课堂教学结构，要剖析和克服传统教学结构的弊端，掌握现代教学理论关于课堂教学结构的新理论、新技术。把握好以下两个原则：

（1）学生学习的主体性，即课堂教学结构的优化要有利于发挥学生的学习主体作用，有利于以学生的自主学习为中心，要给学生较多的思考、探索发现、想象创新的时间和空间，使其能在教师的启发下，独立完成学习任务，培养良好的学习习惯和掌握科学的学习方法。这就要求教师不仅要交给学生学习的“钥匙”，更重要的是让学生懂得如何制造“钥匙”。因此，在教学中采取“先学后教”的方法是科学的。

（2）学生认识发展的规律性。确定课堂教学结构，要符合学生认识发展的规律和心理活动的规律，要按照认识论和学习论的规律安排教学。根据这些规律，软件技术课堂的教学结构可以分为 5 个阶段。

① 组织上课。目的在于促使学生对上课作好心理上和学习用具方面的准备，集中注意力，积极自觉地进入学习情境。在多媒体教室中进行教学可以获得较高的学习效率，但必须使学生集中注意力，否则放纵的操作很难完成教学任务。

② 检查复习。目的在于复习已学过的内容，检查学习质量，弥补学习上的缺陷，为接受新知识做好准备。可以通过点评学生提交的作业（作品），复习以前的知识点，进一步巩固旧知识。

③ 讲授新课。目的在于使学生在已有知识的基础上，掌握新知识。“先学后教”是让学生先根据思考题自学，然后教师提问检查，质疑问难，并让学生讨论解决一些问题。教师启发诱导，精讲重点、难点及信息反馈中的共性问题，从而达到学生全面掌握新知识点的效果。

④ 巩固新课。目的在于检查学生对新教材的掌握情况，并及时解决存在的问题，使他们基本巩固和消化所学的新知识，为继续学习和进行独立作业做准备。

⑤ 布置作业。目的在于培养学生应用知识分析问题、解决问题的能力和自学能力。软件技术的作业尽量要求以作品的形式提交，可以要求学生提交一份图画（规定使用画板中的几个重要的绘图工具），或提交一份按要求设计好的 Word 文档。

5. 课堂教学的基本环节

课堂教学即“上课”，是整个教学工作的一个环节，是中心环节。而上课本身又由若干环节构成，一般是复习→提出新课（导入）→新课内容→小结→作业。每一环节都有其特殊的操作动作或操作技术。

基于“任务驱动”的教学模式有很多种，在实际教学中需按不同的情况区别对待，不能因为“模式”而成桎梏，关键是要找到“任务驱动”教学模式的要素。根据交流实践，简要归纳出“任务驱动”课堂教学的基本环节，如图 7.1 所示。

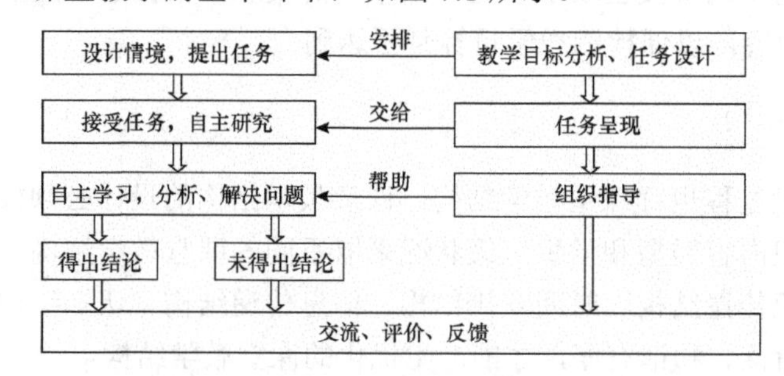

图 7.1 “任务驱动”课堂教学的基本环节

1）设计情境，提出任务

任务是课堂教学的“导火索”，是问题提出的表现。通过创设的问题情境，把所要学习的内容巧妙地隐含在一个个任务主题中，使学生通过完成任务达到掌握所学知识的目的。因此，设计任务是教师在课前备课的重头戏。这就要求教师纵观整个过程，统筹安排教学内容。

针对学生的特点，每节课的任务不能太重，任务中的新知识、难点不能太多。关键是要引导学生主动发现任务，提出与自己发展水平相当的任务主题。

2）分析任务，发现问题

提出任务之后，教师不要急于讲解，而要让学生讨论、分析任务，提出完成任务需要做哪些事情，即提出问题。这个时候应该是课堂气氛最活跃的时候。提出的问题中，一些是以前已经学习过的，这些问题学生自己就会给出解决方案；另一些是没有学习过的，即隐含在任务中的新知识点，这也正是这个任务所要解决的问题。这些问题最好都由学生提出。在最初的教学过程中，在学生还没有适应教师的教学方式时，教师可以给予适当的提示。

根据实际情况提出问题时，要采用先粗后细，逐步求精的方法。

需要指出的是，对于某些任务，在这一步不可能把所有的问题一次都提出来。对于一些任务中存在的问题，学生只有亲自做到那一步才有可能提出问题。在这种情况下，就在完成任务的过程中再去提出并解决相应的问题。

3）探索研究，完成任务

问题提出后，就需要学生通过上机实践完成任务。学生可以先通过自主探索或者互助协作开展探究活动。学生围绕主题展开学习，查阅信息资料，进行尝试探索，完成对问题的理解、知识的应用和意义的建构。

俗话说，“十个手指头伸出来不一般齐”。任何时候，学生之间都存在着差异。因此，尽管我们已经把问题讨论清楚，但是，在完成任务的过程中，一些学生还是会提出这样那样的问题，这时教师要随时解答学生提出的问题，帮助学生完成任务。

4）展示交流，表扬激励

一般的做法是，每个学生每完成一个任务，都必须交流展示，学生讨论评点，教师及时对学生的学习情况做出反馈。评价的内容包括：是否完成了对新知识的理解、掌握、熟练应用；学生自主学习的能力；同学间相互协作的能力；创造性解决问题的能力等。在教学过程中，不妨采取更为活泼的形式，如给全班设置基本点数，采取奖励（增加）和惩罚（扣减）点数的办法，激励学生力争上游，当个高级会员（点数达到一定数目），享受特殊待遇等。

“任务驱动”的教学思想，由于是将新知识分解到一些具体的任务中，有时会忽略了知识的系统性、逻辑性和完整性，知识在学生头脑中还是零散的。因此在一节课、一个单元后，教师还要引导学生对所学知识进行归纳和总结，并建立起与已学的旧知识间的联系，以加深对知识的记忆、理解，完成真正意义上的知识建构。

6. 课堂教学艺术

教学既是一门科学，又是一门艺术。广大教育工作者和教师对于这点已经达成共识。人们常说的“教无定法，贵在得法“足以体现这个共识。

课堂教学艺术是指富有个性、创造性和审美价值的操作行为方式方法。从某种意义上来说，它是不可复制的。只有当人对“技术”的掌握运用所形成的“技能”达到“技巧”的程度以后，加上个人的独创性，才可能有富于创造性的“艺术”境界。所以课堂教学技能、技巧、艺术均以课堂教学技术为基础，艺术则是技术最高层次的创造性发展。王兆生教授在他所著的《教学艺术论》中指出：“教学艺术就是教师在课堂上遵照教学法则和美学尺度的要求，灵活运用语言、表情、动作、图像组织、调控等手段，充分发挥教学情感的功能，为取得最佳教学效果而施行的组织、调控等手段，充分发挥教学情感的功能，为取得最佳教学效果而施行的一套独具风格的创造性教学。”

在软件技术的课堂教学过程中，要使学生的知识、能力、情感、习惯一体化发展，教师应该掌握软件技术课堂教学的技术，以高度的责任感对待每一堂课，在教学过程中加以个人的独创性。这样才可能正确地引导学生一体化发展的逐步形成和发展。下面从课堂教学艺术的 4 个特性展开，阐述软件技术课堂教学的艺术魅力。

1）形象性

形象性是艺术的一个基本特征，也是教学艺术的一个重要特征。教学艺术要借助语言、表情、体态、技巧、图像、音响等方式来表述和解释知识，表达思想感情，进行教学信息的传递，以达到传授知识和进行教育的目的。

在解释资源管理器的硬盘分区这个案例时，可以给学生一个形象的比喻。将计算机的硬盘当成一幢三层楼，硬盘中的 C、D、E 区分别代表着楼房的一楼、二楼、三楼；而每个分区里面的文件夹，如 C 盘下的文件夹，则类似于一楼里的小房间；依次类推，每个小房间里边的小布局（如客房、书房）则可以形象地说明为子文件夹，等等。通过空间的想象可以成功地引导学生对硬盘中的管理结构有感性的认识。在介绍存储路径之前作这样的比喻往往会事半功倍。

总之，教学艺术的形象性重在“以形感人”，生动直观。加深教学艺术的形象性，不仅可以使学生对知识的掌握建立在感性认识的基础上，而且可以开拓学生对知识的思维领域，启迪学生的智能，丰富他们的想象力，从而为学生的创造孕育契机，发展学生的创造思维能力。

2）情感性

教学是师生双方的共同活动。在这种活动过程中，师生间不仅存在着知识的传递，而且存在着人的感情交流。教师的传授和学生的学习都具有感情的色彩，这种感情的色彩主要反映在师生对待客观事物、教学内容和相互间的态度上。教学中做感情的色彩主要反映在师生对待客观事物、教学内容和相互间的态度上。教学中做到寓理于情、情理结合、以情感人是教学的基本要求，也是教学能具有艺术感染力的重要条件。教师在教学中做到知情统一，充分利用非智力因素促进教学，使教学充满艺术的感染力，正是高超的教学艺术的表现。

软件技术是一个应用性很广的科学技术，在课堂教学中师生间相互交流是必要的，教师可以引用这样一句话开导学生“两个人各有一个苹果，相互交换后，每个人还是只有一个苹果；但是如果两个人交换的是知识，那么每个人将有可能会得到两个知识点”。在交流过程中，有些时候学生针对自己的兴趣爱好或者家里碰到的计算机操作问题而提出问题，这时候作为教师的你是真诚地帮助回答学生的问题，还是绷起脸孔训斥其不得提出与课堂无关的问题？实践证明，教学水平高的教师，爱的情感的流露往往恰到好处，教师语言上的一个停顿、表情上的一个微笑、一句幽默，都能引起学生惊讶、好奇、思索、兴奋或鼓舞，开启学生智能之门。

总之，教学艺术的情感重在“以情感人”，充满魅力。现代教学更注重发挥情感的作用，促进学生认知和情感的发展，受到情感的陶冶，使学生产生学习的内驱力，轻松愉快地学习，更能使整个教学充满着情感的魅力。

3）审美性

艺术追求美、创造美，美是艺术的真谛。教学作为一种特殊的艺术，有着自己特有的审美特点。教学中的审美特点，主要是由作为审美对象和具有审美价值的教师表现出来的。教师的审美价值或教学的美同时体现在外在和内在两个方面。教师外在的美，主要体现在仪表的美、教态的美、语言的美、节奏的美、板书的美等方面；内在的美，主要表现在理性的美、意境的美、机智的美、风格的美和人格的美等方面。当然，外在美和内在美是互相联系、密不可分的。教学艺术的美就是这种内在美和外在美的有机结合。教学中的审美性是作为教学艺术的手段而存在的，它从属于教学的效果，以提高课堂教学质量为最终目的。

总之，教学艺术的审美性重在“以美育人”，增强美感。没有教学美，教学艺术就会失去光泽，课堂教学就不可能使学生领略美的风光，得到美的享受，接受人生和智慧的启迪，也不可能给学生以强烈的崇高的美感。

4）创造性

创造性是一切艺术共同的本质特征，也是教学艺术最本质的特征。教学过程的创造性，是由教学对象的特点决定的。教师面对富于动态的千差万别的青少年，不可能用事先准备好的刻板如一的公式去解决课堂教学中出现的各种问题，就必须具有随机应变的灵活性和独具特色的创造性。

缺乏经验的教师往往表现出教学模式化、一般化，难以应付临时的教学变化。教艺精良的教师则是在活泼的学生世界中使教学“活”了起来。无论是在处理教学内容、运用教学原则、选择教学法的过程中，还是在组织教学过程、运用教学技能、处理偶发事件、完成教学任务的过程中，都能表现出敏锐的观察力、准确的判断力，采取适当的措施，及时进行调节，充分发挥创造性的作用。创造性要贯穿于教学的全过程，没有创造性的教学，就谈不上创新人才的培养与造就。

总之，教学艺术的创造性贵在灵活创新，独具特色。在课堂教学中，教师能否体现“活”“新”“独”“特”，使教学具有创造性，将决定着教师教学艺术水平的高低，直接关系着教学的成败。

7.4　实验教学

软件实验教学是软件类课程教学的重要组成部分。由于软件技术学科是实践性很强的学科，所以在进行理论教学的同时必须进行实践教学。软件实验为软件技术教学提供了很好的实践机会，它有助于加深学生对软件技术理论知识的理解和培养，并提高学生的软件技术操作应用能力。

7.4.1　实验教学的意义和作用

软件实验教学是软件技术教学的重要组成部分之一。由于软件技术学科是实践性很强的学科，所以在进行理论教学的同时必须进行实践教学。软件实验为软件技术教学提供了很好的实践机会，它有助于加深学生对软件技术理论知识的理解和培养并提高学生的软件技术应用能力。

软件实验教学的意义和作用主要体现在以下几点。

1）软件实验是软件技术理论到应用的桥梁

软件技术的特征之一就是实践应用，软件技术的应用最终要通过实际上机操作来实现。软件实验教学是为了适应中职学生的认知特点，为他们形成软件知识和技能提供直观、生动、具体的感性材料和例证，帮助他们克服认知困难和提高认知能力。

2）软件实验是培养学生基本技能的重要手段

基本技能的形成离不开实践。软件实验对于基本技能的形成的作用是其他任何教学活动无法替代的。能力是在实践活动中形成的。在软件实验过程中，学生要进行观察、思维和实验操作等活动，学生的观察能力、思维能力和实验操作能力等都会进一步得到发展。因此，软件实验对于培养学生的能力具有重要的意义。在各种能力中，软件实验能力的形成和发展尤其强烈地依赖于软件实验活动。软件实验是培养学生软件应用能力的最主要的途径。

3）软件实验能引起中职学生学习软件技术的浓厚兴趣

常见的计算机软件具有强大的多媒体功能，它使得软件实验真实、形象、生动。这对中职学生具有很大的吸引力，能使他们产生浓厚的兴趣。这种兴趣不只是停留在观察丰富多彩的各种计算机软件的使用上，而是引导他们亲手实践和进一步探索、思考。计算机输出画面、声音、图表等多种媒体的信息，可以激发他们的求知欲，形成高层次的对计算机软件学习的兴趣和对计算机学习的爱好。许多软件工作者当初就是这样步入软件科学殿堂的，兴趣是他们学习软件技术最初和最好的教师。

4）软件实验可以加深学生对软件知识的理解

软件实验不但能为软件知识和技能的形成提供生动、具体的感性材料，而且能为软件知识和技能的应用、检验、巩固提供良好的情境和机会。学生初步形成的计算机软件知识和技能往往比较肤浅，不够精细、准确，体会不深，容易遗忘。软件实验可以使他们的软件知识和技能进一步得以丰富、充实和修正，形成深刻的印象。

5）软件实验有利于提高学生的道德素质和科学素质

软件实验与观察、分析、处理等科学方法密切地联系着。通过软件实验，学生可以直接受到科学方法的熏陶和训练。这有利于培养学生实事求是、勇于探索、追求真理、尊重科学、敬业好学的科学精神，有利于培养学生严肃认真的科学态度和科学道德品质，有利于提高学生的科学素质及提高学生的道德品质和人格素质。

7.4.2　软件实验的类型

按实验场所可将软件实验分为实验室实验和课堂实验。

1. 实验室实验

此类实验是在教师的指导下由学生在实验室中独立地操作来完成一定的实验任务的实验。这种实验的持续时间比较长，通常以课时为单位。学生实验室实验的功能和目的主要有以下几方面。

（1）学习某些实验方法；

（2）初步学习或者练习某些实验操作；

（3）比较系统地形成或者巩固软件技术知识；

（4）形成或者加深对某些软件技术概念、原理和规律的认识；

（5）复习、运用、巩固和加深已学的软件技术知识和实验技能，并初步应用于解决一些简单的实验问题；

（6）培养学生的实验能力、思维能力和独立工作的能力，培养实事求是的科学态度，不怕困难、追求真理的科学精神，认真、细致的工作作风，以及爱护实验器材、遵守纪律等良好品质。

在实验室实验中，学生进行实验操作的独立性较强，需要他们做好预习，具备一定的预备知识和基本技能。同时，需要教师加强指导，要设计好实验方案，组织好教学过程，保证学生实验达到良好的教学效果。

2. 课堂实验

课堂实验是教师在讲授过程中安排学生在课堂中进行的实验，也称“随堂实验”。这种实验把学生的实验活动与课堂教学活动紧密地结合起来，比较符合中职学生的特点，因而对中职学生比较适用。课堂实验从属于软件技术课堂教学，要受课堂教学规律的制约，主要体现在以下方面。

（1）实验内容必须与教师讲授的内容有密切的联系，具有说服力；

（2）操作简单；

（3）时间较短。

课堂实验要求教师有较强的实验教学能力以及实践经验。为了搞好学生课堂实验，教师要精心地选择实验内容和设计方案，充分地做好实验准备。实验前要使学生明确实验目的，了解实验的规则和要求；在学生实验操作时，要做好巡视，指导学生做好实验。

需要说明的是，依据不同的分类标准，软件的实验的类型是不同的。例如根据实验操作对象，把软件实验分为教师演示实验和学生分组实验；根据学生对教师的控制是否作出反馈，把软件实验分为操纵型实验和调控型实验；根据实验的难易程度与对技能的训练方式可分为验证型实验、设计型实验、综合型实验。

7.4.3　实验教学的要求

（1）有教育价值，能有效地促进软件技术知识、技能的学习和应用；有利于启迪学生智慧，引发思维活动，促进科学的软件技术知识的形成；有利于激发学习兴趣、调动学习积极性。

（2）使学生认识软件实验的方法，了解软件实验在软件技术科学研究中的应用，培养学生的实验意识，提高学生的科学素养。

（3）使学生了解、掌握软件实验的基础知识和基本技能，培养学生的实验能力。

（4）提供生动、具体的感性材料，与课堂教学等形式互相配合，给学生提供应用、验证和巩固软件技术知识与技能的实际情境，促进学生学好软件技术课程。

（5）培养学生对软件技术的学习兴趣，使学生养成理论联系实际、实事求是的科学态度和锲而不舍、追求真理的精神。

（6）实验前，要求学生理解并熟悉软件实验的内容、要求、规则和步骤，实验内容必须科学、准确，能被学生接受和理解，实验步骤必须明确、具体。

7.4.4 实验方案的制订

为了提高软件实验教学的质量，要求必须有优良的实验方案，并且把它付诸实现。要想有良好的实验方案，需要了解、掌握有关的软件技术知识和实验技术原理。要使优良的实验方案付诸实现并取得预期的效果，实验者除要有良好的实验技能外，还必须理解、掌握实验的原理和方法。为了充分发挥实验在教学的积极作用，必须恰当地规定实验的逻辑功能，选择适宜的教学法和组织形式，按照正确的程序和原则开展实验，使实验教学内容合理、先进。为了搞好软件实验教学，教师还必须对软件实验系统的要素做整体的、系统的了解，如软件技术的数量、型号、硬件配置、软件环境、外部设备情况等。欲使软件实验教学适应社会及其发展的需要，教师还必须研究它的发展趋向，不断地改进和更新它的内容、手段和效果等。

软件实验方法应满足如下要求。

（1）按照方案进行的实验符合科学性、教育价值、可接受性、鲜明性等要求，实验效果良好，能有效地实现预定的实验目的。

（2）方案周全、具体，便于操作，能保证学生按照方案做好实验，实验结果准确。

（3）形式规范，描述清晰，文字简练，便于阅读，能适合学生的特点。

一个完整的实验方案应包含如下基本项目：实验名称、实验目的和要求（明确提出实验的教学目标，说明实验在教学中的具体作用）、实验准备（包括设备要求和预习内容）、实验步骤（通常按时间先后顺序）、说明（交代实验的关键和注意事项等），以及问题和讨论等。

7.4.5 实验实施的要求

（1）选择好实验项目。

（2）布置交代清楚实验项目和实验要求。

（3）设计实验过程。

（4）根据需要进行分级。

（5）做好软件技术设备及相关软件的准备。

（6）实验过程中，要加强指导与启发，要求学生记录实验结果或完成实验报告。

（7）做好实验结束后的收尾工作。

实验结束后，应关闭软件技术及电源，检查设备材料是否损坏丢失，然后清理桌面，座位归位，一切复原，关闭门窗。

7.4.6 实验的考核

软件实验的考核可以用如下方法来进行。

（1）用实验报告考核。主要用于平时成绩考核。

（2）用综合题目或任务考核。主要用于单元或课程结束性考核。

（3）用实验结果考核。主要用于了解当时学生的实验情况。

（4）用辅助教学测试软件考核。目前有许多针对某些软件操作而开发的测试软件，如打字速度考核、汉字输入法测试、Windows 操作考核等。

7.4.7　实验教学案例

下面以 Access 2010 数据库系统的报表设计来说明软件实验指导书的编写方法，请同学们结合此案例体会软件实验教学的方法与过程。

Access 报表设计实验

实验类型：<u>　验证性　</u>　实验课时：<u>2</u>学时　指导教师：______

时　　间：<u>2017</u>年__月__日___　课　次：第_____节　教学周次：第_____周

实验分室：____________　实验台号：　　　　实　验　员：______

一、实验目的

1. 了解报表布局，理解报表的概念和功能。

2. 掌握创建报表的方法。

3. 掌握报表常用控件的使用。

二、实验内容及要求

1. 创建报表。

2. 修改报表，在报表上添加控件，设置报表的常用控件属性。

三、实验步骤

1. 使用“自动创建报表”方式

要求：基于教师表为数据源，使用“报表”按钮创建报表。操作步骤如下：

（1）打开“教学管理”数据库，在“导航”窗格中，选择“教师”表（图 7.2）。

（2）在“创建”选项卡的“报表”组中，单击“报表”按钮，“教师”、“报表”立即创建完成，并且切换到布局视图（图 7.3）。

（3）保存报表，报表名称为“教师工作情况表”。

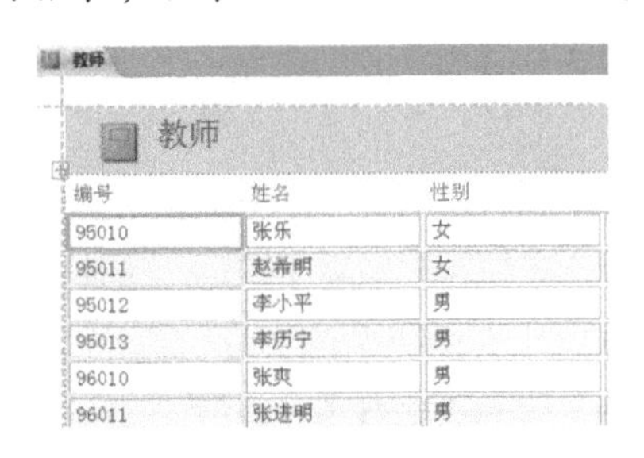

图 7.2　“教师”报表

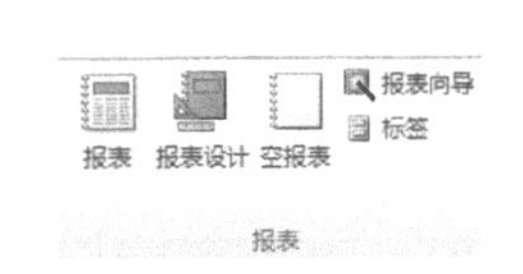

图 7.3　报表组

2. 使用报表向导创建报表

要求：使用“报表向导”创建“选课成绩”报表。

操作步骤：

（1）打开“教学管理”数据库，在“导航”窗格中，选择“选课成绩”表。

（2）在“创建”选项卡的“报表”组中，单击“报表向导”按钮，打开“请确定报表上使用哪些字段”对话框，这时数据源已经选定为“表：选课成绩”（在“表/查询”下拉列表中也可以选择其他数据源）。在“可用字段”窗格中，将全部字段移到“选定字段”窗格中，然后单击“下一步”按钮，如图 7.4 所示。

（3）在打开的“是否添加分组级别”对话框中，自动给出分组级别，并给出分组后报表布局预览。这里是按“学生编号”字段分组（这是由学生表与选课成绩之间建立的一对多关系所决定的，否则就不会出现自动分组，而需要手工分组），单击“下一步”按钮，如图 7.5 所示。如果需要再按其他字段进行分组，可以直接双击左侧窗格中的用于分组的字段。

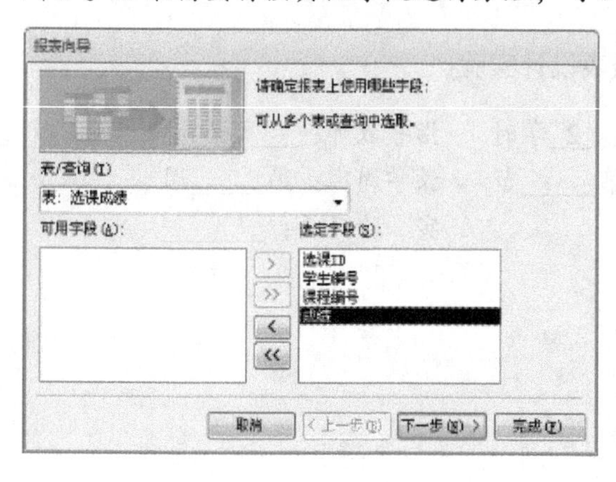

图 7.4 “报表向导”对话框

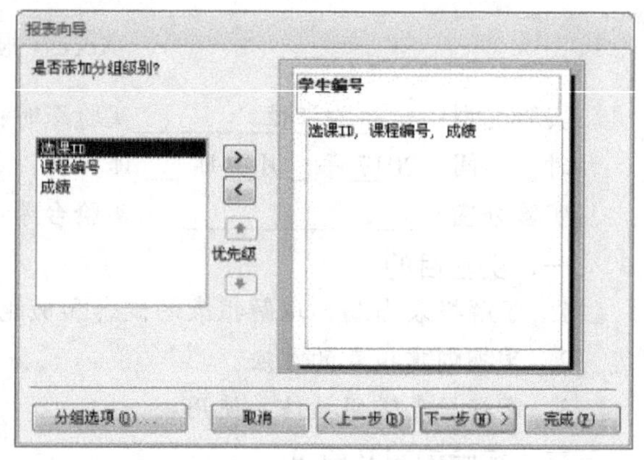

图 7.5 “是否添加分组级别”对话框

（4）在打开的“请确定明细信息使用的排序次序和汇总信息”对话框中，选择按“成绩”降序排序，单击“汇总选项”按钮，选定“成绩”的“平均”复选项，汇总成绩的平均值，选择“明细和汇总”选项，单击“确定”按钮。再单击“下一步”按钮，如图 7.6 所示。

（5）在打开的“请确定报表的布局方式”对话框中，确定报表所采用的布局方式。这里选择“块”式布局，方向选择“纵向”，单击“下一步”按钮，如图 7.7 所示。

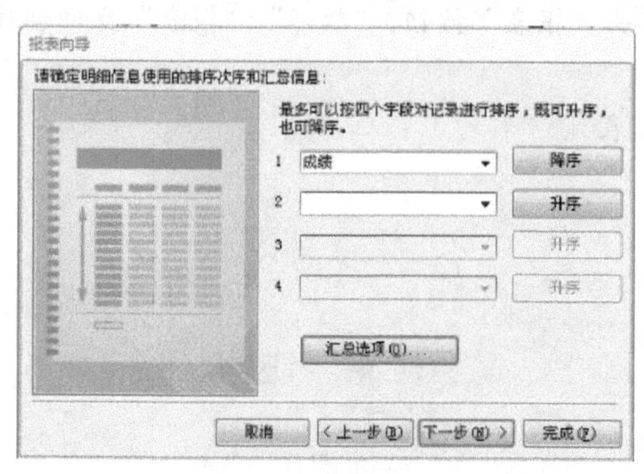

图 7.6 “请确定明细信息使用的排序次序和汇总信息”对话框

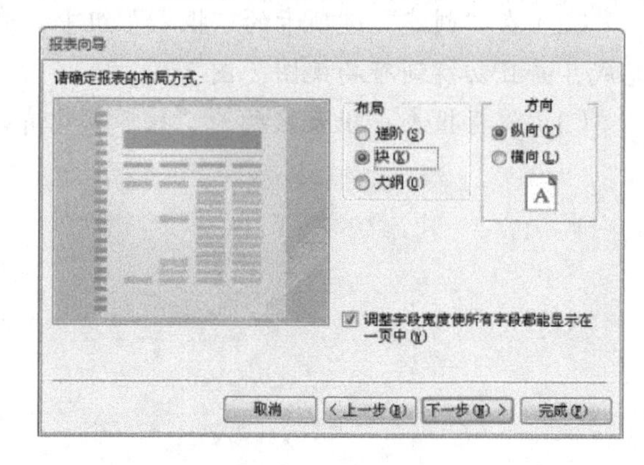

图 7.7 “请确定报表的布局方式”对话框

在打开的“请为报表指定标题”对话框中，指定报表的标题，输入“选课成绩信息”，选择“预览报表”单选项，然后单击“完成”按钮，如图 7.8 所示。

3. 使用“设计”视图

要求：以“学生成绩查询”为数据源，在报表设计视图中创建“学生成绩信息报表”。

操作步骤如下：

（1）打开“教学管理”数据库，在“创建”选项卡的“报表”组中，单击“报表设计”

按钮，打开报表设计视图。这时报表的页面页眉/页脚和主体节同时都出现，这点与窗体不同。

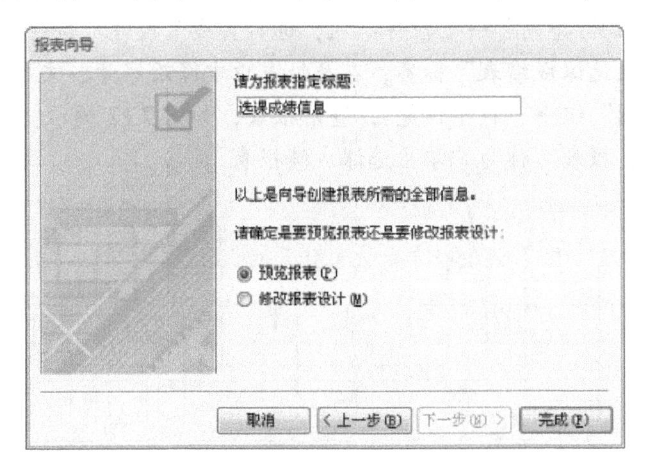

图 7.8 “请为报表指定标题”对话框

（2）在“设计”选项卡的“工具”分组中，单击“属性表”按钮，打开报表“属性表”窗口。在“数据”选项卡中，单击“记录源”属性右侧的下拉列表，从中选择“选课成绩查询”，如图 7.9 所示。

（3）在“设计”选项卡的“工具”分组中，单击“添加现有字段”按钮，打开“字段列表”窗格，并显示相关字段列表，如图 7.10 所示。

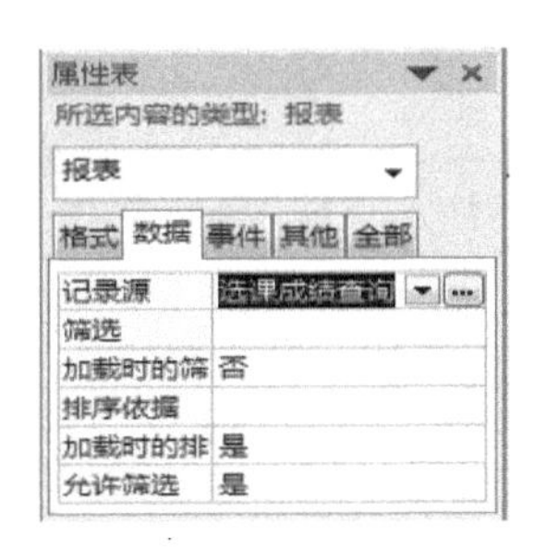

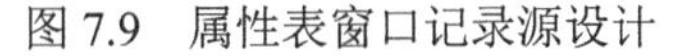
图 7.9　属性表窗口记录源设计

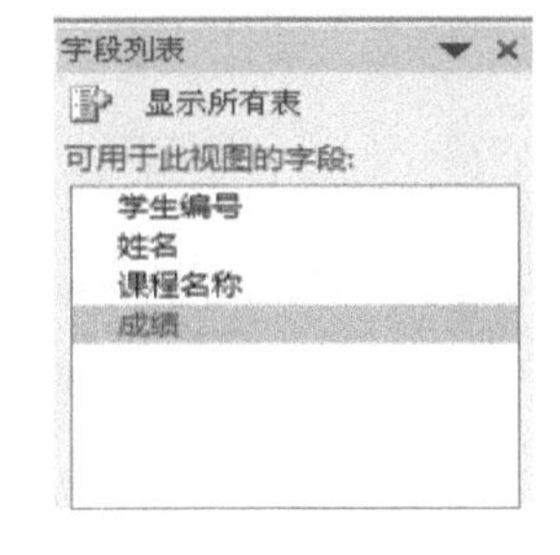

图 7.10　字段列表窗口

（4）在“字段列表”窗口中，把“学生编号”“姓名”“课程名称”“成绩”字段拖到“主体”节区中。

（5）在快速工具栏上，单击“保存”按钮，以“学生选课信息”为名称保存报表。但是这个报表设计得不太美观，需要进一步修饰和美化。

（6）在报表页眉节区中添加一个标签控件，输入标题“学生选课成绩表”，使用工具栏设置标题格式：字号 20，居中。

（7）从“字段列表”窗口中依次将报表全部字段拖放到“主体”节区中，产生 4 个文本框控件（4 个附加标签）。

（8）选中“主体”节区的一个附加标签控件，使用快捷菜单中的“剪切”“粘贴”命令，将它移动到“页面页眉”节区，用同样方法将其余 3 个附加标签也移过去，然后调整各个控件的大小、位置及对齐方式等；调整报表“页面页眉”节区和“主体”节区的高度，以合适的尺寸容纳其中的控件（注：可采用“报表设计工具/排列”→“调整大小和排序”进行设置），设置效果如图 7.11 所示。

（9）“报表设计工具/排列”→“控件”组，选“直线”控件，按住 Shift 键画直线。

（10）选择“学生选课成绩表”标签，在属性窗口中修改字号、文本对齐属性值。

（11）单击“视图”组→“打印预览”，查看报表，如图 7.12 所示。

（12）保存报表，报表名称为“学生选课成绩报表”。

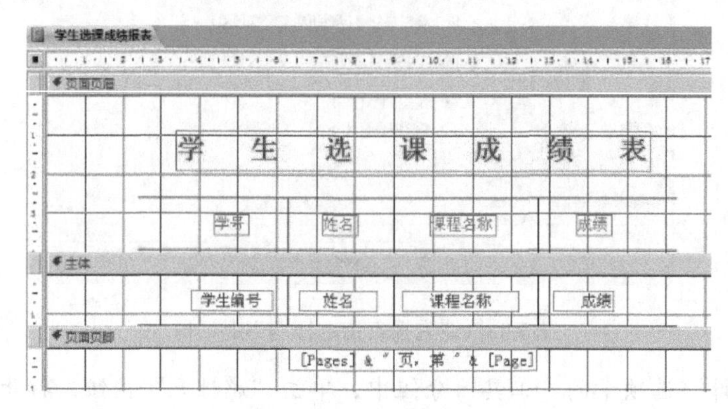

图 7.11　设计视图效果

学生选课成绩报表

学 生 选 课 成 绩 表

学号	姓名	课程名称	成绩
2008041102	陈诚	计算机实用软件	48
2008041105	任伟	计算机实用软件	80
2008041109	好生	计算机实用软件	50

图 7.12　“学生选课成绩表”打印预览视图效果

7.5　软件技术课外教学

课外教学工作是课堂教学的补充，是教学工作的必要组成部分，对课堂教学质量的提高起促进作用。

7.5.1　课外辅导

课堂教学并不能做到面面俱到，十全十美，因此加强课外辅导是十分必要的。

1. 课外辅导的意义

课外辅导配合课堂教学，补充课堂教学的不足，对保证和提高课堂教学质量起促进作用，是教学工作的必要组成部分。课堂教学采用集体教学，有一定局限性。由于学生个体存在差异，如学习态度、学习基础、学习条件、学习兴趣等，学生在学习上便有差距。要克服课堂教学的不足，因材施教，充分发挥每一个学生的聪明才智，必须在抓好课堂教学的同时认真抓好课外辅导工作。

2. 课外辅导的分类

根据辅导方式，课外辅导分为集体辅导和个别辅导两种。

（1）集体辅导是针对多数学生利用课余时间进行辅导，主要是针对课堂教学中普遍存在的问题进行辅导，或课外活动辅导。

（2）个别辅导是针对个别学生进行辅导，主要是针对学生在课堂教学中不理解或者不消化的教学内容进行辅导。个别辅导又分为优生辅导和差生辅导。

根据辅导内容，课外辅导分为单纯课外辅导和课外活动辅导两种。

（1）单纯课外辅导的内容主要是课堂中学生不理解或者不消化的教学内容，可以采用个别辅导或集体辅导方式。

（2）课外活动辅导的内容主要是课堂教学内容外的内容，是课堂教学内容的补充和延伸。一般采用集体辅导方式。

3. 课外辅导的基本要求

（1）集体辅导主要用于给学生解答普遍性的疑难问题、指导学习和读书的方法，以及对学生进行学习目的、学习态度的教育。

（2）个体辅导必须全面深入地了解每个学生的具体情况，对症下药，有的放矢，对不同学生应采用不同的辅导方法。如对于优生，采用启发式方法，对于差生，采用详细讲解的方法。

4. 课外辅导中应注意的问题

1）正确处理课堂教学和课外辅导的关系

课堂教学是教学工作的主要形式，课外辅导只是起辅助作用。教师应把主要精力放在课堂教学上。

2）注意培养学生的非智力因素

学生的学习效果的好坏，与智力因素有关，也与动机、兴趣、情感、意志、品格等非智力因素密切相关。在课外辅导中要注意培养学生的非智力因素，促进智力水平的充分发挥。

3）正确处理预防和补救的关系

课外辅导虽然可以作为差生补救的措施，但是教师应尽量把好课堂教学质量关，预防差生的出现。

7.5.2　课外教学活动

软件技术课外教学活动是教学工作的另一种形式，是课堂教学的补充和延伸，是软件技术教学的一个重要环节。

1. 软件课外教学活动的意义

为了适应社会发展的需要，培养出高质量的人才，许多学校都十分重视课外教学活动的开展。大量实践证明，加强软件技术课外辅导对促进学生的软件技术知识向更深更广的方面发展、培养学生全面发展具有十分重要的作用。

1）调动学生学习软件技术的积极性

教师通过有意识地引导学生参加各种与教学相关的课外软件技术实践，可使学生获得大量知识信息，调动他们学习软件技术的积极性。在课外活动中，学生有更多的时间培养自己独立工作和学习的能力，并提高分析与解决问题的能力，可使学生增强求知欲，提高学习兴趣，明确学习方向。

2）弥补课堂教学的不足

由于软件技术课的实践性和应用性，学生对软件技术课的知识和技能要学得深，学得活，光靠课堂教学是不够的。课外活动可以弥补这些不足，对培养学生能力特别是动手能力大有益处。在软件技术课外活动中所解决的实际问题比课堂教学中的复杂、全面，需要学生独立思考，亲自动手。因此，软件技术课外活动可以加深学生对书本知识的理解，提高实际操作能力，克服“高分低能”的现象。

3）丰富学习内容，促进学生的全面发展

课外活动不断引入新知识、新信息、新方法，丰富了学生在校生活的内容，促进了学生的全面发展，有利于培养学生对社会的适应能力，促进学生的身心健康，使学生保持活跃的思想、旺盛的探索与进取精神。

2. 软件技术课外活动的形式

软件技术课外活动是在学生自愿的基础上组织起来的，活动广泛，形式多种多样。但各种形式的活动中都应突出培养学生独立工作和学习的能力这一点，要把学生的主动性充分调动起来，使他们在教师的指导下有计划地开展活动。软件技术课外活动的主要形式有软件技术课外活动小组、组织专题讲座、组织读书活动、开展软件技术沙龙、举办软件技术知识展览会、参观调查、撰写小论文等。

1）课外活动小组

参加小组的成员一般是对软件技术有浓厚的兴趣、软件技术课学得较好的学生。他们通过小组活动扩大知识面，培养各种能力。活动小组也可吸收成绩较差、纪律性不好的学生，通过小组活动对他们进行教育，促使他们转变。小组不宜太大，最好控制在10人左右，按年级分组，每组选定一个负责人，由软件技术专业人员担任指导教师。小组可按学生的志愿成立相应小组，如程序设计小组、文字处理小组、软件维护小组、图形处理小组、动画设计小组、数据处理小组等。

2）专题讲座

组织专题讲座的目的是加深和拓宽课堂教学内容，让学生更多地了解软件技术领域中的新思想、新方法和新进展等。讲座可邀请在软件技术领域有造诣的校内教师或校外软件技术专家。讲座的内容主要有软件技术的最新进展、新技术、新材料、新方法、新软件、新算法、程序设计方法与技巧、软件技术在某些领域的应用及前景、软件技术发展史、软件技术的学习方法等。

3）课外读书活动

组织读书活动的目的是拓宽学生的知识面。软件技术的内容很广，分支很多，许多软件实用性很强，在课堂上没有时间细讲，教师可指导学生阅读有关的课外书籍，再让学生相互介绍各自掌握的一些非常实用的知识。这样可提高学生的自学能力，激发他们的学习热情。

4）软件技术沙龙

开展软件技术沙龙不仅可以巩固和加强课堂所学的知识，而且可以训练和发展学生的某些技能技巧，激发他们学习软件技术的兴趣。沙龙的组织者、讲演者和表演者主要是软件技术课外活动小组成员。其活动主要是将软件技术的知识内容与表演方式结合起来。表演节目的内容要求生动有趣，密切配合教学大纲，符合科学性。软件技术沙龙也可以专题报告的形式进行，邀请工程师、高校教师、学生家长来做报告。

5）软件知识展览会

举办软件知识展览会可以起到丰富校园文化生活、鼓舞学生、促进软件技术的学习等作用。教师可在学期结束、节日或毕业前，利用课外活动时间，组织学生举办一个软件技术知识展览会，展出学生开发的小软件、设计的动画、撰写的有关软件技术的文章等，展出时由开发者讲解、演示。

6）参观调查

这种方式主要是组织学生参观有关的工厂、企业、机关、科研机构等，请被参观单位的工程技术人员讲解软件技术的应用情况，达到理论联系实际、开拓学生视野和激发他们学习兴趣的目的。

3. 软件技术课外活动辅导的基本要求

教师在组织软件技术课外活动时，应注意以下几点。

（1）精心选择和准备课外活动内容。

（2）对于挑选和吸收参加课外活动的学生要遵循自愿和择优的原则。

（3）在开展课外活动中，教师要起引导作用。

（4）在开展课外活动中，要注意培养学生的分析问题和解决问题的能力。

（5）在开展课外活动中，要注意培养学生共同攻关、团结协作的精神。

7.5.3 职业技能竞赛

组织学生参加职业技能大赛，可以激发学生学习软件技术的兴趣，引起学校和家长的重视，提高教学质量；可以培养软件技术人才和选拔优秀的软件技术后备人才；还可以培养和提高学生的非智力因素：坚强的意志、严谨的作风、力争上游的精神、胜不骄败不馁的信念和团结互助、热爱集体的优良品质等。

1. 全国职业技能大赛简介

全国职业学校技能大赛是中华人民共和国教育部发起，联合国务院有关部门、行业和地方共同举办的一项年度全国性职业教育学生竞赛活动，目的是充分展示职业教育改革发展的丰硕成果，集中展现职业学校师生的风采，努力营造全社会关心、支持职业教育发展的良好氛围，促进职业学校与行业企业的产教结合，更好地为中国经济建设和社会发展服务。它是专业覆盖面最广、参赛选手最多、社会影响最大、联合主办部门最全的国家级职业学校技能赛事。其中与中等职业学校软件类课程有关的大赛有中职组计算机应用、中职组动漫技能、中职组物联网技术应用与维护、中职组电子商务技术、中职组企业网搭建与应用等。

2012 年全国职业学校技能大赛统一使用 ChinaSkills 五色星大赛标识。“齿轮”标识为天津主赛场标识，分赛区标识与五色星标识同时使用。

ChinaSkills 五色星标识的图案及设计含义为“中国技能”；红、黄、蓝、绿、黑的五星象征一只正在操作的手，也象征技能大赛激发学生的创意火花；五星图案同时鼓舞职业学校学生胸怀祖国。天津主赛场标识主体由一个抽象的青年与一个齿轮相结合，象征专业知识与动手能力相结合，体现出职业教育中“工学结合”的人才培养模式。齿轮之上抽象的青年的又好似一本展开的书，寓意职业学校的学生在认真研修理论知识的同时，注重实际能力和技能的提高，象征通过“工学结合”的人才培养模式正在迅速地成长为国家与社会急需的高素质技能型人才。

2. 职业技能大赛的辅导

每年都应鼓励部分基础较好、动手能力较强的学生报名参加全国职业技能大赛的分省比赛，再从中挑出较好的参加全国职业技能大赛。参赛人选应采用自愿原则，人数不宜太多。为了提高参赛选手的水平，应对参赛选手进行辅导和强化训练。参赛的辅导工作难度高、工作量大，需要教师投入大量的精力。

教师在进行辅导时要做到以下几点：

（1）深入研究竞赛内容，加强业务，提高能力。

（2）选择合适的训练教材和参考读物。教材应紧密围绕竞赛大纲的内容和要求，除基本知识和基本方法外，重点是技能熟练程度的提高。

（3）辅导的形式应是讲解、示范与上机练习相结合，集中训练与个别辅导相结合。讲解的内容应紧密围绕竞赛大纲，高于课程教学内容的要求，但又不能超出学生的接受范围，着重提高技能技巧。

思 考 题

1. 教学过程的实质是什么？有哪些作用？
2. 备课有哪些基本环节？
3. 如何确定中职软件技术课的教学目标？如何在教学设计中体现教学目标？
4. 教案一般要包括哪些内容？结合中职教学实际，编写一份教案。
5. 课堂教学有哪些任务和基本要求？
6. 中职软件技术课的课堂教学艺术包括哪些特性？在教学中，如何提高课堂教学的艺术性？
7. 软件实验教学有何意义和作用？如何组织实施实验教学？
8. 软件技术课外活动有哪些形式？组织软件技术课外活动时应注意什么问题？
9. 中职软件类的技能大赛有哪些？如何组织中职学生参加技能大赛？

第8章　中职软件类课程教学评价

【学习目标】

1. 了解软件类课程教学评价的含义与重要意义。
2. 了解软件类课程教学评价的原则。
3. 了解中职软件类课程教学评价的特点及基本要求。
4. 掌握软件类课程学习绩效评价的方法，根据具体内容选择合适的评价方法。
5. 了解教师工作绩效评价的指标体系，了解软件课程教师工作绩效的评价方法。

教学评价是根据一定的教学目标，有目的、有计划、广泛而系统地收集有关教学效果的信息，并依据这些信息，对学生的学习绩效和教师的教学绩效做出价值判断，并以此为依据，调整、修改、优化教学过程的一种活动。

教学评价在教学过程中起着激励、导向和质量监控的作用，建立体现素质教育思想、促进学生全面发展、激励教师不断改进教学法、提高教学质量和推动软件类课程教学不断完善的教学评价体系，是软件类课程教学活动的重要组成部分，它对于促进软件类课程教育的健康发展、实现全面提高学生的职业能力具有十分重要的意义。

现代职业技术教育要培养的是富于创新精神、价值观正确、交流合作能力良好和意志坚韧不拔的人才，所以在教学评价中，我们不仅要评价学生获得的知识和技能的方面，而且要关注学生获得知识和技能的方法，以及与之相伴随的情感、态度和价值观的发展变化。中职软件类课程属于信息技术类的课程，是一门新兴的学科，在教学评价方面还显得比较薄弱。调查表明，很多中职的软件类课程还没有形成有效的评价机制。因此，建立一种适应现代职教改革需要的中职软件类课程教学评价体系，已经非常迫切和必要了。

8.1　教学评价概述

现代职教理论提倡“立足过程，促进发展”的课程评价理念，提倡教师在评价中发挥主导作用，创造条件实现评价主体的多元化，全面评估学生的职业能力。以评促学、以评促教已为软件类课程目标达成的重要手段。

教师要引导学生转变学习方式，引导学生由接受学习转变为主动学习，学会与他人合作学习，在教学过程中体现科学探究、合作学习等现代教学思想，使学生在学习过程中达到“自主、体验、个性发展”的目标，让教与学的形式“生动、多样、有趣”，以适应新的评价理念。

要建立中职软件类课程学习目标体系，要从以注重知识技能为主转变为以学生发展为本，真正体现注重知识技能、过程方法、情感态度的价值观。教师需重新组合教学内容，使得软件类课程课的教学内容贴近学生的生活和实际需要，根据学生的需要来建构知识，既要考虑学生目前发展的实际，又要考虑学生将来发展的需要。把培养学生学习的情感、态度和科学的价值观作为教学与评价的重要内容。

8.1.1 教学评价的意义

对任何事物做出评价，其意义不仅在于给出价值判断，更重要的应该是促进事物的改进、提高和发展。软件类课程的教学评价也是如此。软件类课程评价不仅是对教师和学生在软件类课程教学中的行为做出价值判断，更主要的是通过检查学生软件类课程的学习状况，来巩固学生的学习成果，肯定或修正教师的教学法，最终达到全面促进学生提高职业能力的目的。

1. 检查学习效果，激励学习动机

在学习过程中，可以通过形成性评价来达到判断学生前期学习目标达成情况的目的，对学生的学习情况及时反馈，调整和改进学生的学习过程。在学习结束时，可通过总结性评价来检测学生整个学习过程的学习效果，判断是否达到学期预期的学习目标，并以此来评定教学的有效性。学习动机是指直接推动学生进行学习的一种内部动力，是激励和指引学生进行学习的一种需要。精心设计、运用得当的评价程序可以激发学生的学习动机，从而促进学习目标的达成。

2. 促进学习的保持和迁移，巩固学习成果

软件类课程学习是一个连续的过程，任何软件类课程学习都是在学习已有软件类课程知识、技能和经验构成的认知结构基础上，理解和建构新软件类课程的过程。因此，学生已有的软件类课程知识、技能和学习经验会对后续的软件类课程学习产生影响，而新的软件类课程学习过程及学习结果又会对学生原有的知识、经验、技能等产生影响，这种新旧学习之间的相互影响就是学习的迁移。

学生当前的学习能否对后续的学习产生积极的迁移，取决于学生能否在后续的学习中迅速搜索、提取和应用学过的相关知识、技能、策略等。要有效地利用学生已有的知识技能促进后续学习，必须理解学习及其迁移发生的原理，必须在软件类课程教学评价中重视对知识的理解及对知识、技能等层面的评价，以引导学生对知识、原理的理解及实践应用的重视，将评价作为提高学生学习保持效果和迁移效果的工具。

3. 促进学生职业能力的养成

软件类课程的评价在检查学生的学习过程中，巩固了学生的学习成果，增长了学生软件类课程方面的知识，发展了学生软件类课程能力，最终促进学生职业能力的全面养成。

（1）软件类课程的评价有利于发展学生的信息意识与情感，评价过程也是学生心理的一种潜在表现过程，正确的评价能使学生真实表现当前的心理状况，并且能反映出学生的意识和情感。

（2）软件类课程的评价可以提高学生信息伦理道德的修养，在信息社会里，培养学生良好的伦理道德修养，正确使用信息资源，合理保护自己的劳动成果，这是任何一个学生在基础阶段都应具有的修养。

（3）软件类课程的评价可以促使学生信息科学常识的积累，软件类课程的评价一方面可以把学生所学的理论知识运用于实践，使理论与实践相结合，加强学生对原理性的知识的理解；另一方面使学生对所学知识的细节有更深刻的认识，使所学的知识更加清晰明了。

通过对软件类课程知识的评价，可以促使学生了解软件类课程发展的趋势，使学生从更深的层次上去认识软件类课程的发展，从而把握它的发展动态，促进学生信息能力的发展。

4. 促进教学反思

教师在了解学生的学习和发展状况的同时，也要利用评价，反思并改善自己的教学过程，发挥评价与教学的相互促进作用。充分利用和分析学生的表现，确定学生在多大程度上达到了教学目标，反思教学法和教学材料的选择是否恰当，学生学习活动序列的组织是否合理等，并提出改进措施，进一步提高教学效果。

8.1.2 教学评价的原则

我们希望能通过教学评价的实施来激发学生学习软件类课程的兴趣，提高教师的教学水平，提高学生的职业能力。软件类课程的教学评价应遵循以下原则。

1. 强调评价对教学的激励和诊断作用

软件类课程中的评价，要强调评价对教学的激励、诊断和促进作用，弱化评价的选拔与甄别功能。在软件类课程教学过程中，应通过灵活多样的评价方式激励和引导学生学习，促进学生职业能力的全面发展。教师应注意观察学生实际的技术操作过程及活动过程，分析学生的典型软件类课程作品，全面考察学生软件类课程操作的熟练程度和利用软件类课程解决问题的能力。教师在向学生呈现评价结果时，应多采用评价报告、学习建议等方式，多采用鼓励性的语言，这一方面有利于激发学生的内在学习动机，另一方面也可以帮助学生明确自己的不足和努力方向，促进学生进一步的发展。要慎用定量评价，呈现评价结果时要尽量避免给学生贴标签或排名次，弱化评价对学生的选拔与甄别功能，减轻评价对学生造成心理负担。教师在了解学生的学习和发展状况的同时，也要利用评价结果反思和改善自己的教学过程，发挥评价与教学的相互促进作用。

2. 树立评价主体的多元化的意识

教师应注意发挥在软件类课程评价中的主导作用，同时充分利用学生的评价能力，适时引导学生通过自我反思和自我评价了解自己的优势和不足，以评价促进学习；组织学生开展互评，在互评中相互学习、相互促进，共同提高。

建议教师根据评价目的和当地现状创造条件，组织家长、学校、外部考试机构、教育团体等有关机构和人员参与教学评价。为了减少各评价主体的主观因素对评价结果的干扰，教师可以在评价之前设计统一的评价标准，并与各评价主体充分交流，提高评价主体之间的一致性，保证评价的客观与公正。评价结束后，教师应及时收集评价信息，统计、归纳评价结果，并尽快反馈给学生和参与评价的有关人员。

3. 评价要关注学生的个别差异

中职生学习和应用软件类课程的能力水平、学习风格和发展需求等方面的差异很大，软件类课程的评价要正视这种个别差异。同时，学生个性特征总是存在，进行软件类课程创造的热情也较高，评价时要充分尊重学生的个性和创造性。软件类课程的评价标准和评价方式的确定和选用，要在保证达到最低教学要求的基础上，允许学生通过不同的方式展示自己的想象力与技术水平。一方面，不同起点学生在已有基础上取得的进步都应该得到认可，使每一个学生都能获得成功的体验；另一方面，要尊重学生在学习和应用软件类课程过程中表现出的个性和创造性，对同一信息作品的不同设计思路和不同设计风格、对同一问题的不同技术解决方案等，都应给予恰当的认可与鼓励。

8.1.3　教学评价的基本要求

“关注学生的发展，促进学生的发展”是现代职教倡导的学生评价新理念。在这一理念指导下，软件类课程教学评价应符合以下要求。

1. 评价功能立体化

传统教育本身以选拔和升学为目标，导致了它对评价的诸多教育功能的忽视，而过于注重对学生学习结果的价值判断，强调对学生的分等和甄别，不利于全体学生的全面发展。软件类课程标准提出“软件类课程的总目标是提升学生的职业能力”，并进一步划分为“基础知识、操作技能、交流与评价、问题解决以及价值观与责任感”等诸多层面。与现代职教目标相适应，评价的功能从单一走向立体，人们认识到，评价不仅仅充当选拔的工具，更重要的是成为教学的工具，为学生的发展提供及时而良好的服务。在关注静态的鉴别、选拔功能的同时，人们更注重评价的动态调整、改进教学、激励师生、诊断教学、反馈信息等功能，使学生和教师了解学习过程中存在的缺陷和不足，从而促使教师改进自己的教学行为，使学生完善自己的学习过程。

2. 评价标准多维化

评价标准是评价主体对评价对象进行价值判断所依据的价值尺度。传统的教育模式把教育的价值定位在筛选功能上，这种模式下的评价过于强调相对标准，其作用是确定学生在群体中的相对位置，这种标准有利于激发学生的竞争意识，但其客观性差，不能很好地反映学生的实际水平，且易导致激烈的、无休止的竞争。

软件类课程标准提出的“提升职业能力，培养信息时代的合格公民”、“关照全体学生，建设有特色的软件类课程”，决定了现代职教理念下的评价标准是以绝对标准为主，绝对标准、相对标准和个体标准相结合的多维标准。所谓绝对标准是指“建立在理性的经验的基础之上”的，在评价对象所在群体之外的客观标准。采用绝对标准，评价对象可以把握自己的实际水平，明确自己与客观标准之间的差距。但绝对标准也是人为制订的，只能做到相对客观、合理和科学，且只能反映对评价对象的共同的基本的要求，缺乏个性差异方面的考虑。个体标准是根据评价对象现在和过去的情况来确定的标准，主要用来衡量自身的学习和发展的现状，是一种个性化的评价。三类评价标准相辅相成、相得益彰，使得软件类课程的评价活动得以科学、合理地开展。

3. 评价主体多元化

传统的软件类课程评价的主体和评价的信息来源是比较单一的，一般都是由教师来评价学生，忽视了学生的自我评价和学生之间相互评价的价值，也忽视了家长和社会各界的参与，导致评价结论片面、主观，且难以保证被评价者对评价结果的认同。软件类课程的总目标是提升学生的职业能力，而信息素质更多存在并体现在日常学习和生活中。因此，在制订评价内容和评价标准时，教师应更多征求学生和家长的意见；在评价资料的收集中，学生应发挥更积极的作用；在得出评价结论时，也应鼓励学生积极开展自评和互评，通过“协商”达成评价结论；在反馈评价信息时，教师更要与学生密切沟通，共同制订改革学习的措施，以保证“以评价促进学生发展”的真正落实。评价主体的多元化，一方面可以从多个方面、多个角度出发，对学生进行更全面、更客观、更科学的评价；另一方面，作为评价主体的学生，在进行评价的过程中，也不再处于过去单纯的被动状态，而是处于一种主动的积极参与状态，充分体现了他们在教育评价活动中的主体地位，这十分有利于学生不断地对自己的学习活动进行反思，对自己的活动进行自我调控、自我完善、自我修正，促进评价习惯的养成，达成发展自我评价能力的目的，同时提升职业能力。

4. 评价方法多样化

评价方法多样化是指改变过去单纯通过书面测验和考试来检查学生对知识、技能的掌握情况的做法，倡导运用多种评价方法、评价手段和评价工具，综合评价学生存情况感态度、价值观、创新意识和实践能力等方面的进步与变化。每种评价方法都有自己的特点和优势，同时也有不足，为了保证评价的全面性、客观性、科学性，应具体问题具体分析。

由于软件类课程的特殊性，我们可以采用定量评价和定性评价等多种评价方法。所谓定量评价是指通过教育测量获得相关的数据，通过一个或一组数据来表明评价对象的状态。而定性评价则是“力图通过自然的调查，全面充分地提示和描述评价对象的各种特质，以彰显其中的意义，促进理解”。追求客观化、量化一度成为评价方法的主流，标准化测验、常模测验一度成为盛行的评价手段。美国著名教育家杜威曾明确指出，在教育领域，真正能揭示教育现象本质的，不是量的研究方法，而是质的研究方法。在我国，质性评价方法逐步受到教育工作者的重视和认可，并成为基础教育课程改革中大力倡导的评价方法。目前，学生成长记录袋、表现性评价、情境测验、行为观察等质性评价方法已得到广泛关注。

5. 评价内容全面化

以往的教育评价过于关注学生知识与技能的获得，而学生在学习过程与方法、情感态度与价值观等其他方面的发展则或多或少地被忽略；与此相对应，传统的软件类课程评价只关注学生的学业成绩，而学生在教育活动中体现的实践能力、创新精神、心理素质、行为习惯等综合素质的评价则因为缺乏有效的评价工具和方法而被忽视。新一轮基础教育课程改革提出，课程的功能要从单纯注重知识与技能的传授转变为引导学生学会学习，学会生存，学会做人。与此相一致的软件类课程的评价理念强调评价内容的全面性和综合性，强调对评价对象各方面活动和发展状况的全面关注；注重对学生综合素质的考查，不仅关注学生学业成绩，而且关注学生的创新精神和实践能力的发展，提倡观察学生实际的技术操作过程及活动过程，分析学生的典型软件类课程作品，全面考查学生软件类课程操作的熟练程度和利用软件类课程解决问题的能力，以及在此过程中体现的交流与合作能力。

6. 评价结果的多维归因

评价者在解释软件类课程的评价结果时应充分考虑学生的先天素质、生活环境、生理特点、心理特征、动机兴趣、爱好特长等各个方面的差异，对同一信息作品的不同设计思路和不同设计风格、对同一问题的不同技术解决方案等，都应给予恰当的认可与鼓励，最大限度地以个性化方式进行评价结果的归因，并坚持正面教育的原则。在呈现评价结果时应多采用评价报告、学习建议等方式，多采用鼓励性的语言，以表扬激励为主，做到客观、公正，注意保护学生自尊，引导学生认识自己的智能优劣，进而采取针对性措施，弥补劣势，发展优势，从而提高学生的职业能力。

8.1.4 教学评价的特点

在中职软件类课程教学评价过程中，必须要对学生所掌握的知识、认知能力与水平、道德思想等方面做全面评价。方法可以是多样化的，不仅要有笔试、口试，还要有动脑思考、动手操作等动态的评价过程。软件类课程的教学评价有不同于其他课程的特殊性，了解和把握这些特点，对软件类课程课的教学评价有着十分重要的意义。

1. 理论与实践相结合

中职软件类课程是一门知识性与技能性相结合的基础学科，在学习基础知识的同时，应注重操作实践。所以，在教学评价过程中，考查学生对基础知识的理解和掌握，一般采用选择题、填空题、判断题等形式，比较容易做出定量分析。但对于操作题的评价，要注意理论与实践相结合的方法，评价的方法和技术不只是单纯的定量分析，而要采用定量分析和定性分析相结合的方法。

2. 评价内容多元化

中职软件类课程的教学评价，应注意内容多元化的特点，要注重学生职业能力的评价，不仅关心学生的考试成绩，更要关注学生创新精神和实践能力的发展。也就是说要重视学生的个性发展，发展他们多方面的潜能。因此，要采用先进的评价方法，不仅要评价“知识”或“概念”等认知层面，而且要重视“实践”等操作层面的评价。例如，对学生编辑的小报、网页、演示文稿、多媒体作品等的评价，教师可以从这些作品中发现学生的想象力和创新精神，以及熟练的操作技能。从某种意义上讲，如果评价的结果使学生取得了进步，说明教学取得了成效；反之，教师应该调整教学思想改进教学法，不断提高教学质量。

3. 评价环境差异性

中职软件类课程教学需要硬件和软件的支持，教学的实施和教学的效果很大程度上与硬件和软件息息相关。我国地域广阔，各地区经济文化水平不平衡，所以在师资力量、计算机机房配置等方面有着很大的差异。例如，经济和文化发达地区硬件条件好，操作系统采用Windows 7、Linux等，而有些地区只基于Windows XP，甚至DOS平台，地区差异导致了软件类课程教学评价方案的差异。对此，我们一定要根据本地区的实际情况，选定合适的教材，确定评价目标，制订出较为合理的评价方案，促进中职软件类课程教学法的健康发展。

8.2　学习绩效评价

在软件类课程教学过程中的各个阶段，对学生进行评价，是确保学生的软件类课程学习获得理想绩效的有效办法。在软件类课程教学活动开展之前，对学生进行前置评价；在软件类课程教学活动开展的过程中，对学生进行形成性评价、诊断性评价、过程性评价与表现性评价（操作过程与作品评价、电子学档评价）；在教学活动之后进行总结性评价（笔纸测验与无纸化测验，软件类课程测验命题与评分标准）。

8.2.1　前置评价

前置评价就是在教学活动开展之前，为判断学生的前期准备状况而进行的教学评价。它要解决的问题包括 3 个方面：第一，学生是否已经掌握了参加预定学习活动所需要的知识与技能；第二，在多大程度上学生已经达到了预期的学习目标；第三，学生的兴趣、学习习惯及其他相关因素说明应该采用何种教学方式才最适合。

把学习新知识做需要的先决技能作为评价的主要内容，在软件类课程或者某个单元开始之前进行，用来检测学生是否具备了学好新课所必需的知识和技能，这可以用来获得上述第一个问题的答案。如果大多数学生还没有掌握这些先决技能，则说明应该降低教学起点。把预期的学习目标作为评价的主要内容，亦在教学活动开展之前进行，这样的测验可以用来了解在多大程度上学生已经达到了预期的学习目标。如果大多数学生已经达到了预期的学习目标，则说明应该提高教学起点。学生对软件类课程或者其中特定的内容的兴趣、态度、学习习惯、个性因素等则可以通过访谈、问卷等方式来了解，以确定合适的教学模式。

值得注意的是，为了确保前置评价对软件类课程教学的促进作用，教师首先要根据教学内容的性质，明确界定学生学习的先决条件，以此决定希望通过前置评价收集哪些方面的信息。其次，教师应该根据预先评价的结果发现并补救学生的不足，将学生置于教学序列中的有利位置。

8.2.2　过程性评价

过程性评价就是在教学活动过程中进行的评价活动，它主要有形成性评价、表现性评价、过程评价、作品评价、电子学档评价等形式。

1. 形成性评价

形成性评价在教学过程中进行，往往是在某一个知识点或者单元教学将要结束时进行，它主要用来让教师了解学生对刚刚学过的那一小部分内容的理解和掌握的程度。依据形成性评价的结果，教师要特别注重强化学生学习的成功之处，随后明确、具体地指出学生学习过程中需要改进的地方。当然，不只学生的学习行为或者理解方式需要矫正，有时教师的教学行为或者解释、演示方式也可能需要调整。比如，当形成性评价显示大多数学生都在某一个问题上出错时，教师就要反省自己是不是在这个问题上解释得不清楚；当大多数学生在某个问题上犯相同的错误时，教师就要考虑自己是不是无意中误导了学生，是不是应该换一种方式来把这个问题重新为学生做出解释或者演示。这就是软件类课程中的形成性评价，适时为教学活动提供反馈意见，供教师和学生调整教与学的过程。

2. 表现性评价

软件类课程的教学目的主要是培养学生获取信息、分析信息、加工信息、传递信息与表达信息的能力，涉及多种软件和技术的综合运用。学生利用软件类课程表现自我观点的能力，比如，字表处理、多媒体演示文稿、图形图像处理、网页制作、算法设计与高级语言编程、数据库系统构建等，都适合采用表现性评价方式。

1）表现性评价的特点

表现性评价的特点在于它擅长于诊断知识和技能的应用水平和非智力因素的发展。表现性评价是让学生面临处于真实情境中的问题，并让学生依据自己掌握的知识和技能来尝试解决这些问题。例如，学生学过文字处理软件 Word 和表格处理软件 Excel 以后，需要学生综合应用这些知识技能，就可以设计一个表现性评价——提供本班软件类课程期中考试的成绩列表给学生，要求学生用 Word 和 Excel 制作本班软件类课程期中考试分析简报。要求简报中的考试成绩统计分析图表要用 Excel 来制作，并把这些图表插入简报文字中的合适位置，简报中的文字分析部分由学生各自撰写。学生完成这个任务的过程中，需要综合运用这两个软件中的文字输入与编辑、字体设置、数据计算、图表生成、图文混排、版面设计等各项技能，最终形成一个包含数据图表的具有明确主题的电子文档作品。

2）表现性评价的层次

表现性评价分为限定性表现评价和拓展性表现评价两个层次。限定性表现评价，关注学生在一个结构良好的限定性的任务中的实际表现。拓展性表现评价则涉及更综合、结构化较差的操作性的真实情境中的任务。限定性表现性评价，比如，用 PowerPoint 制作个人自我介绍，要求有 5 张以上幻灯片，图文并茂。拓展性的表现性评价，比如，要求学生根据对当地生活与工业污水的处理调查，制作一篇关于呼吁保护水资源的多媒体演示文稿，要求其中至少有一项数据统计图表，而且用 Excel 完成；至少有 4 张以上图表，要求用数码相机拍摄，并用 Photoshop 进行美化或剪裁；导言和结束语要求有同步录音，可以控制播放或暂停；演示文稿尽量具有冲击力、震撼力和感染力。

软件类课程中的限定性表现评价可以让教师了解学生在某一两方面的具体操作水平，并有针对性地训练学生的操作。在将具体的技能放入复杂的、综合的任务中进行拓展性表现性评价中之前，可以使用限定性评价对某方面能力进行单独评价，或者在利用复杂的任务对学生进行表现性评价时，运用限定性任务来诊断学生的存在的问题。

表现性评价的设计有两个要点，一个是设计表现性评价的任务，一个是设计表现性评价的标准。所谓表现性评价的任务，就是在表现性评价过程中，要求学生完成的具体任务。能否设计出适当的表现性任务，是保证表现性评价信度和效度的基本前提。

3）表现性任务的设计要点

设计表现性任务要考虑多个方面的因素。

（1）适当选择表现性任务的类型。在学习软件类课程教学情境下，常用的表现性任务的类型有 6 种：结构性表现任务、口头表述、模拟表现任务、做试验或者调查、创作作品、完成研究项目等。在实际教学中，到底选择哪一种类型的表现任务，需要教师根据教学内容及其他相关因素综合考虑决定。

（2）学生发展水平是选择表现性任务的重要依据。处于不同发展水平的学生，其可能完成的任务是存在很大差异的。这种差异集中体现在表现性任务的复杂程度和综合程度上。学生年龄越小，越不适合完成那些包含大量知识信息、设计多个变量和要素的复杂任务。学生的抽象思维水平越高，越适合处理那些含有多个变量的交互作用的任务。学生的知识结构越是具有较好的广度与深度，越适合完成那些复杂的、综合的任务。

（3）时间、空间与设备也是影响表现性任务选择的重要因素之一。比如，要开展计算机组装这样的表现性任务，得给学生提供元件（主板、CPU、内存条、显卡、声卡、电源、机箱、显示器、键盘、鼠标等）。如果不具备这样的条件，则这样的表现性任务的设想将无法实现。

（4）为表现性任务设计真实或者接近真实的情境。在设计表现性任务时，教师除了要恰当地选择任务的类型并具体设计任务的内容之外，还要设计实施表现性任务的条件、情境及观察的次数。这里的条件主要是指表现性任务实施的时间、地点或者需要使用的设备等。这里的情境是指自然情境或者特殊控制的情境。情境的选择要根据表现性任务的特点和表现性评价的结果的用途来决定。这里说所的观察的次数，是指教师为了做出可靠的评价结论，需要观察学生表现的次数。不管评价的目的、任务的性质如何，单独一次的观察结果只能代表学生一次行为表现，不具有普遍的代表性。因此，要保证评价结论的可靠性，教师必须多次观察，多次收集资料，然后做出综合分析。如果在多次观察中获得相同或相近的表现结果，就说明这些信息是可靠的；相反，如果每次观察到的表现都不一致，那么就需要教师再做更多次的观察，收集更多的信息，然后做出可靠的结论。

（5）设计或者选定表现性评价的工具。任何评价都需要借助一定的工具来进行。有时，评价活动非常简单，评价工具可能内化在评价者身上，从外表来看并不明显。例如，教师对学生键盘操作姿势的评价，只要借助于教师的观察，即可发现问题并进行矫正。但对于复杂表现性任务的评价，则需要借助外在于评价者的工具，通过系统的观察和详细的记录来进行，这样才能保证评价的客观性和有效性。例如，对文字处理作品的评价需要打印预览或者打印输出；多媒体作品的评价需要有支持该作品的播放软件；网站作品的评价需要有网站发布系统和浏览器等。

4）表现性评价的标准

表现性评价是对学生在完成任务时具体行为的评价。必须事先确定评价的内容，并将其分解为构成表现成果的可观察的具体行为，拟定评价这些行为优劣的标准。明确而清楚地界定表现性行为的评价标准，是成功实施表现性评价的关键。

要保证评价标准有效，拟定表现性评价标准的策略有 5 条：

（1）对要评价的行为表现，教师自己先实际表现一下，记录并研究自己的表现或任何可能的表现成果。

（2）列出这些表现或成果的重要方面，作为指导观察和评价的表现标准。为方便观察和判断，表现标准的数量不宜太多，一般限制在 10～15 项。

（3）尽可能用可观察、可测量和可量化的学生行为或成果特质来界定表现标准，避免用模棱两可的词汇来描述表现标准。

（4）按行为的顺序排列表现标准，以方便观察和判断。

（5）检查是否已有现成的表现评价工具，若有，则直接使用；若无，则需自行编制。比如，要求学生就某一主题制作演示文稿，并进行演讲，评价标准如表 8.1 所示。

表 8.1　表现性评价标准示例：演示文稿与演讲技能的评价标准

演示文稿的评价标准	演讲技巧评价标准
题目新颖、得当	站立姿势自然
论点鲜明、有自己的见解	与听众保持良好目标接触
论据充分	面部表情适当，有效使用肢体语言
逻辑性强、层次分明	音量适当，吐字清楚
图文并茂、教师后排具有良好的可视性	以有条例的方式呈现观点
图表翔实、得当	正确使用修辞
文字通顺、表达精练、准确	有效保持听众的兴趣和注意力

3. 学习行为记录、操作过程与作品评价

学习行为评价实时记录学生学习过程中的各种行为，包括学习习惯、自主学习与合作学习的表现等。操作过程评价则主要看重完成某项任务过程中的技术表现。作品评价则偏重于学生所完成作品的质量。

1）学习行为记录

学习行为记录是为关注过程的学习评价提供数据的有效方法。学习行为记录主要针对情感态度和基本知识与基本技能两个方面。

（1）情感态度方面的行为观察记录评价

情感态度方面以学习习惯、自主学习、合作学习等为一级指标，再列出相应的二级指标，如表 8.2 所示。基本分为 80 分，在 80 分的基础上按照表格中的指标加或者减，假如学生获得总分为 X，那么，这样评定情感态度等级：X≥90，优；80≤X＜90，良；70≤X＜80，中；60≤X＜70，及格；X＜60，不及格。这个评价在小组中进行，可以每 4 周做一次，小组填写完评价表以后，交给教师阅读并保存。教师自己也应该对学生平时这些方面的表现做详细的笔头记载。记录使用的量规可参考表 8.2 所示的评价表。

表 8.2　学生情感态度小组评价表

一级指标	二级指标	组员 1	组员 2	组员 3	组员 4
学习习惯	无故迟到（−5～−1）				
	无故旷课（−30～−10）				
	上课讲小话、喧哗，不认真听讲，影响课堂纪律（−2～−1）				
	捣乱，影响他人上课学习（−2～−1）				
	擅自玩游戏或做学习任务以外的事（−3～−1）				
	偷看或擅自修改、删除他人文件　（−10～−1）				
	故意使机房感染病毒（−10～−1）				
	故意破坏机房设备　（−50）				
	窃取学校机房设备（−80）				
	课外在网吧贪玩（−5～−1）				
	上课忘带课本、作业本、作品或其他学具（−2～−1）				

续表

一级指标	二级指标	组员 1	组员 2	组员 3	组员 4
	未完成作业或者任务（−2～−1）				
	上课过程中不懂就问（+1～+3）				
	上课时积极回答教师提问（+1～+3）				
	课后参与整理机房（+1～+3）				
自主学习	每次自觉预习，上课表现突出（+1～+2）				
	学习过程中善于质疑，提出问题有深度有价值（+1～+2）				
	不会做时善于查阅课本（+1～+2）				
	不会做时向同学或教师轻声请教（+1～+2）				
	不会做时利用网络技术向他人请教（+1～+2）				
	完成的作品颇具美感（+1～+3）				
	完成的作品显得很有创意（+1～+3）				
	课外积极参与种类软件类课程兴趣活动（+1～+3）				
	积极参加学科竞赛，在校、县市、省获奖（+1～+10）				
	学习过程中表现出灵活性或创新性（+1～+5）				
合作学习	在合作小组中，能起领导组织作用，表现突出（+1～+3）				
	积极为小组完成任务提出建设性意见（+1～+2）				
	模范遵守课堂纪律，提示他人中止不当行为（+1～+2）				
	认真完成小组分给自己的任务（+1～+3）				
	遇到他人请教时，尽力提供帮助（+1～+5）				
	不会做时及时向同学或教师请教，确保不扯小组后腿（+1～+3）				
	完成任务时，不仅技术过关，而且注重美感（+1～+3）				
	在合作小组中不与他人配合，单独行动（−2～−1）				
	在学习中自高自大，讽刺挖苦他人（−3～−1）				
总分					
等级					

注：填写时，对部分小组长不能决定的，可由本小组讨论决定给予加分或减分。

小组长（签名）：

日期：　　年　　月　　日

（2）基础知识与基本技能方面的现场观察记录评价

首先，要求学生理解教材中所涉及的关于信息、软件类课程、计算机的硬件、应用软件的使用等一般知识，即软件类课程学科中的基础知识部分。其次，要求学生学会各种应用软件的基本操作，并能综合应用。再次，要求学生理解算法与程序语言规则，并能编写实现一定功能的程序。这个评价也可以在小组中进行。由教师拟定好评价表格，如表 8.3 所示。每堂课下课前 3 至 5 分钟发给每个小组。在组长的主持下，每个人对自己做出评价。下课前交给教师。

表 8.3　学生知识与技能自主评价表

学习要点	基本知识	识记	理解	简单应用	综合应用	组员 1	组员 2	组员 3	组员 4
	基本技能	初步学会	熟练操作			***	* *	***	* *
1．******（10 分）		√							
2．******（20 分）			√						

续表

学习要点	基本知识	识记	理解	简单应用	综合应用	组员 1	组员 2	组员 3	组员 4
	基本技能	初步学会	熟练操作			***	**	***	**
3. ******（20 分）			√						
4. ******（25 分）				√					
5. ******（25 分）									

当使用任务驱动法，或者开展了主题学习活动，或者让学生分小组开展了协作学习活动时，还可以参考表 8.4 所示的评价量规。

表 8.4　主题活动学习评价量规

姓名			本组主题活动			
自我评价	项目		内容	完成情况		
	组内分工			□合格□优秀		
	承担任务			□合格□优秀		
对同组成员的评价	小组成员姓名	任务内容	组内分工	学习情况	任务完成情况	协作情况
				□合格□优秀	□合格□优秀	□一般□优秀
				□合格□优秀	□合格□优秀	□一般□优秀
				□合格□优秀	□合格□优秀	□一般□优秀
				□合格□优秀	□合格□优秀	□一般□优秀
				□合格□优秀	□合格□优秀	□一般□优秀
				□合格□优秀	□合格□优秀	□一般□优秀
教师评价	知识学习情况	任务完成情况	参加组内活动情况	组内协作		评价态度
	□合格 □优秀	□合格 □优秀	□合格 □优秀	□合格 □优秀		□合格 □优秀
合计	合格总数		优秀总数			

指导教师：＿＿＿＿＿日期：＿＿＿＿＿

软件类课程中的协作学习评价还可以参考表 8.5 所示的评价量规。

表 8.5　小组协作学习成果评价量规

课题名称					
小组成员					
评价内容	指标		组内自评	组间互评	教师评价
内容（30%）	内容全面，包括任务要求的所有基本主题，能论及有关的其他主题				
	观点准确，论证清楚、有力				
	主题内容逻辑顺序准确清楚，重点突出，易于理解				
	包含细节、提问，能引发读者思考、好奇和探询更多信息的动机				
技术（30%）	布局	区域划分清晰，版式美观，易于理解			
		内容表现形式多样、合理			
		布局平衡合理，易于观看和检索			

续表

	界面	页面风格与主题相符，形式新颖			
		背景能很好地衬托出主题			
		图片、图片使用合理，能提高访问者兴趣并有助于理解相关文本			
	多媒体素材应用	声音使用合理，能创造与主题相符的氛围			
		能根据演示的需要合理设置有关对象的动画效果，动画播放顺序准确、自然			
		能准确、合理地使用外部的多媒体素材，如声音、动画、视频素材等			
	导航	有用于导航帮助的目录页，各幻灯片标题清晰易懂，利于理解和检索			
		能利用母版设置各页之间的链接，相关页面之间的链接准确、合理			
		页面切换自然、准确			
演示报告（20%）	能使用生动、准确的语言				
	组织严密，条理清晰，易于理解，能引发观众兴趣				
	能灵活地使用信息传递和交流技巧				
	小组成员轮流发言				
	做过较好的预演				
组内协作（20%）	分工明确，能相互合作，取长补短				
	小组成员能完成分配给的任务				
	各小组成员主动帮助别人，共同完成项目				
总　　分					
小组自评					
教师点评					

2）操作过程评价

操作过程评价主要是针对学生完成具有一定综合性的任务的过程而言，侧重评价学生的学习态度、制作计划、协作表现、独立思考能力、软件类课程应用水平、学习效果等，可以参考表 8.6 所示的量规。

表 8.6　电子作品完成过程的评价量规

姓名		作品名称			
评价内容	标准		自评	同学互评	教师评价
学习态度（15%）	对制作本作品的意义认识充分				
	能积极参与学习活动，努力自学必要的技术				
	有学好软件类课程的自信心，能不回避遇到的困难				
制作计划（10%）	有作品规划意识，并有明确可行的学习和制作计划				
	能按照规划实施学习和制作活动				
协作（25%）	在学习活动中有协作的精神，互帮互学				
	乐于与他人合作，能根据学习要求或任务，与同学进行合理的交流				
	愿意并能与教师、同学进行有效的交流、沟通				
	理解别人的思路，并在与同伴交流中获益				
	能积极参与评价活动，合理打分				

续表

姓名		作品名称			
评价内容	标准		自评	同学互评	教师评价
独立思考能力（10%）	能通过独立思考获得解决问题的思路				
	有反思自己学习或活动过程的意识				
信息技术应用（20%）	能熟练地使用已经学过的软件类课程知识和技能完成当前学习任务				
	敢于动手操作，能通过自己的尝试和创新，学习新的软件类课程知识和技能				
	合理应用网络环境收集信息，交流思想				
	合理应用网络环境建立并保存自己的有用信息				
收获和进步（20%）	软件类课程知识、技能				
	软件类课程操作				
	信息搜集、处理、利用信息解决问题及信息发布、交流的过程与方法				
	创新精神和动手实践能力				
合计					
自我评价					
教师评价					

3）作品评价

作品评价着眼于学生完成的作品，侧重评价作品的设计、创意、技术水平等，可以参考表 8.7 所示的量规。

表 8.7　学生作品评价量规

一级指标	二级指标		作品 1	作品 2	作品 3	作品 4	作品 5	……
技术与效果	使用了教师要求的各项技术（10）							
	作品演示流畅（10）							
	标题准确（10）							
	逻辑结构清楚（10）							
	色彩构图等视觉效果好（10）							
	配音音乐等听觉效果好（10）							
特色与创新								
合作	组内分工明确（5 分）							
	成员勤于钻研，各自完成了任务（5 分）							
	完成任务过程中各成员善于请教（5 分）							
	小组作品按时完成，没有拖延（5 分）							
	个人介绍相应部分，表达清楚（5 分）							
	合作得很愉快（5 分）							
评语或建议		总分						
		等级						
备注	表中的特色与创新部分由评价者填写并酌情加分							

4. 电子学档

学习档案袋用来记录学生自己、教师或同伴做出评价的有关材料，包括学生的作品、反思，还有其他相关的证据与材料，以此来评价学生学习和进步的状况。在软件类课程中，我们往往让学生把这些信息都记录在电脑里，记录在自己的学习文件夹中，所以通常又称为电子学档。电子学档记录学生在某一时期的成长足迹，是评价学生进步过程、努力程度、反省能力及其最终发展水平的理想方式。电子学档中的“证据”有3种类型。

1）展示型。收集学生最优秀或最满意的作品，而描述学习过程的作品不属于这个类型。学生有选择作品的权利，教师不能用自己的标准代替学生选择作品；鼓励学生考虑作品选择的理由；而有关的反省记录也可以装进去；其内容是非结构化的，每个学生电子学档可以是不一样的，往往也确实各不相同。

2）描述型。所收集的学生作品不仅指结果性作品，还包括学生在完成这一作品过程中产生的过程性作品，如教师完成的核查表、教师做的课堂观察记录表现性测试的结果、学生的自我评价和反省，或者来自家长的信息等，只要能真实地反映学生的学习过程，都可以收集。所收集的资料必须是在学习过程中自然产生的，这要才能真实地反映学生的学习过程。

3）评估型。用于评估学生学习与发展水平的电子学档，其内容统称是标准化的，就像其评分过程一样。这种电子学档可以作为决定学生升级或留级的参考，也可以作为一定学段的总结报告的依据。

电子学档的主要意义，首先是它让学生通过自己全程参与评价，为学生进行学习反思和判断自己的进步与努力程度提供了机会。因为学生有权决定自己电子学生的内容，特别是在作品展示或过程记录中，由学生自我判断所提交作品的质量和价值，从而拥有了判断学习质量、进步过、努力情况的机会。其次，电子学档最大限度地为教师提供了有关学生学习与发展的重要信息，不仅有助于教师形成对学生的准确预期，方便教师检查学生学习的过程和结果，而且将评价与教育、教学融合一起，与课程和学生的发展保持一致。电子学档评价与标准化测验的区别如表8.8所示。

表8.8　电子学档评价与标准化测验的区别

电子学档评价	标准化测验
反映学生参与的多种操作活动	依据有限的应答试题来评价学生的操作能力
让学生参与自己进步与成就的评价，并提出进一步学习的预期目标	由教师根据学生的答题情况评分
在尊重学生个体差异的基础上评价每一个学生的成就	用同一标准评价所有的学生
评价过程是合作性的	评价过程严格要求学生各自独立完成
自我评价是重要目标	有自我评价方面的目标
各种学生的进步、努力与成就	只关注学生最终取得的学习成就
将评价与教、学结合起来	教学与评价是分离的

电子学档评价实施的步骤主要有：

（1）明确评价目的；

（2）确定评价的内容和技能；

（3）确定评价的对象，在什么年级水平；

（4）确定收集的内容和收集的次数、频率；

（5）调动学生参与；

（6）确定评分程序；

（7）向全班或小组介绍自己的电子学档及其中的作品；

（8）制定交流计划和保存、使用计划。

整个电子学档的形成过程由教师和学生共同完成，以学生为主。电子学档的内容通常涵盖了一项任务从起始阶段到完成的完整过程，是对学生做出全面准确评价有效依据。一般来说，电子学档中包含若干项目，假设总计 10 项，各项在整个电子学档中的权重各不相同。假设有学生自己评价、小组成员相互评价，教师评价、家长评价等几个方面，权重分别为 10%、30%、40%、20%，那么，可以参考表 8.9 所示的电子学档。

表 8.9　学生电子学档评价表

	有/没有	自评 10%	小组互评 30%	教师评价 40%	家长评价 20%
项目 1：*****（3%）					
项目 2：*****（3%）					
项目 3：*****（8%）					
项目 4：*****（8%）					
项目 5：*****（10%）					
项目 6：*****（10%）					
项目 7：*****（12%）					
项目 8：*****（12%）					
项目 9：*****（14%）					
项目 10：****（20%）					
总分					
平均分（四舍五入，精确到个位）					
等级（在等级上打钩）	优秀	良好	中等	及格	不及格
学习建议					

8.2.3　终结性评价

终结性评价也可以称为总结性评价，是指在教育活动结束后为判断其效果而进行的评价，包括一个单元、一个模块，或一个学期、学年、学段的教学结束后对最终效果进行的评价。它是对教学目标达到程度的判断，同时也为判断教学目标适当性程度和教学策略有效性程度提供了依据。软件类课程与其他科目不同，在终结性评价上，上机操作测试也是必不可少的部分。软件类课程的终结性评价主要有两种方式，第一种是笔纸测试加上机操作测试，第二种是计算机支持的软件类课程考试。

1．笔纸测验与操作测试

软件类课程的笔纸测验主要是针对软件类课程基础知识、情感态度、信息伦理、信息道德与信息法制观点。上机操作测试主要是针对操作技能。

不论是笔纸测验还是上机操作测验，都要事先编制试题。编制试题是一项繁杂、细致的工作。为了科学地进行测验，应根据测验的目的，选择知识点，并以适当题型体现各个知识点，再集合成试卷。

2. 拟定试题

一个完整的软件类课程测验应该包含 4～5 种题型，且其中至少应该有一种题型是通过上机操作完成的。题型太少，考查的思维层次少，不能全面考查学生的能力。题型太多，学生处于思维方式的过度转换中，容易造成焦虑，使测验所得的分数不能充分反应学生的能力。所以，题型数量要适中。题目的数量也要适合多数学生的水平，与考试所给的时间匹配。

3. 试题选择

1）科学性原则

命题要注意试题的科学性。试题的文字表达应该清晰、明确，表达的意思不能有歧义，评分参考答案要考虑到各种情况，按步骤或者要点记分，分值分配要合理。命题结束后一定要严格校对，不能发生任何差错，如文字、标点、流程图、程序、菜单、界面图和对话框等都要准确无误。

2）目的性原则

所有的测验，都有特定的需要达到目的和要求。考试不同，命题的要求也不同。期中考试、期末考试、毕业会考等，应该按照“指导纲要”的基本要求和大部分同学可以达到的及格标准来命题；而软件类课程等级考试，则应考虑如何让试题难度有较明显的层次。当然，所有的软件类课程考试，都要有利于指导中职软件类课程教学，有利于减轻学生的考试负担，有利于提高学生学习软件类课程的兴趣和效率，有利于更好地普及软件类课程教育。

3）难度适当原则

命题要把难度控制在适当的水平。如果是单元测验、期中或期末考试，则应该以考查基本知识和基本技能为主，让学生感到只要认真学了，都能做对，以激发学生进一步学习软件类课程的热情。如果是竞赛或者等级考试，其难度应该让大多数人合格，而让少数能力强的学生获得高分，以利于人才的选拔。就一般的测验而言，试题中较容易的题目应占 70%，较难的题目占 20%，更难的题目占 10%。

4）遵循课程标准原则

考试内容要力求与课程标准一致，既要达到课程标准规定的要求，又不能超过课程标准规定的要求。从考试的知识点来看，要注重最基本的内容，让考试的知识点尽量覆盖课程标准规定的范围，同时注意突出重点内容。这样才有利于把课程标准落到实处，才有利于软件类课程教学的规范化。

5）创造性原则

命题过程中，最好能设计一些试题来测试学生的创造性思维能力，鼓励学生多角度看问题，支持学生的发散思维和求异思维，给学生个体发展提供一个展示的空间。

6）经济性原则

命题应考虑考试成本的问题，尤其是在大规模的测验中，命题要能满足节约纸张、易于组织、节约阅卷人力等经济性要求。

4. 题型设计

便于客观评分的题型有选择题、判断题、填空题等。

1）选择题

选择题能在短时间内测验学生的思维灵活性与敏捷性，具有很高的覆盖面，便于测量学生的知识全面程度，易于计分。所以，选择题是软件类课程考试可以采用的题型之一。编制选择题是要注意，题目中要明确指出是多项选择题还是单向选择题，题干设问要准确，各选项在形式上要相近，干扰项要有足够的迷惑性，单向选择题的备选答案一般为 4 个，符合题干要求必须只有一项，多项选择题的备选答案可以为 5 个到 6 个，符合题干要求的可以有一项、两项或者多项。编制选择题时应该避免使用“以上答案都不正确”这样的选项。

由于选择题只要求学生写出选择的结果，教师无法了解学生思维的过程，无从判断学生的迷惑所在，猜对的也可能出现。所以，选择题在试卷中所占的比例不宜过大，最好不要超过理论性笔纸测试部分总分值的 20%。

2）判断题

判断题又称是非题、正误题。它主要用来测验学生对基本知识和基本概念理解、记忆得是否清楚准确。它也具有较高的覆盖性，评分客观快捷。编制判断题时需要注意的是，所给的命题不能有歧义，必须有明确的正误性。避免使用暗示性的词语，如“一般”“肯定”“总是”等。正确的命题和错误的命题数量基本持平，随即穿插出现。判断题与选择题有着相同的弊端，所以，在测验中，判断题的总分值应控制在理论性笔纸测试部分总分值的 10%以内。

3）填空题

填空题用于考查学生对软件类课程基础知识、基本理论、基本算法的掌握程度。往往是把对相关知识或程序的完整表述中的重要的词语或者片段去掉，让学生来填写。在软件类课程学科中，填空题的被学生猜测答对的可能性较小，应用范围较广。编制填空题时，必须选择那些具有重要意义的知识点，填空题每一小题中的空不宜超过 2 个，以免使得题目提供的背景信息过少。填空题不必强求学生的回答与教科书上完全一样，只要意义正确即可，避免学生死记硬背，加重学生的负担，又毫无益处。 填空题所能考查到的认知加工深度较浅，其总分值一般宜控制在理论性笔纸测试部分总分值的 10%以内。

软件类课程测验中，依靠教师主观判分的题型有简答题、论述题、编程题等。

1）简答题

简答题可以考查对基本知识、基本概念是否记得清楚，还可以考查学生对基本知识、基本概念理解是否透彻。简答题要求学生的回答切中要害，准确、简洁、明了。简答题一般分值较大，所以，要针对教学中的重点、难点来编制简答题。简答题的提问也要简明扼要，以避免学生在理解题意上耽误时间。简答题的总分值宜控制在理论性笔纸测试部分总分值的 30%以内。

2）论述题

软件类课程考试中的论述题，主要是针对那些信息伦理、信息道德、信息法制等方面的问题，可以提出问题，让学生论述，也可以给出案例，让学生分析，进行评述。一般而言，没有严格统一的答案，学生的回答结构完成、论点明确，论述充分，自成体系或自圆其说就可以。论述题的分值宜控制在理论性笔纸测试部分总分值的 10%以内。

3）编程题

程序设计是中职软件类课程中的教学模块之一，在教学过程中要求学生学会程序设计的思想和方法、问题的算法表示、算法的程序实现，使学生能编写一些简单的程序。编程能促进学生解决问题能力、创造性思维、发散思维的发展，是软件类课程教学的重要方面。所以，编程题在考试中也是必要的题型。编程题有 3 种具体形式，第一种是改错，即告知程序预期实现的功能，并给出程序，但是程序中有错误，要求学生阅读程序，发现错误，把错误部分划上横线，并把正确的写在下面或者旁边。第二种是补充，即告知学生程序预期的功能，并给出程序，只是程序中有些地方是不完整的，并以横线表示。要求学生把缺失的部分补充完整。第三种是编写程序，题目只给出期望实现的功能，程序完全由学生编写。

4）上机操作题

中职软件类专业系统应重点培养学生的实际动手能力，为此，中职软件类课程要采取主要考查学生实际操作，或者评价学生作品的方式。”因此，应该重视对上机操作试题的命题研究。上机操作试题的题量根据学生的年龄和需要考查的教学内容的多少来定。一般，至少应包括限制性操作和拓展性操作两个层次。限制性操作试题给学生明确的操作指令，以清楚地考查学生是否掌握了相关的基本操作。拓展性操作试题，只给学生大致的要求，考查学生的综合应用能力、创新能力。考查某一操作技能的试题宜备同质的多道题，存在计算机中，由系统随即抽取一道给学生。实践性上机操作考试部分的评分，目前一般是由教师及时观察记录并立即评分。也可以要求学生把自己的操作过程用屏幕视频采集软件采集下来，以自己的学号和姓名保存，所有学生同时操作，之后教师依据学生保存的操作过程视频给学生评分。还有一种是，学生按照上机试题的要求，现场完成操作，并保存作品，教师在学生操作完成之后依据学生的作品进行评分。未来的发展趋势是，编制软件综合监测学生的操作是否符合题目的要求，试误的次数，所花时间的长短，并给出分数。限制性操作试题分值宜占上机操作试题总分值的 60%左右，拓展性操作试题分值宜占上机操作试题总分值的 40%左右。

5. 试卷设计

根据测验任务的真实性、测验任务的复杂性、测验所需的时间、计分所需的判断能力 4 个方面来看，测验可以分为 4 种，即选择性反应、补充性反应、限定性表性评价和拓展性表现性评价。选择性反应，是一种反应性测验，它要求学生从题目中提供的答案中选出正确的或最佳的答案，常用的选择性反应测验的试题类型有选择题、判断题、改错题、匹配题等。补充性反应，也是一种反应性测验，它要求学生依据试题提供的部分信息补充更多的信息，常用的补充性反应测验的试题类型有填空题、简答题、论述题、编程题等。限定性表现性评价关注学生在一个结构良好的限制性的任务中的实际表现。比如，给出一段文字，并给出明确的要求，让学生为这段文字按要求设置格式。拓展性的表现性的评价，涉及更综合、结构化较差的操作性任务。

软件类课程是一门新兴学科，其试题的编制还处于探索阶段。针对其综合性、实践性强的特点，软件类课程试题可以分为两大类，理论性笔纸考试题和实践性上机操作考试题。在一次考试中应该既包括理论性笔试考试，也包括实践性上机操作考试。依据考试内容操作性技能的重要性程度，实践性上机操作考试部分的分值所占比例可以在 20%～80%之间调节。

6. 试卷编制

试卷编制是指将拟定好的试题进行科学的搭配，最后组织成试卷。手工组卷过程包括检查试题、编排试题及编写答题说明。

1）检查试题

试题的检查是编制测验试卷重要步骤。在收集编写好的试题的同时，应当认真检查每一道试题。试题检查主要包括：试题的题意是否完整，试题叙述是否简单明了，试题是否避免了提供额外的线索，每道试题是否彼此独立、有无重叠现象，试题的难度是否适宜，区分度是否良好，测验的长度和测验的时间是否适当，测验所包括的试题能否覆盖整个命题双向细目表的内容，选择题选择项中是否只包括一个最佳答案，干扰答案是否具有似真性等。

2）编排试题

试题通过检查之后，检查合格的试题就可以用来编排成试卷。由于试题的类型不同，安排试题的方式也有区别。为了对试题的编排达到最佳效果，应注意以下编排原则。

（1）将测验认知目标相同的试题编排在一起。也就是说，将知识、理解、应用、分析、综合、评价5个不同层次的试题相对集中在一起。这样编排试题，一方面经过评定测验结果，可使测验对教学起反馈作用，发挥测验的诊断作用；另一方面，这样编排有利于考生回答试题，可使考生在同一时间内运用同一种智力活动来回答试题。

（2）将同一类型的试题编排在一起。也就是说，将是非题、简答题、多重选择题、论述试题等不同类型试题相对集中在一起。这样编排试题，便于学生作答，减少由于试题类型变换对考生产生的干扰，有利于教师记分和对测验结果的统计分析。

（3）由易到难排列试题。将试题由易到难排列，可使整个试卷具有难度的层次性，使不同程度的考生都充满信心和兴趣来完成试题。即使差生通过自己的努力，也可以解答前面较简单的问题，从而坚定考生的考试信心，这就是所谓的“热身题”。在编排试题时，一般可按照认知目标的顺序，如知识、理解、应用、分析、综合、评价来分组，每组内的试题应遵循从易到难的原则排列。

3）编写答题说明

测验试题编排好后，还需要对答题的各种要求进行简要说明。测验的答题说明必须简明扼要，意义明确，不使学生产生歧义。答题说明一般包括：测验目的、测验时间限制、回答试题方法和记分方法。下面是一个答题说明的实例：

本测验的目的是检查和了解同学们对本单元教材的掌握情况，发现同学们在学习中的困难，以便帮助同学们为完成下一单元的教材内容做好知识准备。

本测验时间为45分钟。

本测验共50道选择题，每题只有一个正确答案，请将正确答案前面的字母圈起来。本测验答错不倒扣分，所有的试题都要回答，不要遗漏。

编写答题说明的目的在于尽可能使考生独立作答，不需要且尽量避免监考教师的指导，这样才能保证测验的统一性和客观性。如果不同时间，对不同考生所附加的答题说明不一致，就会极大地影响测验的客观一致性，降低测验结果的可比性。

7. 测验实施

测验试卷编制好后便可正式交付使用。测验实施一般可分为3个阶段，即测验前的组织工作、测验实施和试卷的评定。

1）测验准备

测验前的组织工作包括制定的实施计划，测验试卷印制、管理，考场的安排及测验工作人员的选聘和培训。要安排好测验的工作日程，制定违纪处理办法。在试卷印制中，要切实做好保密工作。在测验前，测验工作人员要集中学习测验法规、工作计划和明确分工，以便在测验实施过程中密切合作，确保各环节质量。

在测验前的组织工作中，必须保证试卷的印刷质量，要求做到正确、清晰。印制试卷时，一般可采用两种形式之一：一种是分离式试卷，另一种是传统的综合式试卷。分离式试卷是将试题纸与答案纸分离，考生只要将答案纸的题号与试卷题号保持一致，在答案纸上填写答案即可。这种形式的试卷可以反复使用，节约印刷经费，便于管理和评阅试卷。综合式试卷是将试题与答案空白印制在同一张试卷上。这种试卷符合一般人的考试习惯，也便于评分。不管何种形式的试卷都必须注意以下事项：

（1）不同类型的试题之间，应留出两行间隔，以达到考生易读的效果；

（2）多重选择题的题干与选项不能印在同一行中，每个选项应单独占一行；

（3）一道试题不能分开印在两页上，以避免考生来回翻阅试卷，耽误时间，分散精力，发生错误；

（4）试卷应按统一规格印制，并力求美观、经济与实用。

2）测验实施

测验实施是一个必须重视的环节。测验实施是否得当将对被试的成绩产生直接影响。因此。测验实施要求按严格的规范进行。测验实施包括宣讲考场规则，注意时间的限制。若在测验中发现舞弊违纪现象或其他突发性事件，应按规定的办法妥善处理。在测验中自始至终都要保持考场环境的安静稳定，便于考生发挥应有的水平，以保证测验结果的可靠性。测验前不应讲与测验无关的话，否则会使考生产生烦躁情绪，影响测验成绩。测验前还要妥善安排好座次，预防考生作弊。在测验过程中，要尽可能排除一切外界干扰，特别是与测验无关的人员不准进入测验教室，教室外不允许有人讲话，避免影响考生作答。当考生提出问题要求说明题意时，这时的说明应力求简短，不可给考生提供暗示。监考教师事先应学习考场纪律及遇到突发事件的处理办法，做好考场的监督工作。

3）试卷评定

试卷的评定要按标准答案评定，尽量客观，将分析评分、要点评分与综合评分（从整体上考查）结合起来。评阅试卷既要初评也要复评，确保评阅质量。对于重要的考试，在可能条件下，应尽量由两位或更多的评卷者参加工作，并要求评阅者独立评分。然后再计算其平均分，这样可弥补单独评阅、主观给分的偏差，而且还可检验评分结果的信度。试卷评定后还要分析试卷评阅情况，从中发现考生存在的问题，以便为教育、教学工作提供理论帮助。

4）试卷分析

某一次软件类课程测验好还是不好，以什么来衡量呢？一般来说，需要考虑测验的信度、效度，试题的难度、区分度等。

（1）信度是指一个测验所获得的测验结果的可靠性和稳定性。如果一个测验对同一组考生多次进行，或用另一组等值试题对同一组考生进行测验，结果比较一致，比较稳定，那么可以说这个测验的信度较高。

影响测验信度的因素主要有测验的题量、试题对教学内容的覆盖程度、分值的分布、试题指导语和学生的临场状态。所以，精心设计试题、适当大一些的题量，提高试题对教学内容的覆盖率，均匀的分布各小题的分值，保证试题导语的清楚、易懂，使学生保持适度的紧张，都能提高测验的信度。

（2）效度是指一个测验能正确地测出它所要测量的东西的程度。效度体现了测验结果与测验目标之间的一致程度。而测验是通过一定的测验内容来反应测验目的的。所以，要提高测验的效度，需要注意两个问题，一是测验的目标要明确，是要考核学生对软件类课程基础知识的理解，还是要考查学生应用软件类课程基础知识的能力？还是考查学生获取信息、辨别评价信息的能力？二是试题的设计要能有效体现测验目标。客观性试题一般用来考核学生对知识的掌握情况，非客观试题主要用来考核学生对材料的组织能力，对知识的应用能力、逻辑推理能力、发散思维能力。软件类课程测验的题目要用浅显易懂的文字来表达，避免学生在读题上花费太多时间或者理解错误，导致软件类课程水平无法发挥出来。

测验的信度和效度可以通过统计方法计算得到，即信度系数和效度系数。

（3）难度是指试题的难易程度，是试题对学生知识、能力水平的适合性程度的指标。难度通常用答错该题的人数比例来表示。答错该题的人越多，就意味着该题的难度越大。对一般测验而言，难度为0.4～0.6的题比较适宜。

（4）区分度是指试题对学生水平高低的区分程度。一般而言，在测验中，学习好的学生获得高分，学习差的学习获得低分。一般来说，试题应该具有良好的区分度，以便使教师能较为全面地了解学生的学习状况。

难度和区分度是对试题进行分析的重要指标，也是两个密切相关的指标。区分度的提高主要是通过控制试题的难度来实现。太难的题目，学习好的学生和学习差的学生都答不出来，它的区分度就低；太易的题目，学习好的学生和学习差的学生都答得出来，它的区分度也低。一套试题中的各个题目，它们的难度只有以阶梯状分布，才能使测验具有良好的区分度。在不同目的的测验中，试题的难度和区分度要求是不同的，对于常规参照测验，它要确定学生等级，所以，需要层次丰富的难度，以获得较高的区分度；而对于目标参照测验，或者教师自编测验，主要是为了检查全体学生是否都达到了教学目标规定的最低要求，这时的测验就要以教学目标为准，不必为追求区分度而增加部分试题的难度。

5）成绩分析测验以后，作为教师，需要对测验成绩进行统计分析，从学生的测验统计数据中总结教学的成功经验，确定教学中存在的问题。在测验分析中常用的方法有平均数、百分等级数、标准差、Z分数、T分数等。

8.3　教师工作绩效评价

8.3.1　教师工作绩效评价概述

1. 教师工作绩效评价的内涵

教师工作绩效评价，是指通过对软件课程教师素质以及软件课程教师在软件类课程教育教学工作中的行为表现状况的测量，评价软件课程教师的素质和教育教学效果，为进一步提高中职软件课程教师的素质水平，为提高中职软件类课程教学效果提供切实可行的建议。完整地理解软件课程教师工作绩效教师评价的内涵，应该注意以下几点：第一点，软件课程教师评价的内容应该包括3方面，一是软件课程教师本身所具有的素质；二是软件课程教师在教育教学中的行为表现；三是软件课程教师教育教学的效果。缺少其中的任何一方面，都不是全面的、科学的教师评价。第二点，测量与分析是软件课程教师评价的基础，教师评价必须以测量结果为依据。第三点，软件课程教师评价的目的是为了向教师提出建议，以促进教师发展。

2. 教师工作绩效评价意义和作用

教师工作绩效评价意义不仅在于它是一种有效的提高中职软件类课程教学质量的有效手段，而且也是一种推动教师专业化发展的手段，同时，它也是学校管理中不可缺少的重要手段。归结起来，教师工作绩效评价的意义与作用在于以下几个方面。

1）有助于鉴定软件课程教师的资格

作为专业人员，软件课程教师的素质和能力结构必须符合一定的标准。借助教师工作绩效评价，我们可以衡量软件课程教师的个体素质是否符合中职软件课程教师的标准，衡量他是否适合承担中职软件类课程教学任务。评价的结果可以运用到教师聘任、教育教学工作安排、教师人员调动与配置等方面，避免只看学历而忽视实际教育教学能力的现象。

2）有助于评判软件课程教师的工作业绩

软件课程教师工作业绩评价可以用来评判软件课程教师在工作过程中是否忠实地履行了应尽的职责，是否完成了所规定的教育工作任务，是否达到了应达到的教育教学要求。

3）有助于软件课程教师素质的提高和软件类课程教学工作的改善

科学地评价教师，能帮助教师发现其以往工作中存在的问题，找出其业务素质和业务水平上的薄弱之处，并在分析原因的基础上，总结成功的经验和失败的教训，提出新的促进专业发展的意见和建议，以促进逐步提高自身素质和业务水平，推动教师改进教学、提高教育教学质量。

4）有助于实现教师队伍的科学管理

教师管理是学校管理工作重要组成部分。一所学校管理工作的好坏在一定程度上取决于教师管理工作的质量。因此，高质量的教师管理是每所学校追求的目标之一。为了实现对教师的有效管理，学校领导必须充分掌握每个教师的情况，包括教师的基本素质和专业素质，教师在教育教学过程的行为表现，以及教育教学的实际效果等。只有这样，校长才能制定出适合本校实际的教师队伍建设目标和学校教师发展策略，才能对教师因人指导和因人要求，以实现学校教师队伍的整体发展。因此，教师工作绩效评价是中职实现学校管理目标的重要方面。

3. 教师工作绩效评价的方式

教师工作绩效评价，要选择包括软件课程教师自身在内的多元主体，形成民主、公正的评价体系。应该考虑到如下这些人员对软件课程教师的评价。

1）教师自我评价

每学期末，让软件课程教师对照学校制定的“软件课程教师职责条例”进行自我检查，自我评价形成自检报告，自检报告最好包括两部分，一部分是表格，便于统计基本的数据，另一部分是总结，便于促进教师回顾反省，并向同行提供更多关于他自己的工作方面的细节，为年终考核积累材料。

2）教师互评

每学期召开两次软件课程教师工作交流座谈会，首先，由各位软件课程教师进行发言，对自己一学期的工作进行总结。其次，教师之间互相交流，学习别人的优点，查找自身不足。最后，教师互评，依据统一的评价指标相互评分。

3）领导测评

根据学校整体工作规划和教师队伍基本素质情况以及软件课程教师工作表现和绩效制定测评标准，对软件课程教师进行测评。

4）职能部门评价

各职能部门，根据软件课程教师的工作量、工作表现、工作业绩进行评价。

5）学生评价

每学期开展一次学生评教活动。学生对任课教师的师德、授课质量、作业批改、课后辅导、课外活动等方面给予优、良、差的评价，评选出班级“最受学生欢迎的教师”。学校根据学生的投票情况，在全校范围内评出5～10名“最受学生欢迎的教师”，连续3次获此荣誉的教师，学校将给予重奖，在教师中形成“受学生欢迎，无尚光荣”的气氛。

6）家长评价

可通过设立家长接待日，由校长倾听家长对学校管理及教师工作的意见和建议，起到家长监督的作用。还可以设计教师评价量表，让家长为每位教师评分。

8.3.2　教师教学绩效评价指标体系

1. 素质指标

所谓素质指标是依据教师在履行教师职责方面应具备的基本素质而提出的评价指标。有时也称为条件指标。软件课程教师的基本素质集中体现在职业道德和职业智能两个方面。职业道德要求教师要有高尚的道德品质和崇高的精神境界，通过教师的潜移默化影响，培养和塑造一代新人。教师的智能结构包括两个方面的内容，即教师的职业知识（精深的专业知识、广博的文化知识、必备的教育科学知识）和职业能力（加工知识的能力、传授知识的能力、组织管理学生的能力、自我控制能力以及开拓与创新的能力)，21世纪的教师应具有较强的获取、加工、转播信息的能力，即应具备应用现代教育技术进行教学的能力，应具备对教学资源和教学过程进行设计、开发、利用、评估和管理的能力，应具备应用计算机网络技术、多媒体技术以及电教设备进行教学的能力。

一名软件课程教师的素质是通过从事软件类课程教育事业养成的，并决定今后发展方向的基础和条件，因此，在评价一个教师的教学质量时不应完全以学生考试成绩的好坏、教师一时的工作积极性或者一两节公开课的好坏为标准。应该看到，如果忽视了条件指标，就可能导致教师急功近利，只顾眼前工作，而不愿学习新知识、吸收新经验。所以在评价过程中，重视条件指标有助于提高教师自身业务水平和素质，从而保证软件类课程教学水平和质量不断提高。

2. 行为指标

行为指标是针对软件课程教师所应承担的责任、完成任务的情况而提出的评价指标，在教学中教师起着主导作用，教学方向、内容、方式方法、进程结果都由教师决定；学生的学习动机、学习方法、学习效果都受到教师教学的影响。评价教师的教学质量，主要取决于以下几个方面。

（1）备课质量。主要看教师对大纲钻研是否深入，对授课学生情况了解是否清楚，对教材的重点、难点把握是否准确，是否制作多媒体课件辅助教学，教学法设计是否恰当，教学结构安排是否合理，教案是否翔实。

（2）授课质量。主要是教学目的是否明确，内容是否科学，重难点是否突出，教学组织是否灵活。语言表达是否清晰，课堂气氛是否活跃，是否采取现代化教学手段，是否注重教学效果，是否注重学生的创造能力培养。

（3）作业批改质量。主要看作业分量是否恰当，作业内容是否符合教材要求，批改作业是否及时、认真、准确，批改后是否点评。

（4）课后辅导。主要看是否对不同层次学生进行了辅导，是否对学生进行了上机辅导，辅导学生是否经常、是否耐心。

（5）考试考查工作。包括命题是否严肃认真，题目难度是否适当，题目的分布是否合理，评分标准是否正确，考试之后是否进行认真总结。

教师工作绩效评价的重中之重是授课质量的评价。在教学工作中，教师起主导作用。教师授课水平的高低，直接影响学生学习的效果和身心发展的质量。对教师授课情况进行科学的评价，从而获得教学情况的有效信息反馈，是提高教学质量和教师教学水平的重要途径。

3. 效果指标

教学效果是指教师在软件类课程教学活动中取得的效果和成绩，它主要通过学生对基础知识、基本理论的掌握和应用程度、学生创新意识的培养以及学生身心素质和思想品德提高的程度体现出来。教学效果评价的指标有教学成绩评价指标和教学中教育效果评价指标。所谓教学成绩评价指标是针对软件课程教师在教学工作中所取得的最终教学成果而提出的评价指标，它主要通过学生职业能力的提升、在软件类课程考试中获得的成绩来体现。教学中教育效果指标主要指教学对学生思想教育的效果，如在教学中，培养激发学生强烈的学习动机，正确的学习目的，浓厚的学习兴趣，顽强的学习意志和毅力，充分的学习信心、实事求是的科学态度、独立思考、勇于探索的创新精神等。

4. 课外活动与竞赛辅导

软件类课程在中职软件类学生的生活中也变得越来越重要，除了软件类课程课之外，很多中职生和家长都希望有软件类课程课外活动，以便让学生有更多的机会学习软件类课程。所以，软件类课程课外活动也是软件课程教师的职责范围。一般而言，对教师指导软件类课程课外活动的评价应该考虑到以下几方面。

（1）组织得力。软件课程教师要组织好学生报名，组织好学生每次按时来到活动地点，一般是学校的机房，每次检查要去学生完成的任务。

（2）指导有方。课外活动与课堂教学不同，课堂教学的宗旨是让全班同学都达到教学目标规定的最低要求。而课外活动则是需要让每个有兴趣的学生在自身软件类课程知识能力的基础上能有所发展、有所深入，所以课外活动更重要的是指导。

（3）学生有进步。每个学期快要结束时，软件课程教师要组织学生作品展示，学生操作演示，让平行的课外活动组、班主任、学生家长、学校领导等一起观看，以展示软件类课程课外活动的“成果”，展示学生参加课外活动小组所取得的进步。

（4）学生获奖。参加比赛往往是软件类课程课外活动的目的之一，所以，软件类课程课外活动往往是学生参加各种软件类课程比赛的训练营。所以，学生通过在软件类课程课外活动小组的学习，能在各级软件类课程比赛中获奖当然也算软件课程教师组织课外活动的工作成绩。

5. 教学研究水平

软件类课程教师像其他任何学科的教师一样，在完成基本的教学任务和课外活动指导等职责之外，也要坚持进行教学研究。每年至少在省级学术杂志上公开发表一篇文章。在省级刊物上发表一篇文章之外的教学研究成果获得奖励加分。

6. 教师工作绩效评价体系

表 8.10 列出了教师工作绩效评价的三级指标。

表 8.10　教师工作绩效评价指标体系

一级指标	二级指标	三级指标	记分
1. 职业素质 10%	职业道德 50%	道德品质 50%	
		潜移默化培养学生 50%	
	职业智能 50%	精深的专业知识 20%	
		广博的文化知识 10%	
		必备的教育科学知识 20%	
		加工知识的能力 10%	
		传授知识的能力 10%	
		组织管理学生的能力 10%	
		自我控制能力 10%	
		开拓与创新的能力 10%	
2. 教学行为 30%	备课 30%	参加集体备课 20%	
		中心发言 20%	
		一次教案质量高 30%	
		二次教案齐全 30%	
	授课 30%	教学目标 30%	
		教学过程 35%	
		教学效果 35%	
	批改作业 10%	经常布置适量作业 30%	
		及时批改作业 40%	
		讲评作业 30%	
	课后答疑 10%	鼓励学生提问 20%	
		经常为学生解答疑问 60%	
		努力寻求答案 20%	
	组织考试 20%	组织期中考试 20%	
		组织期末考试 30%	
		公正评卷 20%	
		填写学生软件类课程学习报告单 30%	

续表

一级指标	二级指标	三级指标		记分
3．教学效果 40%	教学成绩评价　50%	学生职业能力的提升	20%	
		在软件类课程考试中获得的成绩	80%	
	教学中教育效果 50%	培养激发学生强烈的学习动机	10%	
		正确的学习目的	10%	
		浓厚的学习兴趣	20%	
		顽强的学习意志和毅力	10%	
		充分的学习信心	20%	
		实事求是的科学态度	10%	
		独立思考勇于探索的创新精神	20%	
4．课外活动竞赛辅导 10%	组织得力　20%	报名有序	20%	
		日常考勤	50%	
		分组合理	30%	
	指导有方　30%	了解每个学生的水平	30%	
		为每个小组和学生安排合适的学习任务	30%	
		指导简明扼要	40%	
	组织汇报演示 20%	每个学生都有自己的作品	60%	
		作品质量高	20%	
		组织周密	20%	
	竞赛得奖　30%	组织学生报名参加竞赛	20%	
		组织学生准备竞赛	20%	
		学生获奖	60%	
5．教学研究 10%	参加教研活动 30%	按时参加教研活动	50%	
		积极发言	50%	
	发表论文　70%	在省级以上刊物发表论文一篇	60%	
		发表更高级别或更多论文	40%	

8.3.3　教师工作绩效的综合评价

针对教师工作绩效评价指标体系，应对各项指标进行综合评价。

素质、教学行为、教学效果、课外活动与竞赛辅导、教学研究等各个方面都需要有自己、同行、领导、学生、家长 5 个方面的人员来评价，假设用矩阵 G 来代表各个群体对某一名软件课程教师的评价。

G=[素质，教学行为，教学效果，课外活动与竞赛辅导，教学研究]

G_I 表示自评，G_C 表示同行评价，G_L 表示领导评价，G_S 表示学生评价，G_P 表示家长评价。

对于自评，假设某教师给自己的评分为，G_I=[78，　82，　85，　80，　81]

而同行评价，则是把各位同行对这位教师在各个一级指标上的评分计算算术平均分，假设某位教师的同行评价成绩为 G_C=[80，　86，　88，　87，　84]

领导评价、学生评价，家长评价，依此类推，分别假设得分为：

G_L=[81，　87，　89，　90，　92]

$$G_S=[94,\ 95,\ 98,\ 88,\ 89]$$
$$G_P=[85,\ 88,\ 86,\ 87,\ 83]$$

则这位教师的得分矩阵为：

$$G=\begin{bmatrix}78, & 82, & 85, & 80, & 81\\80, & 86, & 88, & 87, & 84\\81, & 87, & 89, & 90, & 92\\94, & 95, & 98, & 88, & 89\\85, & 88, & 86, & 87, & 83\end{bmatrix}$$

假设用 W 来表示各个评价主体在软件课程教师教学业绩评价总成绩中占的权重，那么WS=[0.1，0.1，0.1，0.6，0.1]。

假设用 Q 表示这位软件课程教师的总评：

$$Q=WS\cdot G=[0.1,0.1,0.1,0.6,0.1]\cdot\begin{bmatrix}78, & 82, & 85, & 80, & 81\\80, & 86, & 88, & 87, & 84\\81, & 87, & 89, & 90, & 92\\94, & 95, & 98, & 88, & 89\\85, & 88, & 86, & 87, & 83\end{bmatrix}$$

$$=[88.8,91.3,94.6,87.2,87.4]$$

这就是说，这位教师，在素质方面得分是 88.8，在教学行为方面得分是 91.3，在教学效果方面得分是 94.6，在课外活动与竞赛辅导方面得分是 87.2，在教学研究方面得分是 87.4。假设用 WP 来表示各一级指标的权重，WP=[0.1，0.3，0.4，0.1，0.1]，如果用 M 来表示教师的总评得分，那么，

$$M=W,Q=[0.1,\ 0.3,\ 0.4,\ 0.1,\ 0.1]\cdot[88.8,\ 91.3,\ 94.6,\ 87.2,\ 87.4]=91.5$$

也就是说，如果总分 100 分的话，本学期这名教师的工作绩效得分为 91.5。

上面只是量化评价。实际上教学评价不能仅仅反馈给教师一个分数，而应该是反馈给教师一个报告，同行、领导、学生、家长等各个方面的评价主体所给予教师的意见和建议都应该呈现给教师。当教学评价被进行系统开发，利用网络平台进行的时候，只需要所有评价主体在规定的时间段内登录评价主页，提交自己在各项三级指标上所做的评分，系统将自动计算评价成绩，并呈现评价者所做的评述、建议，使软件课程教师得到全面、细致的反馈，以更好地改进教学。

教师队伍的建设和评价管理应该是全方位的，要以关心教师、尊重教师、激励教师、解放教师、发展教师为根本指导思想。对不同年龄、不同层次的教师要设立不同的激励目标，才能推动各个层面的教师都有所发展和提高。

思 考 题

1. 中职软件类课程教学评价的基本原则与要求是什么？
2. 如何评价学生软件类课程学习效果？
3. 如何评价软件课程教师的教学？
4. 观摩一堂软件类课程教学，对教师课堂教学情况进行综合评价。

参考文献

戴红．2009．工作情景模拟教学法在数据库实训课程中的应用［J］．计算机教育，(13)：175-178．

邓泽民．2009．现代职业分析手册［M］．北京：中国铁道出版社．

邓泽民．2010．美、德、澳三国职业分析方法的应用分析［J］．中国职业技术教育，(24)：12．

邓泽民．2000．一种先进的职业分析方法［J］．辽宁工程技术大学学报（社会科学版），2（2)：87-89．

邓泽民，张国祥．2013．职业教育教学设计［M］．3 版．北京：中国铁道出版社．

付敬平，吴北新，张建群．2008．以典型工作任务为导向的课程开发［J］．计算机教育，(18)：151-153．

古春杰．2010．任务驱动法在 Excel 教学中的应用［J］．河南教育，(4)：29-30．

国务院关于加快发展现代职业教育的决定［EB/OL］．国发［2014］19 号．［2014-5-2］．http://www.gov.cn/gongbao/content/2014/content_2711415.htm．

海亚．2013．任务驱动式教学法在 Excel 教学中的应用探讨［J］．吉林教育，(34)：44-44．

胡迎春．2010．职业教育教学法［M］．上海：华东师范大学出版社．

黄旭明，卢宇．2012．中等职业学校计算机软件专业教师教学能力标准、培训方案、培训质量评价指标体系［M］．北京：北京师范大学出版社．

黄旭明．2012．中等职业学校计算机软件专业教学法［M］．北京：北京师范大学出版社．

黄艳芳．2010．职业教育课程与教学论［M］．北京：北京师范大学出版社．

姜大源．2007．当代德国职业教育主流教学思想研究：理论、实践与创新［M］．北京：清华大学出版社．

姜大源．2007．职业教育学研究新论［M］．北京：教育科学出版社．

姜大源．2008．工作过程导向的高职课程开发探索与实践——国家示范性高等职业院校课程开发案例汇编［M］．北京：高等教育出版社．

姜大源．2009．论高等职业教育课程的系统化设计——关于工作过程系统化课程开发的解读［J］．中国高教研究，(4)：66-70．

姜大源，吴全全．2007．德国职业教育学习领域的课程方案研究［J］．中国职业技术教育，(02)：47-54．

教育部关于进一步深化中等职业教育教学改革的若干意见［EB/OL］.教职成［2008］8 号．［2008-12-13］．http://www.moe.edu.cn/publicfiles/business/htmlfiles/moe/moe_2643/201001/79148.html．

教育部关于深化职业教育教学改革全面提高人才培养质量的若干意见［EB/OL］．教职成［2015］6 号．［2015-7-27］．http://www.moe.edu.cn/srcsite/A07/moe_953/moe_958/201508/t20150817_200583.html．

教育部关于制定中等职业学校教学计划的原则意见［EB/OL］．教职成［2009］2 号．［2009-1-6］．http://www.moe.edu.cn/publicfiles/business/htmlfiles/moe/moe_2643/200902/44508.html．

雷体南．2013．信息技术教学论［M］．2 版．北京：北京大学出版社．

李雄杰．2011．职业教育理实一体化课程研究［M］．北京：北京师范大学出版社．

廉侃超，李霞．2014．案例教学法在 VB 程序设计选择结构教学中的应用［J］．运城学院学报，(02)：92-95．

宁永红，马爱林，张小军．2015．近三十年中等职业学校专业教学法的发展历程及趋势［J］．教育与职业，(31)：17-20．

欧盟 Asia-Link 项目“关于课程开发的课程设计”课题组．2007．学习领域课程开发手册［M］．北京：高等教育出版社.

彭永渭. 1990. 学科教学论概论［M］. 大连：大连出版社.

任务驱动教学法、案例教学法与项目教学法之间的比较［EB/OL］.［2013-12-23］. http://cfnet.org.cn/news/textdet-14-1010.html.

山东省中等职业学校软件与信息服务专业教学指导方案（临沭县职业中等专业学校）［EB/OL］.［2011-5-12］. http://wenku.baidu.com/link?url=VQ0Bo0YltBaqMBJt0LZ32S8lXvl244fURFH8wC_o2yxXhRto40TSzQgChQX0KonlXoaCpiu-sQ9lENRO_RSHZMPFZgyorwzrqK2iy8yTaGy.

田慧生，李如密. 1996. 教学论［M］. 石家庄：河北教育出版社.

汪刘生. 1996. 教学论［M］. 北京：教育科学出版社.

王吉庆，李宝敏. 2011. 信息技术课程导学论［M］. 北京：教育科学出版社.

王宇东. 2012. 计算机及外设维修专业教学法［M］. 北京：高等教育出版社.

王振友. 2012. 计算机及应用专业教学法［M］. 北京：高等教育出版社.

卫丽华，陆盈. 2012. 基于工作过程的.NET 学习领域课程开发实践［J］. 电脑知识与技术，(35)：8457-8460.

吴军其. 2010. 新理念信息技术教学论［M］. 北京：北京大学出版社.

吴俊明. 2003. 学科教学论是一门什么样的学科［J］. 中国教育学刊，(11)：14-15.

谢利民，郑百伟. 2003. 现代教学基础理论［M］. 上海：上海教育出版社.

徐国庆. 2008. 职业教育项目课程的内涵、原理与开发［J］. 职业技术教育，29（19)：5-7.

徐国庆. 2015. 职业教育课程论［M］. 2 版. 上海：华东师范大学出版社.

徐涵. 2013. 工作过程为导向的职业教育理论与实证研究［M］. 北京：商务印书馆.

徐朔. 2008. 专业教学论——职教师资的职业科学［J］. 职教论坛，(04 下)：6-8.

徐朔. 2012. 职业教育教学法［M］. 北京：高等教育出版社.

徐英俊. 2012. 职业教育教学论［M］. 北京：知识产权出版社.

严中华. 2009. 职业教育课程开发与实施——基于工作过程系统化的职教课程开发与实施［M］. 北京：清华大学出版社.

杨万河. 2008. 浅议计算机“任务”驱动教学法［J］. 琼州学院学报，15（1)：130-131.

杨威. 2008. 信息技术教学导论［M］. 北京：电子工业出版社.

叶昌元，李怀康. 2007. 职业活动导向教学与实践［M］. 杭州：浙江科学技术出版社.

尤·克·巴班斯基. 1984. 教学过程最优化［M］. 张定璋，等译. 北京：人民教育出版社.

尤·克·巴班斯基. 1985. 中小学教学方法的选择［M］. 张定璋，等译. 北京：教育科学出版社.

张莉敏. 2015. 剖析项目教学法在《.NET 软件工程师实训》课程教学中的应用研究［J］. 山东社会科学，(S1)：173-174.

张明兰，丁祥坤. 1998. 教学法运用技能［M］. 北京：中国人事出版社.

赵志群. 2003. 职业教育与培训新概念［M］. 北京：科学出版社.

赵志群. 2013. 职业教育教师教学手册［M］. 北京：北京师范大学出版社.

中国软件行业概况分析［EB/OL］.［2014-7-25］. http://www.chyxx.com/industry/201407/268019.html.

中华人民共和国教育部. 2014. 中等职业学校专业教学标准（试行）——信息技术类（第一辑）［M］. 北京：高等教育出版社.

周敦. 2013. 中小学信息技术教材教法［M］. 3 版. 北京：人民邮电出版社.

祝智庭，李文昊. 2008. 新编信息技术教学论［M］. 上海：华东师范大学出版社.

祝智庭. 2008. 新编信息技术教学论［M］. 上海：华东师范大学出版社.